中等职业教育农业部规划教材

计算机应用基础

杨 瑜 主编 ■

中国农业出版社

内容简介

本教材由长期工作在中等职业学校《计算机应用基础》课程教学一线的教师根据教育部颁布的《中等职业学校计算机应用基础教学大纲》及人力资源和社会保障部制定的《计算机操作员国家标准》的要求,并结合中职学生的实际情况编写。本教材重点讲授计算机的基础知识、Windows XP 操作系统、文字处理软件 Word 2003、电子表格软件 Excel 2003、演示文稿软件 PowerPoint 2003、因特网应用、计算机安全基础等内容。本教材以项目教学法为切入点,注重技能训练,适合学生水平。每个任务后根据内容安排了若干练习,每个项目后也安排了理论习题和综合性较强的操作练习。

本教材可作为中等职业学校《计算机应用基础》课程的教材,也可作为其他人员学习计算机应用基础知识和技能的参考用书。

主　编　杨　瑜

副主编　耿　岩　赵艳春

参　编　（按姓名笔画排序）

　　　　汤凯麟　张长林

审　稿　陆红梅

前　言

随着计算机及相关技术的日益发展，计算机已广泛应用于人们的学习、工作和生活当中。特别是随着互联网的飞速发展，计算机已经成为人们学习、工作和生活中的一种重要工具。《计算机应用基础》课程是中职学生必修的一门公共基础课，旨在培养学生应用计算机解决学习、工作和生活中的实际问题的能力。

本教材根据教育部 2009 年颁布的《中等职业学校计算机应用基础教学大纲》及人力资源和社会保障部制定的《计算机操作员国家标准》的要求，结合现阶段中职学生的实际情况和各参编者在实际教学中的经验编写而成。

本教材遵循中职学生的认知规律，以中职新生"萌萌"的学习经历为主线，由浅入深地安排教学内容。考虑到中职学生的实际水平，舍弃了一些理论性强、对于中职学生来说难度较大的内容，如 ASCII、计算机工作原理等；简单介绍了应知的一些计算机基础知识，如计算机系统组成、二进制、数据单位等。在减少理论比重的同时，加强学生在操作技能上的训练。在编写中我们尽量用简单明了的语言进行叙述，更借助大量的图片进行说明，力求使学生能够根据操作步骤的文字说明和图片示范独立完成各种操作，从而提高学生的学习兴趣和自学能力。

本教材运用项目教学法，在编写上采取"提出任务—学习相关知识和技能—完成任务—课堂练习—综合练习"的结构，使学生在完成任务的同时掌握相关的知识和技能。全书共有七个项目，依次是：计算机基础知识、Windows XP 操作系统、文字处理软件 Word 2003、电子表格处理软件 Excel 2003、演示文稿制作软件 PowerPoint 2003、因特网应用和计算机安全基础，基本满足了计算机实际应用和学生考证的需要。

为方便教学，本教材中用到的部分素材、样文和部分习题答案可到全国农业教育教材网上下载。

本教材由杨瑜担任主编，耿岩、赵艳春担任副主编。编写的具体分工是：

项目 1 由汤凯麟编写，项目 2 和项目 6 由杨瑜编写，项目 3 由赵艳春编写，项目 4 由耿岩编写，项目 5 和项目 7 由张长林编写。本教材由陆红梅审稿，在审稿中提出了许多宝贵的修改意见，在此表示深深的谢意！

在编写过程中，我们参阅了大量书刊和相关论著，吸取了其中新的研究成果和有益经验。另外，云南省曲靖农业学校的王雄思老师提供了部分照片素材，在此表示衷心的感谢！同时，我们的编写工作还得到了各位编者所在学校的大力支持，在此一并致谢！

由于时间仓促，编者水平有限，教材中难免有不足和疏漏之处，恳请广大读者特别是使用此教材的师生们批评指正。

编　者

目 录

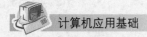

项目 1

计算机基础知识

学习目标：

(1) 了解计算机发展的历史
(2) 认识计算机系统组成
(3) 了解计算机中信息的表示方法
(4) 熟悉鼠标、键盘的基本操作，掌握中英文的录入方法

萌萌是一名中专新生，对他来说，中专校园是一个陌生的世界。在这个全新的环境里，他心中难免会有几分激动，也会有几分忐忑。特别是萌萌感兴趣的计算机课程，想要学习的知识太多太多了。在初中的时候，萌萌已经对计算机有所接触，但是老师说那只是皮毛，是计算机专业知识的沧海一粟。进入中专后，计算机课程的学习一定可以让萌萌收获更多。

任务 1 初识计算机

计算机是何时被发明的？除了游戏和聊天以外，它还能做什么呢？未来的计算机又将是怎样的呢？萌萌怀揣着这些疑问，翻开了中专计算机课程学习的第一页，接受新的学习任务：初识计算机。

1.1.1 电子计算机的发展历史

世界上第一台电子计算机 1946 年 2 月 14 日在美国宾夕法尼亚大学诞生，它被命名为"电子数值积分计算机（Electronic Numerical Integrator and Computer)"，简称"ENIAC（埃尼阿克)"。它由 18 800 个真空电子管、70 000 个电阻器、10 000 个电容器和 6 000 个开关组成，重达 30 吨，占地 170 平方米，耗电 150 千瓦，每秒能进行 5 000 次加法运算。它是按照十进制，而不是按照二进制来计算的。

电子计算机从诞生到现在，其发展经历了 4 代，如表 1-1 和图 1-1 至图 1-4 所示。

表 1-1 电子计算机的发展历史

年 代	逻辑元件	典型代表	特 点	应 用
第一代计算机 1946—1958 年(图1-1)	电子管	ENIAC	体积大，功耗高，运算速度慢，每秒只能运算几千次	只是应用在导弹、原子弹等国防技术尖端项目中的科学计算

（续）

年 代	逻辑元件	典型代表	特 点	应 用
第二代计算机 1959—1964年(图1-2)	晶体管	IBM620 小型科学计算器	体积小、速度快、功耗低、性能更稳定。运算速度可以达到每秒十几万至几十万次	除了用作科学计算、数据处理外，也开始用于事务管理
第三代计算机 1965—1970年(图1-3)	中小规模集成电路	IBM 公司推出的 360 系列大型机	体积和功耗进一步缩小和降低，运算速度达每秒几百万至几千万次	计算机软件系统基本形成。计算机生产系列化，使用范围更加广泛，应用范围开始普及到中小企业和家庭
第四代计算机 1971年至今(图1-4)	大规模和超大规模集成电路	IBM PC 系列为代表的微型计算机	体积和功耗继续缩小和降低，运算速度迅速提高到每秒以亿次计	计算机软件丰富，计算机应用领域和范围都大幅度增加，并和通讯相结合，开始出现了计算机网络化

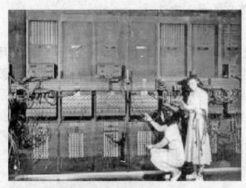

图 1-1　第一代电子管计算机

图 1-2　第二代晶体管计算机

图 1-3　第三代集成电路计算机

图 1-4　第四代的台式计算机和笔记本计算机

知识链接： 早些时候计算机技术主要集中在大型机和小型机领域发展。但随着超大规模集成电路和微处理器技术的进步，计算机进入家庭的技术障碍已被层层突破。特别是从英特尔公司（Intel）发布其面向个人机的微处理器8080之后，这一浪潮便汹涌澎湃起来，同时也涌现了一大批信息时代的弄潮儿，如乔布斯、比尔·盖茨等，至今他们对计算机产业的发展还起着举足轻重的作用。在此时段，互联网技术、多媒体技术也得到了空前的发展，计算机真正开始改变人们的生活。

1.1.2　计算机的发展趋势

1. 现代计算机的发展趋势　从 20 世纪 70 年代开始，是计算机发展的最新阶段。到 1970 年，由大规模集成电路和超大规模集成电路制成的"克雷一号"，标志着计算机进入了第四代。超大规模集成电路的发明，使电子计算机不断向着小型化、微型化、低功耗、智能化、系统化的方向更新换代。20 世纪 90 年代，计算机向"智能"方向发展，制造出与人脑相似的计算机，可以进行思维、学习、记忆、网络通信等工作。

2. 当代计算机的发展趋势　进入 21 世纪，计算机的发展趋势主要体现在微型化、巨型化和仿生方面。从第一台计算机的庞然大物到现在的轻薄笔记本，计算机变得越来越小，但功能却越来越强大，使用起来越来越方便。随着智能手机的出现，人们可以用手机上网，下载软件，甚至可以编写程序，这可以说是微型化的计算机了。

当然，为了满足科学研究的需要，运行速度越来越快的巨型机也在不断进步。将来，巨型机的运算速度将难以预测。

3. 展望生物计算机　生物计算机是指以生物电子元件构建的计算机。它利用蛋白质有开关特性，用蛋白质分子作元件从而制成生物芯片。目前，生物芯片仍处于研制阶段。生物计算机一旦研制成功，人类可利用遗传工程技术，仿制出某种蛋白质分子，用来作为生物计算机元件。借鉴生物界的各种处理问题的方式，即所谓生物算法，提出一些生物计算机的模型，部分模型将可解决一些传统计算机难以解决的问题。

小贴士：　与整个人类的发展历程相比、与传统的科学技术相比，计算机的历史才刚刚开始书写，我们正置身其中，感受其日新月异的变化，被计算机大潮裹携着丝毫不得停歇。希望在这潮头会有更多的中国弄潮儿。

1.1.3　计算机的分类

计算机发展到今天，已是琳琅满目、种类繁多，并表现出各自不同的特点。我们可以从不同的角度对计算机进行分类。

计算机分类信息如表 1-2 所示。

表 1-2　计算机分类信息

分类角度	种　类
按计算机信息的表示形式和对信息的处理方式分类	数字计算机（digital computer）、模拟计算机（analogue computer）、混合计算机
按计算机的用途分类	通用计算机（general purpose computer）、专用计算机（special purpose computer）
按计算机的运算速度快慢、存储数据量的大小、功能的强弱，以及软硬件的配套规模等分类	巨型机、大中型机、小型机、微型机、工作站与服务器等

1. 数字、模拟和混合计算机　数字计算机所处理的数据都是以 0 和 1 表示的二进制数

字，是不连续的离散数字，具有运算速度快、准确、存储量大等优点，因此适宜科学计算、信息处理、过程控制和人工智能等，具有最广泛的用途。

模拟计算机所处理的数据是连续的，称为模拟量。模拟量以电信号的幅值来模拟数值或某物理量的大小，如电压、电流、温度等都是模拟量。模拟计算机解题速度快，适于解高阶微分方程，在模拟计算和控制系统中应用较多。

混合计算机则集数字计算机和模拟计算机的优点于一身。

2. 巨型机 运算速度快是巨型机最突出的特点。我国自主研制生产的银河Ⅲ巨型机的运算速度为每秒 100 亿次，IBM 公司的 GF-11 可达每秒 115 亿次。2010 年 11 月 14 日，国际 TOP500 组织在网站上公布了最新全球超级计算机前 500 强排行榜，中国首台千万亿次超级计算机系统"天河一号"雄居第一，如图 1-5 所示。世界上只有少数几个国家能生产这种计算机，它的研制开发是一个国家综合国力和国防实力的体现。

图 1-5　我国自主研制生产的"天河一号"超级计算机

3. 工作站与服务器 工作站，英文名称为 Workstation，是一种以个人计算机和分布式网络计算为基础，主要面向专业应用领域，具备强大的数据运算与图形、图像处理能力，为满足工程设计、动画制作、科学研究、软件开发、金融管理、信息服务、模拟仿真等专业领域而设计开发的高性能计算机。

服务器，英文名称为 Server，它的构成与微型计算机（以下简称微机）基本相似，有处理器、硬盘、内存、系统总线等，它们是针对具体的网络应用特别制定的，是网络上一种为客户端计算机提供各种服务的高可用性计算机。常见的工作站与服务器连接的网络拓扑图如图 1-6 所示。

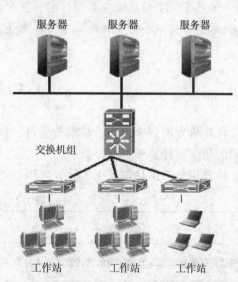

图 1-6　工作站与服务器连接的网络拓扑图

1.1.4　计算机的特点

1. 快速的运算能力 计算机能以极快的速度进行计算。现在普通的微机每秒可执行几十万条指令，而巨型机则达到每秒几十亿次甚至几百亿次。随着计算机技术的发展，计算机的运算速度还在提高。例如天气预报，由于需要分析大量的气象资料数据，24小时的数据单靠手工完成计算需几个月的时间，而用巨型计算机只需十几分钟就可以完成。

2. 足够高的计算精度 电子计算机的计算精度在理论上不受限制，一般的计算机均能达到15位有效数字，通过一定的技术手段，可以实现任何精度要求。著名的数学家契依列为计算圆周率π花了整整15年时间才算到第707位，现在将这件事交给计算机做，几个小时内就可计算到10万位。

3. 超强的记忆能力 计算机中有许多存储单元用以记忆信息。内部记忆能力是电子计算机和其他计算工具的一个重要区别。由于具有内部记忆信息的能力，在运算过程中就可以不必每次都从外部去取数据，而只需事先将数据输入到内部的存储单元中，运算时即可直接从存储单元中获得数据，从而大大提高了运算速度。计算机存储器的容量可以做得很大，而且记忆力特别强。

4. 复杂的逻辑判断能力 借助于逻辑运算，可以让计算机做出逻辑判断，分析命题是否成立，并可根据命题成立与否做出相应的对策。例如，数学史上有个"四色问题"：不论多么复杂的地图，要使相邻区域颜色不同，最多只需四种颜色就够了。100多年来，不少数学家一直想去证明它或者推翻它，却一直没有结果，成了数学史上著名的难题。1976年两位美国数学家终于使用计算机进行了非常复杂的逻辑推理，验证了这个著名的猜想是正确的。

5. 按程序自动工作的能力 计算机能在程序控制下自动连续地高速运算，这是计算机最突出的特点。由于采用存储程序控制的方式，因此一旦输入编制好的程序，启动程序后，就能自动地执行下去直至完成任务。

思考与讨论：

(1) 计算机的特点是否与人类的生物特性有相似之处？
(2) 计算机能否取代人类的思维活动？

1.1.5 计算机的应用

计算机的应用已渗透到社会的各行各业，正在改变着传统的工作、学习和生活方式，推动着社会的发展。计算机的主要应用领域有：科学计算、过程检测与控制、信息管理、计算机辅助系统。

1. 科学计算 科学计算（也称为数值计算）是计算机早期的主要应用领域。第一台电子计算机 ENIAC 研制的目的就是为美国军方计算导弹的弹道轨迹。目前，科学计算仍然是计算机应用的一个重要领域，如应用于高能物理、工程设计、地震预测、气象预报、航天技术等领域。

知识链接：由于计算机具有高运算速度和精度以及逻辑判断能力，因此出现了计算力学、计算物理、计算化学、生物控制论等新的学科。

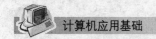

2. 过程检测与控制　过程检测与控制是指利用计算机对工业生产过程中的某些信号自动进行检测，并把检测到的数据存入计算机，再根据需要对这些数据进行处理。这样的系统称为计算机检测系统。在仪器仪表的使用中，引进计算机技术后所构成的智能化仪器仪表，将工业自动化推向了一个更高的水平。

3. 信息管理　信息管理也称为数据处理，是目前计算机应用最广泛的一个领域。利用计算机来加工、管理与操作各种形式的数据资料，如企业管理、物资管理、报表统计、账目计算、信息情报检索等，向管理人员提供有价值的信息，以作为管理和决策的依据。

知识链接：近年来，国内许多机构纷纷建设自己的管理信息系统（MIS），如：生产企业开始采用制造资源规划软件（MRP），商业流通领域则逐步使用电子信息交换系统（EDI），即所谓无纸贸易。

4. 计算机辅助系统　随着计算机的迅速发展，计算机辅助系统的应用扩展到了办公自动化、经济管理、情报检索、自动控制、模式识别等领域。计算机辅助系统是指用计算机辅助进行工程设计、产品制造、性能测试、教育教学等。

（1）计算机辅助设计（CAD）。是指利用计算机来帮助设计人员进行设计工作。计算机辅助设计系统利用辅助设计软件对产品进行设计，如飞机、汽车、船舶、机械、电子、建筑工程以及大规模集成电路等机械、电子类产品的设计。用计算机辅助设计系统可以缩短设计周期，提高设计水平，节约设计成本。

（2）计算机辅助制造（CAM）。是指利用计算机进行生产设备的管理、控制与操作，从而提高产品质量，降低成本，缩短生产周期，并且还可改善制造人员的工作条件。

（3）计算机辅助教学（CAI）。是指利用计算机辅助进行教学与学习。它可将教学内容、教学方法以及学习情况等存储在计算机中，或利用相关的软件，使学生能够方便地查询到教学资料，进行自主学习。

（4）计算机辅助测试（CAT）。是指利用计算机来进行自动化的测试工作。计算机辅助测试系统根据测试的对象，利用相应的测试软件，由计算机自动进行数据的采集和处理，并对测试过程进行实时控制。

练一练：

（1）利用课余时间查找资料，在学习课本知识的基础上，阐述自己对未来计算机的设想。

（2）进行"我心目中的电子计算机"演讲比赛。

（3）用"初识计算机"为主题出一期班级板报。

任务2　认识计算机系统组成

通过前几节课的学习和讨论，萌萌对计算机有了初步的认识。老师说，冯·诺依曼的计算机设计思路参考了人类的生理结构，真的是这样的吗？计算机也像人类一样有血有肉、有骨骼有灵魂吗？

这节课，老师带领同学们来到了计算机组装实训室。萌萌看到实训室里摆放的计算机零部件和正在工作的计算机，好奇心更强了。他迫不及待地开始了新的任务：认识计算机系统组成。

一个完整计算机系统是由硬件系统和软件系统构成的。硬件系统是计算机的物质基础，相当于人类的骨骼躯干；而软件系统则是发挥计算机功能的关键，相当于人类的神经系统。计算机硬件和软件互相依存，二者缺一不可，共同构成一个完整的计算机系统，如图 1-7 所示。

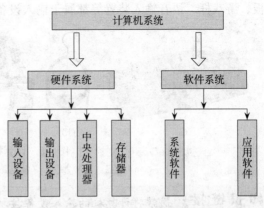

图 1-7　计算机系统组成示意图

知识链接：1945 年，美籍匈牙利数学家冯·诺依曼提出计算机基本结构和工作方式的设想，为计算机的诞生和发展提供了理论基础。时至今日，尽管计算机软硬件技术飞速发展，但计算机本身的体系结构并没有明显的突破，当今的计算机仍属于冯·诺依曼架构。其理论要点是：

（1）计算机硬件设备由存储器、运算器、控制器、输入设备和输出设备五部分组成。

（2）存储程序思想。把计算过程描述为由许多命令按一定顺序组成的程序，然后把程序和数据一起输入计算机，计算机对已存入的程序和数据处理后，输出结果。

1.2.1　计算机的硬件系统

计算机硬件是组成计算机的各种物理设备，包括输入/输出（I/O）设备、中央处理器（CPU）、存储设备等，总的来说，可以把一台计算机分为主机和外部设备。一台完整的计算机外观如图 1-8 所示。

知识链接：输入/输出设备、中央处理器和内部存储器是电子计算机的三大核心部件。

1. 输入设备/输出设备

（1）输入设备。输入设备（Input Device）即向计算机输入数据和信息的设备，是计算机与用户或其他设备通信的桥梁，是用户和计算机系统之间进行信息交换的主要设备。

计算机能够接收各种各样的数据，既可以是数值型的数据，也可以是各种非数值型的数据，如图形、图像、声音等。那这些数据是如何进入计算机的呢？它们依靠的是不同类型的输入设备。键盘、鼠标、摄像头、扫描仪、光笔、手写输入

图 1-8　一台完整的计算机外观

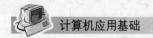

板、游戏杆、语音输入装置等都属于输入设备。计算机常见的输入设备如图 1-9 所示。

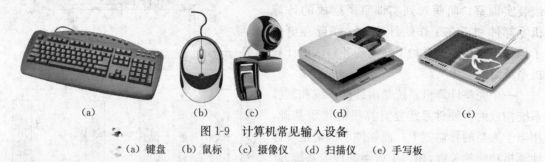

（a）　　　　　（b）　　　　（c）　　　　　　（d）　　　　　　　（e）

图 1-9　计算机常见输入设备

（a）键盘　（b）鼠标　（c）摄像仪　（d）扫描仪　（e）手写板

知识链接：通常将计算机的输入设备按功能分为下列几类：（1）字符输入设备：键盘；（2）光学阅读设备：光学标记阅读机，光学字符阅读机；（3）图形输入设备：鼠标器、游戏操纵杆、光笔；（4）图像输入设备：摄像仪、扫描仪、传真机；（5）模拟输入设备：语言模数转换识别系统。

（2）输出设备。输出设备（Output Device）是人与计算机交互的一种部件，用于数据的输出，可以将计算机中的数据或信息输出给用户。它把各种计算结果数据或信息以数字、字符、图像、声音等形式表示出来。

输出设备分为显示输出、打印输出、绘图输出、影像输出以及语音输出五大类，常见的有显示器、打印机、绘图仪、影像输出系统、语音输出系统、磁记录设备等。计算机常见的输出设备如图 1-10 所示。

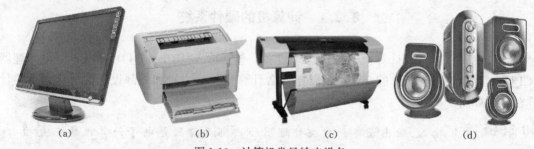

（a）　　　　　　　（b）　　　　　　　　（c）　　　　　　　　（d）

图 1-10　计算机常见输出设备

（a）显示器　（b）打印机　（c）绘图仪　（d）音箱

2. 中央处理器　中央处理器（Central Processing Unit，简称 CPU），它是计算机中的核心配件，由运算器、控制器组成。

运算器也称为算术逻辑单元（Arithmetic Logic Unit，简称 ALU），是计算机中执行各种算术和逻辑运算操作的部件。运算器的基本操作包括加、减、乘、除四则运算，与、或、非、异或等逻辑运算。控制器（Control Unit）是计算机的指挥中心，它的功能是按照预定的程序控制计算机的各部件协调一致地工作。

中央处理器只有火柴盒那么大，几十张纸那么厚，但它却是一台计算机的运算核心和控制核心，计算机中所有操作都由中央处理器负责读取指令，对指令译码并执行指令，如图 1-11 所示。　图 1-11　中央处理器（CPU）

知识链接：中央处理器从雏形出现到发展壮大的今天，由于制造技术越来越先进，其集成度越来越高，内部的晶体管数达到几百万个。虽然从最初的CPU发展到现在，其晶体管数增加了几十倍，但是CPU的内部结构仍然可分为控制单元、逻辑单元和存储单元三大部分。

CPU的性能大致上反映出了它所配置的那部微机的性能，因此CPU的性能指标十分重要。CPU主要的性能指标有以下几点：（1）主频；（2）内存总线；（3）工作电压；（4）协处理器或者叫数学协处理器；（5）流水线技术、超标量；（6）乱序执行和分枝预测；（7）一级高速缓存；（8）二级高速缓存；（9）制造工艺。

3. 存储器 存储器是计算机中存放所有数据和程序的记忆部件，它的基本功能是按指定的地址存（写）入或者取（读）出信息。计算机中存储器可分成两大类：一类是内存储器，简称内存或主存，如图1-12所示；另一类是外存储器（辅助存储器），简称外存或者辅存，其中最典型的设备为硬盘，如图1-13所示。

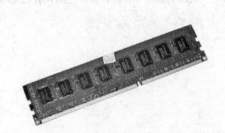
图1-12　内存（主存）

图1-13　硬　盘

知识链接：内存的特点是存取速度快，容量小，但价格昂贵。内存又分为只读存储器（ROM）和随机存取存储器（RAM）。其中，只读存储器存储的是固定不变的程序和数据，工作时只能读出，不能写入，断电后所存数据不会丢失。随机存取存储器存储的是短时间使用的程序和数据等，工作时既能读，也能写，断电后所存数据将会丢失。外存也是保存数据的主要设备，除了硬盘之外，还有刻录光碟、U盘、移动硬盘等其他辅助存储设备，如图1-14所示。

光盘

U盘

移动硬盘

图1-14　其他辅助存储器

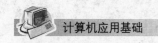

思考与讨论：

你用过的移动存储设备有哪些？你见过哪些移动存储设备？

1.2.2 计算机的软件系统

计算机软件是指在计算机硬件上运行的各种程序及其数据和有关的资料。软件是用户与硬件之间的接口界面，用户通过软件与计算机进行交流。一台只有硬件系统而无软件配制的计算机称为"裸机"。"裸机"只能运行机器语言程序。

计算机软件系统可分为系统软件和应用软件两大类。

1. 系统软件　系统软件是指控制和协调计算机及外部设备，支持应用软件开发和运行的软件。计算机系统中的其他软件一般都通过系统软件发挥作用，通常用于计算机管理、控制、维护和运行，方便用户对计算机的使用。系统软件包括操作系统、数据库管理系统、语言处理软件等。在计算机软件中最重要且最基本的就是操作系统，它是系统软件的核心，控制所有计算机运行的程序并管理整个计算机的资源，是计算机裸机与应用程序及用户之间的桥梁，没有它，用户就无法使用某种软件或程序。图 1-15 所示的是 Windows XP 操作系统的桌面。

图 1-15　Windows XP 操作系统桌面

知识链接：计算机中常见的操作系统有 Windows 系列、DOS、Unix、Linux 等；数据库管理系统能存储大量数据信息，比较常用的有：Oracle、SQL Server、Access 等；语言处理软件是用于编写程序的语言（程序设计语言）以及转换语言的软件，也有很多种，如 Java、C++ 等。

程序设计语言的发展经历了机器语言、汇编语言、高级语言三代。机器语言由二进制代码指令组成，计算机能直接识别和执行。汇编语言是将部分二进制代码用符号表示。高级语言是一种算法语言，容易编写，功能强大。汇编语言和高级语言编写的程序（源程序）不能被计算机直接识别和执行，要经过翻译。翻译的过程有两种方式：解释方式和编译方式。解释方式是将源程序输入计算机后，用解释程序将源程序逐条进行解释，然后逐条执行。编译方式是将源程序用编译程序翻译成相应的机器语言的目标程序，然后再通过连接装配程序连接成可执行程序。

2. 应用软件 应用软件是用户利用计算机及其提供的系统软件为解决各种实际问题而编制的计算机软件。比较常见的应用软件有文字处理软件、信息管理软件、辅助设计软件及实时控制软件等。如360杀毒软件和腾讯 QQ2010是常用的应用软件，它们的界面如图1-16所示。

360 杀毒软件　　　　　　　　　　　　腾讯 QQ2010

图 1-16　常用应用软件的界面

知识链接：完整的计算机系统由硬件与软件系统共同构成。为了便于我们更深入地理解计算机系统的组成，可对计算机系统进行分层结构化描述，如图 1-17 所示。

图 1-17　计算机系统分层结构

练一练：

1. 单项选择题

（1）被称为"裸机"的计算机是指（　　）。

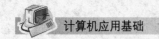

A. 没安装外部设备的计算机　　　　B. 没安装任何软件的计算机

C. 一台大型机的终端　　　　　　　D. 没有硬盘的计算机

(2) 下列软件中，不属于系统软件的是（　　　）。

A. 编译软件　　B. 操作系统　　　C. 数据库管理系统　　　D. C语言程序

(3) 下列（　　　）中的两个软件都属于系统软件。

A. Dos 和 Word　　　　　　　　　B. Dos 和 Windows

C. Windows 和 Excel　　　　　　　D. Word 和 Excel

(4) 系统软件的核心部分是（　　　）。

A. 数据库管理系统　　　　　　　　B. 语言处理程序

C. 各种工具软件　　　　　　　　　D. 操作系统

(5) 在微机系统中，数据存取速度最快的是（　　　）

A. 硬盘存储器　　　　　　　　　　B. 内存储器

C. 软盘存储器　　　　　　　　　　D. 只读光碟存储器

2. 简答题

叙述计算机的硬件系统与软件系统在计算机系统中所处的地位和作用。

任务3　计算机中信息的表示

通过完成上两次的学习任务，萌萌一方面赞叹计算机的运算能力是如此强大，能处理这么复杂的数学计算；而另一方面又有一些迷惑：老师说计算机的智商很低，它只认识两个数：0和1。为什么是这样呢？用0和1怎样表示复杂的数字？怎样进行运算？带着这些疑惑，萌萌进入了下一个学习任务：了解计算机中信息的表示。

1.3.1　计算机中的数制

计算机内部的电子部件只有判断电流"通"、"断"（或电压"高"、"低"）两种工作状态的能力，因此计算机能够直接识别的是二进制数。字符、图像、声音等信息在计算机中都必须使用以1和0组成的二进制数进行表示和处理。由于二进制在表达一个数字时位数太长，不易识别，因此经常采用对应的十六进制数或八进制数，有时也采用十进制数。

数制是以表示数值所用的数字符号的个数来命名的，并按一定进位规则进行计数的方法。计算机中常用的数制有二进制（Binary system）、八进制（Octal system）、十进制（Decimal system）、十六进制（Hexadecimal system）。各数制的特点及规则如表1-3所示。

表1-3　各数制的特点及规则

数　制	数字符号	基　数	进（借）位规则
十进制	0，1，…，9	10	逢十进一（借一为十）
二进制	0，1	2	逢二进一（借一为二）
八进制	0，1，2，3，4，5，6，7	8	逢八进一（借一为八）
十六进制	0～9及A～F	16	逢十六进一（借一为十六）

知 识 链 接：二进制是计算技术中广泛采用的一种数制，由18世纪德国数理哲学大师莱布尼兹发现。当前的计算机系统使用的基本上是二进制。计算机内部之所以采用二进制，其主要原因是二进制具有以下优点：（1）技术上容易实现；（2）可靠性高；（3）运算规则简单；（4）与逻辑量相吻合；（5）二进制数与十进制数之间的转换相当容易。

1.3.2 数制间的转换

1. 二进制数转换为十进制数

例：将二进制数101101.11B换算成十进制数。

计算方法：一个十进制数既包含整数部分又包含小数部分，它的二进制转换就是将它的整数部分和小数部分用上述方法分别进行转换，最后将转换好的两部分结合在一起形成要转换的二进制数。

解：以小数点为界，将数分为整数部分和小数部分，并逐一标好数制 n（$n=$位次-1）。将二进制数按"权"依次展开相加得到最终十进制结果。

$$101101.11B=1\times2^5+0\times2^4+1\times2^3+1\times2^2+0\times2^1+1\times2^0+1\times2^{-1}+1\times2^{-2}$$

$$101101.11B=45.75D$$

2. 十进制数转换成二进制数

例：将十进制数175D转换为二进制数。

计算方法：整数部分用2辗转相除至结果为1，将最后的1和余数从下向上书写结果。

解：

2	175 …… 1	（最低位）
2	87 …… 1	
2	43 …… 1	
2	21 …… 1	
2	10 …… 0	
2	5 …… 1	
2	2 …… 0	
	1 …… 1	（最高位）

例：将十进制数0.71875D转化为二进制数。

计算方法：小数部分乘2取整，正向取数。

解：

整数部分

$0.71875\times2=1.4375$	1	（最高位）
$0.4375\times2=0.875$	0	
$0.875\times2=1.75$	1	
$0.75\times2=1.5$	1	
$0.5\times2=1.0$	1	（最低位）

如果需要转换的十进制数有小数且整数部分不为0，则将整数部分和小数部分按上述方

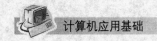

法分别进行计算，然后将结果组合在一起。如：175.71875D＝10101111.10111B。

1.3.3　计算机中信息的单位

1. 位（bit，简称"b"）　一个二进制数称为位，英文名称 bit。位是计算机中信息处理、存储的最小单位。

2. 字节（Byte，简称"B"）　八个位组成一个字节，英文名称 Byte。字节是计算机存储的基本单位，一个半角字符（如英文字符）占一个字节的空间，一个全角字符（如汉字字符）占两个字节的空间。由于存储器的容量越来越大，现在常用 KB（千字节）、MB（兆字节）、GB（吉字节）、TB（太字节）等来表示存储容量。它们之间的关系是：

1KB＝1 024B，1MB＝1 024KB，1GB＝1 024MB，1TB＝1 024GB。

练一练：

（1）将下列二进制数转化为十进制数：

110.11B　　　　11011.01B

（2）将下列十进制数转化为二进制数：

231D　　　　0.25D

任务4　熟悉鼠标、键盘的使用

自从对计算机有了新的认识以后，萌萌知道，要让计算机执行自己的想法，必须向计算机输入命令。目前，输入计算机命令最常用的设备有键盘和鼠标两种。尽管现在鼠标已承担了相当一部分操作工作，但诸如文字和数值的输入仍只能靠键盘。于是萌萌接受了新的学习任务：熟悉鼠标和键盘，掌握相应的输入法，向计算机输入信息。

Windows 操作系统通过友好的界面把信息从计算机准确地传达给用户，而鼠标和键盘则把用户给出的信息传达给计算机。用户通过鼠标和键盘输入数据或对计算机的行为进行控制。键盘和鼠标通常用 PS/2 接口和 USB 接口与计算机进行连接，如图 1-18所示。

PS/2 接口

USB 接口

图 1-18　键盘、鼠标的常用接口

1.4.1 鼠标及其使用

由于 Windows 操作系统的绝大部分操作是基于鼠标来设计的，因此在学习 Windows 操作系统之前就应首先学会使用鼠标。

1. 鼠标的分类 鼠标器发明后的 30 年时间里，人们对鼠标进行了不断的改造和创新。随着计算机在全球范围内的进一步普及和科技的进步，各种款式新颖的鼠标器层出不穷。鼠标的分类如表 1-4 所示。

表 1-4　鼠标的分类

分　类	原　理	优、缺点
机械式鼠标	使用滚球，通过机械滚动来获得移动数据	优点：结构简单 缺点：精度有限，电刷和译码轮的磨损也较为厉害，直接影响机械鼠标的寿命
光电式鼠标	使用光电头，根据对移动表面图像的逻辑判断来生成移动数据	优点：定位准确、移动流畅、不易脏污 缺点：当使用者的移动速度超过鼠标所能检测的速度时，鼠标容易产生追踪失败
无线式鼠标	通常采用无线通信方式包括蓝牙、Wi-Fi 、Infrared（IrDA）、ZigBee 等多个无线技术标准与主机通信	优点：省却了电线的束缚 缺点：定位不够精确，鼠标和屏幕移动不同步；需要外加电源供电，无论使用什么电池供电，都增加鼠标的使用成本；在携带鼠标的同时还要携带接收器，否则无法正常工作

2. 鼠标的正确持握姿势 握鼠标的基本姿势：手握鼠标，不要太紧，就像把手放在自己的膝盖上一样，使鼠标的后半部分恰好在掌下，食指和中指分别轻放在左右按键上，拇指和无名指轻夹两侧。

我们通常使用的鼠标有左右两个按键，也有三个键的鼠标，但中间那个键（也叫做滚轮）有特殊功能，在基本操作中几乎用不上。

3. 鼠标的基本操作 鼠标的基本操作如表 1-5 所示。

表 1-5　鼠标的基本操作

基本操作	操作内容	实　例
指　向	移动鼠标到预定位置	要选择某个特定的图标或项目时，需将鼠标先指向该对象
移　动	握住鼠标在桌子上来回移动，这时屏幕上的鼠标箭头会跟着来回移动	将鼠标箭头从屏幕上的一个位置移动到另一个位置
单　击	按一下鼠标上的左键，并松开	单击"开始"按钮或选中某个图标
双　击	快速地按两下鼠标的左键	双击"我的电脑"图标，打开"我的电脑"窗口
拖　动	按住鼠标的左键不松手，并同时移动鼠标的操作	拖动 Windows 桌面上的一个图标，将该图标从左边移到右边
右　击	按一下鼠标上的右键，并松开	在桌面空白处右击，弹出快捷选单（俗称菜单）

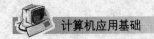

小贴士： 对鼠标参数进行设置。

步骤 1 单击"开始"按钮，打开"开始"菜单，选择"控制面板"命令，打开"控制面板"窗口，如图 1-19 所示。

步骤 2 双击"鼠标"图标打开"鼠标属性"对话框，如图 1-20 所示，用户可根据个人使用习惯调整鼠标的各项参数。

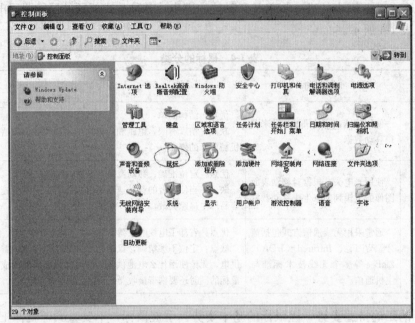

图 1-19 "控制面板"窗口

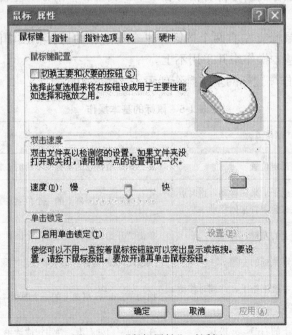

图 1-20 "鼠标属性"对话框

4. 鼠标指针 呈现在桌面上且可以随鼠标的移动而移动的图形符号叫做鼠标指针。执行不同的操作时鼠标指针会有不同的形状，如图 1-21 所示。

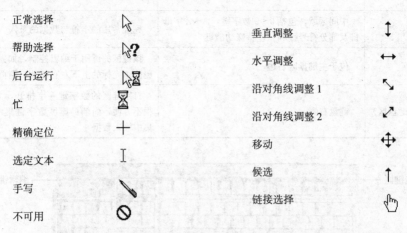

图 1-21 鼠标指针的不同形状

1.4.2 键盘及其使用

键盘是计算机中最重要的输入设备，也是文字录入最主要的工具，各种程序和数据可以通过键盘输入到计算机中。键盘是由一组排列成阵列的按键组成的，如图 1-22 所示。

图 1-22 常见的键盘

知识链接：键盘历史悠久，其前身是各种形式的打字机。到了 20 世纪中期，键盘成为计算机的最基本的输入设备。为了应对各种不同环境的需要，如今已经设计生产出各种不同的键盘，比如笔记本键盘、速录键盘、双控键盘、有线键盘和无线键盘等。

1. 键盘的结构和布局 键盘构成信息如表 1-6 所示，键盘的结构和布局如图 1-23 所示。

表 1-6 键盘构成信息

键盘分区	所在位置	功　　能
功能键区	键盘上方第一排，包括 Esc 键和 F1 至 F2 键	单击即可完成特定的功能，如 F1 往往被设成所运行程序的帮助键。现在有些计算机厂商为了进一步方便用户，还设置了一些特定的功能键，如单键上网、收发电子邮件、播放 VCD 等

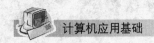

（续）

键盘分区	所在位置	功　能
主键盘区	中间区域，包括0~9数字键，A~Z字母键及部分符号键和一些特殊功能键	完成常用的字符与数据的录入
编辑键区	位于主键盘区右边	该键区的键用于编辑控制，如：文字的插入、删除，光标的上下左右移动、翻页等
辅助键区（小键盘区）	键盘右侧	打字键区的数字键一字排开，大量输入数据很不方便，而辅助键区数字键集中放置，便于集中输入数据

图 1-23　键盘的结构和布局

2. 键盘操作　利用键盘输入信息是用户和计算机交流的重要方法之一。在使用键盘时要有正确的姿势和规范的指法。

使用键盘时，全身要自然放松，腰背挺直，上身稍高键盘，上臂自然下垂，手指略向内弯曲，自然轻放在对应键位上，双脚平放在地面上。使用键盘的正确姿势如图 1-24 所示。

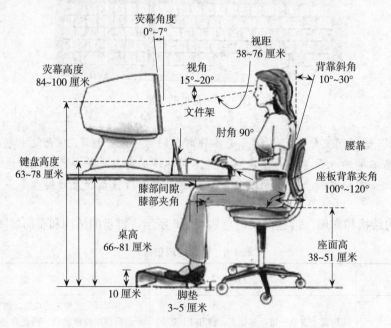

图 1-24　使用键盘的正确姿势

3. 键盘指法　正确的录入指法是正确、熟练、快速录入的基础。指法不正确，速度就提不高，也容易出错。

（1）基准键与手指的对应关系。基准键位于键盘的第二行，分别为"A"、"S"、"D"、"F"、"G"、"K"、"L"、";"八个键。

将左手小指、无名指、中指、食指分别置于"A"、"S"、"D"、"F"键上，左手拇指自然向掌心弯曲；将右手食指、中指、无名指、小指分别置于"J"、"K"、"L""、";"键上，右手拇指轻置于空格键上。输入过程中手指应始终置于基准键上。

（2）指法分工。八个基准键位与手指对应关系必须掌握好，否则基准键位不准，将直接影响其他键的输入，输入的错误信息就会非常多。键盘指法分工如图 1-25 所示。在基准键位的基础上，对于其他字键采用与八个基准键的键位相对应的位置来记忆，凡在斜线范围内的字键，都由规定的同一手指管理。

图 1-25　键盘指法分工

（3）击键要点。手腕要平直，手臂要保持静止，全部动作仅限于手指部分。手指要保持弯曲，稍微拱起，指尖后的第一关节微成弧形，分别轻放在字键的中央。

输入时手抬起，只有要击键的手指才可伸出击键，击毕立即缩回到基准键位，不可停留在已击的键上。击键时要用相同的节拍轻轻地击键，不可用力过猛。

常用的空格键击法为右手大拇指横着向下一击并立即回归，每击一次输入一个空格。击打 Enter 键时用右手小指击打，击打右手小指略弯曲迅速回原基准键位。

> **小贴士：**　右侧小键盘各键由右手管理。纯数字输入或编辑时，右手食指、中指、无名指应分别轻放在 4、5、6 数字键上，即把这三个键作为三个手指的原位键。而小指负责加、减号，击上、下排键时，相应手指上伸或下缩。

4. 键盘常用按键及功能　键盘常用按键及功能如表 1-7 所示。

表 1-7　键盘常用按键及功能

按键名称	功　能
回车键（Enter）	当用户从键盘输入命令或输入文本另一段的时候，按一下回车键
大写字母锁定键（Caps Lock）	改变大、小写字母的输入状态，每按一下，屏幕上英文字母的大、小写状态就改变一次。大写字母锁定键还有一个信号指示灯，在键盘右上角的信号灯显示区中间位置。该信号灯亮，表示键盘处在大写状态；灯不亮，表示键盘处在小写状态

（续）

按键名称	功　　　能
空格键	该键的作用是输入空格字符，同时光标向右移动一格。空格也是一个字符
上档键（Shift）	①在主键盘区，许多键上标有两个字符，这些键叫做双字符键。处在上面的字符叫上档字符，下面的是下档字符。如果要输入上档字符，就要按住上档键再击打字符键 ②当键盘处于小写状态时，按住 Shift 键，再按字母键，会显示该字母的大写形式。反之，当键盘处在大写状态时，Shift 键与字母键组合能输入小写字母
退格键（Backspace）	该键相当于一块橡皮，每按一下退格键，就可以删掉光标左边的一个字符
控制键（Ctrl）	它是一种组合键，需要与其他的键配合使用，才能产生特定控制效果。操作时，先按住 Ctrl 键，再按其他键
转换键（Alt）	与控制键一样，它也是一种组合键，需要与其他键配合使用
制表键（Tab）	在某些软件里，每按一下制表键，光标就向右移动若干个字符
数字锁定键（Num Lock）	它是小键盘区的开关，对应有一个信号指示灯，当指示灯亮时，小键盘可以输入数字和运算符
取消键（Esc）	在许多软件中，按下该键可取消指令，退出程序
屏幕打印键（Print Screen）	按下该键，屏幕上的内容会被复制到剪贴板上，就好像景物印到了相机胶片上一样。如果需要，可以用绘图类软件将此内容制作成图片文件。按 Alt ＋Print Screen，则会复制当前窗口的内容
插入/改写键（Insert）	在文字处理软件中，该键用来完成文字的插入和改写状态的切换
删除键（Delete）	删除键用来删除光标右边的字符

1.4.3　文字录入

1. 中文输入法　现在计算机的使用已经非常普遍，汉字的输入已成为非常基本的一种操作。了解并熟练一种或者多种中文输入法是学习计算机课程所必须掌握的技能。

中文输入法是从 1980 年代发展起来的，经历了三个阶段：单字输入、词语输入、整句输入。

最初使用的中文输入法有全拼输入法、双拼输入法和王码五笔输入法。目前较流行的中文输入法有搜狗拼音输入法、谷歌拼音输入法、紫光拼音、王码五笔、智能五笔等。

（1）键盘输入法。利用键盘向计算机输入文字的一种方法。目前常用的键盘汉字输入法有以下几类：对应码（流水码）、音码、形码、音形码。

①对应码（流水码）：以各种编码表作为输入依据。因为每个汉字只有一个编码，所以重码率几乎为零，效率高，可以高速盲打。缺点是需要记忆的量极大，而且没有规律。

②音码：按照拼音规定来进行汉字输入。不需要特殊记忆，符合人的思维习惯，只要会拼音就可以输入汉字。

③形码：按汉字的字形（笔画、部首）来进行编码，再由这些编码组合成汉字。

④音形码：音形码吸取了音码和形码的优点，将二者混合使用。

（2）非键盘输入法。常用的非键盘输入法如表 1-8 所示。

表 1-8　常用的非键盘输入法

非键盘输入法	输入原理	优、缺点
手写输入法	采用联机的方式手写输入汉字	优点：便于不熟悉汉语拼音的用户使用 缺点：对于手写连笔汉字识别率不高
语音输入法	利用联机的话筒作为输入设备，使用高性能的语音识别核心软件，对语音进行识别并转换为文本文字	优点：汉字多由单音字组成，便于语音识别 缺点：如果用户每次发音有差别，就会影响输入的识别率
光学字符识别（OCR）技术	利用扫描仪作为输入设备，将文稿扫描成图像，然后再通过专用的光学字符识别系统，对图像中的文本进行识别，转换成文本文字	优点：有利于采集图片上的文字字符 缺点：要求原始文稿比较清晰，否则会影响识别效果

非键盘输入法的常用设备如图 1-26 所示。

手写板　　　　　　　　　话筒　　　　　　　　　扫描仪

图 1-26　非键盘输入法的常用设备

2. 拼音输入法的使用　拼音输入法是以国家文字改革委员会颁布的《汉语拼音方案》为基础进行编码的一种键盘输入法，它主要利用 21 个声母、35 个韵母，构成 400 多个基本音节，从而进行汉字输入，属于音码输入法的一种。下面以全拼输入法为例说明拼音输入法的使用。

（1）"全拼输入法"的启用。用鼠标单击 Windows XP 操作系统主窗口右下角的输入法图标"En"后，再单击选择"全拼输入法 版本 4.0"，如图 1-27 所示。

输入法选单　　　　　　　　　　　　输入法图标

图 1-27　启动输入法

（2）单个汉字的输入方法。进入全拼输入法方式后，输入汉字声、韵字母，提示选择菜单中一次可显示 10 个同音字、词，也叫"重码"。这时，只需键入"空格"键（第 1 个汉字）或所需汉字前的数字代码，相应的汉字就会显示在屏幕的正文区内。全拼单个汉字输入界面如图 1-28 所示。

（3）词汇输入方法。将所有的词音节一个字母不少地进行输入，不用考虑字与字之间的分隔。随着输入，提示菜单将显示出相应读音的字和词，用"空格"键（第一个词组）或用数字代号进行选择。全拼词汇输入界面如图 1-29 所示。

图 1-28 全拼单个汉字输入界面　　　　　图 1-29 全拼词汇输入界面

3. 中文输入法的安装　中文输入法的安装分两种情况：一种是系统中已有的输入法，可使用"控制面板"中的"区域和语言选项"进行安装；另一种是以软件的形式存在，需要以安装软件的方式进行安装。

（1）系统中已有的输入法的安装。以添加"微软拼音输入法"为例，具体的操作步骤是：

步骤 1　单击"开始"按钮，打开"开始"菜单，选择"控制面板"命令，打开"控制面板"窗口，如图 1-19 所示。

步骤 2　双击"区域和语言选项"图标，打开"区域和语言选项"对话框，如图 1-30 所示。

步骤 3　单击"语言"选项卡，再单击"详细信息"按钮，打开"文字服务和输入语言"对话框，如图 1-31 所示。

步骤 4　在"文字服务和输入语言"对话框中单击"添加"按钮，打开"添加输入语言"对话框，如图 1-32 所示。

步骤 5　在"添加输入语言"对话框的"输入语言"下拉列表框中选择"中文（中国）"选项，勾选"键盘布局/输入法"，在下拉列表中选择"微软拼音输入法"，单击"确定"按

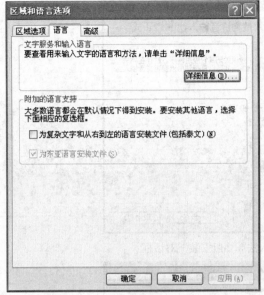

图 1-30 "区域和语言选项"对话框

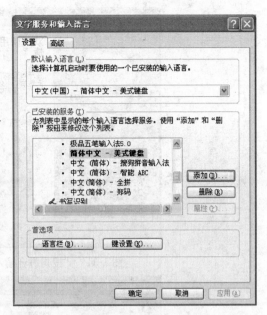

图 1-31 "文字服务和输入语言"对话框

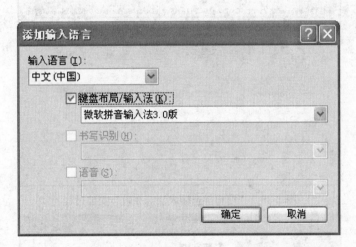

图 1-32 "添加输入语言"对话框

钮,"微软拼音输入法"就安装好了。

(2) 中文输入法软件的安装。以搜狗拼音输入法的安装为例,具体的操作步骤是:

步骤 1 双击"搜狗拼音输入法 5.2 版"安装图标,进行输入法安装,如图 1-33 所示。

步骤 2 在"搜狗拼音输入法 5.2 版安装"对话框中单击"下一步"按钮,如图 1-34 所示,将开始输入法的安装。其安装过程如图 1-35 所示。

步骤 3 安装完成后将出现"搜狗拼音输入法 5.2 版安装完毕"对话框,如图 1-36 所示。单击"完成"按钮即可结束输入法的安装。

sogou_pinyin_52.exe

图 1-33 "搜狗拼音输入法 5.2 版"安装图标

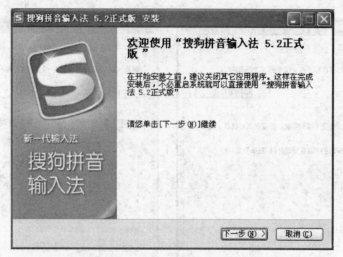

图 1-34 "搜狗拼音输入法 5.2 版安装"对话框

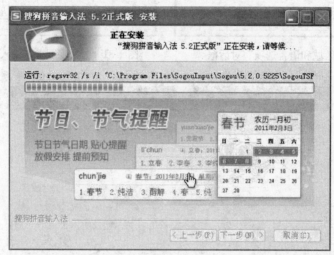

图 1-35 "搜狗拼音输入法 5.2 版"安装过程

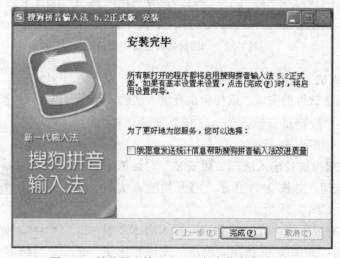

图 1-36 搜狗拼音输入法 5.2 版安装完毕对话框

练一练：

（1）根据个人使用习惯，调节本机鼠标的各项参数。

（2）利用能够找到的鼠标练习小游戏，进行鼠标操作的练习。

（3）单击"开始"按钮，选择"所有程序"→"附件"→"记事本"命令，打开"记事本"窗口，录入下面的短文：

①One day, a man caught a dove. When it was in his hand, the bird cried out, "please do not kill me. Let me tell you four things which will make you rich." "What are they?" asked the man. " This is the first thing. You must keep what you get." The man said," I shall do that. "" Next," said the dove,"you must not cry for what you cannot have. "

②梧桐就在我们住的那幢楼的前面，在花圃和草地的中央，在曲径通幽的那个拐弯口，整日整夜地与我们对视。它要比别处的其他树大出许多，足有合抱之粗，如一位"伟丈夫"，向空中伸展；又像一位矜持的少女，繁茂的叶子如长发，披肩掩面，甚至遮住了整个身躯。我猜想，当初它的身边定然有许多的树苗和它并肩成长，后来，或许因为环境规划需要，被砍伐了；或许就是它本身的素质好，顽强地坚持下来。它从从容容地走过岁月的风雨，高大起来了。闲来临窗读树已成为我生活中的一部分了。

综 合 练 习

1. 单项选择题

（1）第一代计算机采用的电子逻辑元件是（　　）。

    A. 晶体管　　　　B. 电子管　　　　C. 集成电路　　　　D. 超大规模集成电路

（2）计算机使用的键盘中 Shift 键是（　　）。

    A. 上档键　　　　B. 退格键　　　　C. 空格键　　　　D. 回车键

（3）在微机系统中数据存取速度最快的是（　　）。

    A. 硬盘驱动器　　B. 内存储器　　　C. 软盘驱动器　　　D. 只读光碟存储器

（4）计算机辅助设计的简称是（　　）。

    A. CAD　　　　　B. CAM　　　　　C. CAE　　　　　　D. CAT

（5）微机中必不可少的输入设备是（　　）。

    A. 键盘和显示器　　　　　　　　B. 键盘和鼠标器

    C. 显示器和打印机　　　　　　　D. 鼠标器和打印机

（6）当表示存储器的容量时，1KB 的准确含义是＿＿＿＿字节。

    A. 1 000M　　　　B. 1 024M　　　　C. 1 000　　　　　D. 1 024

（7）微机的硬件系统包括（　　）。

    A. 主机、内存和外存　　　　　　B. 主机和外设

    C. CPU、输入设备和输出设备　　D. CPU、键盘和显示器

（8）负责指挥与控制整台电子计算机系统的是（　　）。

    A. 输入设备　　　B. 输出设备　　　C. 存储器　　　　D. 中央处理器

（9）计算机主机是指（　　）。

A. CPU 和运算器   B. CPU 和内存储器

C. CPU 和外存储器   D. CPU、内存储器和 I/O 接口

(10)（　　）不是计算机硬件。

     A. DOS   B. 键盘   C. 显示器   D. 打印机

(11) 将计算机的内存储器与外存储器相比，内存的主要特点之一是（　　）。

     A. 价格便宜   B. 存储容量大   C. 存取速度快   D. 价格虽贵但容量大

(12) 计算机是采用（　　）来表示和处理数值数据的。

     A. 二进制   B. 十进制   C. 八进制   D. 十六进制

(13) 世界上第一台电子计算机是在（　　）年诞生的。

     A. 1927   B. 1946   C. 1936   D. 1952

(14) 计算机能够直接执行的程序是（　　）。

     A. 应用软件   B. 机器语言程序   C. 高级语言程序   D. 汇编语言程序

(15) 绘图仪属于（　　）。

     A. 输入设备   B. 输出设备   C. 外存储器   D. 内存储器

2. 填空题

(1) 计算机的发展经过了电子管、_____、集成电路和大规模集成电路四个阶段。

(2) 1KB = _____ B，1MB = _____ KB，1GB = _____ MB，1TB = _____ GB。

(3) 运算器和_____合称为中央处理器（CPU）。

(4) 通常所说的计算机系统是由_____和硬件系统两部分组成的。

(5) 软件系统分为_____软件和_____软件。

(6) 运算器是执行_____运算和_____运算的部件。

(7) 存储器分为_____和_____两大类。

(8) CAD 是_____。

(9) 计算机的运算速度主要取决于_____。

(10) 计算机中常用的数制有_____、_____、_____和_____。

3. 判断题

(1) RAM 中的信息既能读又能写，断电后其中的信息不会丢失。 （　　）

(2) 操作系统是应用软件和硬件之间的接口。 （　　）

(3) 计算机的中央处理器简称为 ALU。 （　　）

(4) 操作系统是计算机系统中不可缺少的应用软件。 （　　）

(5) 二进制是由 1 和 2 两个数字组成的进制方式。 （　　）

(6) 利用键盘可以在没有操作系统的前提下录入数据。 （　　）

(7) 裸机是指不带外部设备的主机。 （　　）

(8) 音箱属于输入设备。 （　　）

(9) 计算机硬件的基本配置包括主机、显示器、键盘和鼠标。 （　　）

(10) 一般把软件分为通用软件和专用软件。 （　　）

4. 简答题

(1) 计算机的应用领域有哪几个方面？

（2）一个完整的计算机系统由什么组成？计算机硬件系统包括哪几部分？计算机软件系统分为哪几类？

5. 操作题

在"记事本"中录入以下文字：

（1）目前推出的一种新的超级计算机采用世界上速度最快的微处理器之一，并通过一种创新的水冷系统进行冷却。新的 Power 575 超级计算机配置 IBM 公司最新的 Power 6 微处理器，使用安装在每个微处理器上方的水冷铜板将电子器件产生的热量带走。

采用水冷技术的超级计算机所需空调的数量能够减少 80％，可将一般数据中心的散热能耗降低 40％。科学家估计用水来冷却计算机系统的效率最多可比用空气进行冷却高出 4 000 倍。这一绰号"水冷集群"的系统可支持拥有数百个节点的非常大型的集群，而且能够在密集配置中实现极高的性能。

（2）生命如水，岁月如歌。当我们经历着四季变换，花开花谢，每天清晨感受着朝阳的温暖与晨露的滋润，聆听着山涧泉水的叮咚，封闭已久的心灵不经意间被它开启，才发现天空是那样的清澈而蔚蓝；花草是那样的艳丽而娇美，流水是那样的轻柔而活泼，擦肩而过的陌生人是那样的和蔼而可亲……原来，人生是这样的缤纷而多彩。

这种声音至纯——纯到与大自然如同一体；这种声音至美——美到与日月同辉；这种声音至灵——灵到让百花为之齐放，百鸟为之歌唱。这种声音是自然的力量，由自然转赠给人类。人类有了它，从此历史变得生动，生活开始奔放。

这种声音就是——音乐。音乐是一种力量，一种无可比拟的力量。它可催你奋进，可以给你抚慰，它更能够联结世界，沟通人心，给我们美好的一切。让我们对生活充满了憧憬和向往。这，就是音乐的力量。这，就是音乐的魅力。

项目 2

Windows XP 操作系统

学习目标：

(1) 掌握正确的开机与关机操作

(2) 掌握 Windows XP 的启动、退出和桌面元素

(3) 掌握 Windows XP 的基本操作

(4) 掌握文件管理的基本操作

在学习了计算机的基础知识后，萌萌终于可以进到机房上机操作了。坐到老师为自己指定的计算机前，萌萌按照正确的方法启动了计算机，进入 Windows XP 操作系统。他在老师指定的磁盘上建立了文件夹，利用画图软件绘制了一幅图案，并把它设置为桌面图案，如图 2-1 所示。下面，就让我们跟着萌萌一起学习吧。

图 2-1　萌萌的桌面

任务 1　正确开机与关机

萌萌到机房后，要做的第一个操作就是开机，即启动计算机。别以为开机就是按一下电源的开关按钮，如果操作不当，可能会出现问题，甚至会损坏计算机。萌萌按正确的顺序启动了计算机，可在操作过程中突然死机了，萌萌应该如何处理呢？

2.1.1　开机与关机

1. 开机　开机是指在断电的情况下加电启动计算机，也叫冷启动。

将计算机各部分设备连接好并接通电源后，按照下面的步骤正确开机：

步骤 1　打开外设（如音箱、打印机等）电源开关。

步骤 2　打开显示器电源开关。如果计算机没有其他外设，则此步骤为第 1 步骤。

步骤 3　打开计算机主机电源开关。

计算机主机电源开关打开后，首先由 BIOS（Basic Input Output System，即基本输入输出系统）程序对计算机硬件进行自检，并将检查情况显示在显示器上。如果在自检中发现问题，则通过显示器给出提示或发出警告音，如果没有发现问题，BIOS 则自动加载操作系统，进入工作状态。

2. 关机　计算机使用完毕后应关闭计算机并切断电源，关机的顺序与开机的顺序相反。

步骤 1　关闭主机电源。选择"开始"→"关闭计算机"→"关闭"命令，即可退出 Windows XP 操作系统并关闭主机电源。

步骤 2　关闭显示器电源。

步骤 3　关闭其他外设电源。

> **小贴士**：　关机后如果需要再启动计算机，应等待至少 5 秒后再开机，否则会对计算机造成损害。

2.1.2　重新启动计算机

在使用计算机的过程中，会遇到重新启动计算机的情况。有时是出现死机，无法正常关机，就需要重新启动计算机；有时是在安装了新的程序或软件进行升级后，或更新了某些硬件的驱动程序后，系统也会要求重新启动计算机。重新启动计算机的方法有两种：热启动和复位启动。

1. 热启动　热启动是指在不关闭计算机电源的情况下，同时按下键盘上的 Ctrl＋Alt＋Del 组合键来重新启动系统。在 DOS 系统下，这样做可以立即重启系统；在 Windows XP 系统下则会弹出"Windows 任务管理器"对话框，如图 2-2 所示。单击其中的"关机"菜单，如图 2-3 所示，可选择待机、关闭、重新启动、注销、切换用户等操作。

2. 复位启动　有些计算机的机箱上有"Reset"复位键，按下该键，计算机将重新启动。复位启动的过程与冷启动差不多，也需先自检，再加载操作系统，只是不关闭电源。一

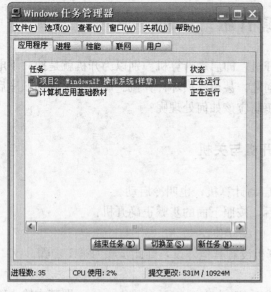

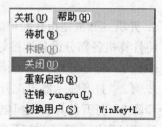

图 2-2　"Windows 任务管理器"对话框　　　　　图 2-3　"关机"菜单

般在热启动失败的情况下才选择这种重新启动的方式启动计算机。

练一练：

（1）按正确的步骤开机。

（2）在操作过程中按下 Ctrl＋Alt＋Del 组合键，利用"Windows 任务管理器"对话框重新启动计算机。

（3）观察使用的计算机有无复位键。如有，则利用它重新启动计算机。

任务2　Windows XP 的启动、退出和桌面元素

萌萌按照正确的方式启动了计算机，进入了 Windows XP 操作系统，显现在他眼前的是 Windows XP 的桌面。什么是桌面？它由哪些因素组成？如果要退出 Windows XP 操作系统，应该怎样操作？带着这些疑问，萌萌进入了下一阶段的学习。

2.2.1　Windows XP 的启动和退出

Windows XP 是微软（Microsoft）公司于 2001 年推出的功能强大的图形用户界面操作系统，具有运行可靠、易用性强等特点，目前绝大部分计算机都安装了 Windows XP 操作系统。

1. Windows XP 的启动　对于已经安装了 Windows XP 操作系统的计算机，按正确方式开机后，计算机将自动加载 Windows XP 操作系统，进入登录界面，如图 2-4 所示。选择用户名并输入密码，即可进入 Windows XP 的桌面，如图 2-5 所示。

2. Windows XP 的退出　当用户不再使用 Windows XP 操作系统时，应按正确的方式退

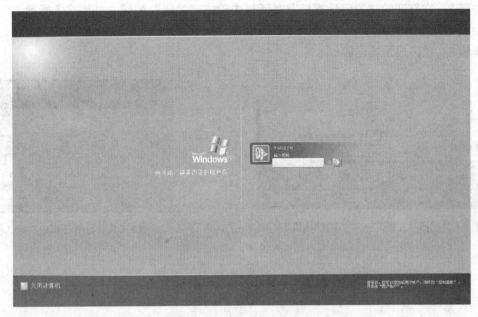

图 2-4 Windows XP 的登录界面

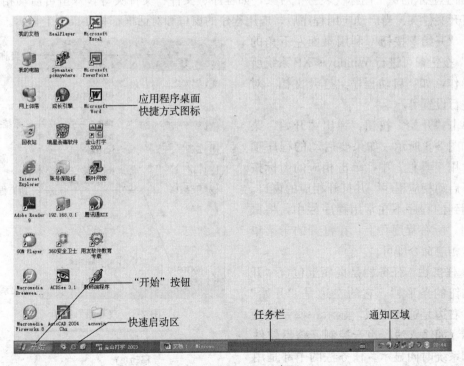

应用程序桌面
快捷方式图标

"开始"按钮

任务栏

通知区域

快速启动区

图 2-5 Windows XP 桌面

出系统，不能直接关掉计算机的电源。这是因为内存中还有部分信息，为了使下一次开机能正常启动，系统需要对整个运行环境做善后处理。非正常关机可能导致有用的信息丢失。

任务实施：

步骤 1 单击任务栏左端的"开始"按钮，选择"关闭计算机"，如图 2-6 所示。

步骤 2 在打开的"关闭计算机"对话框中单击"关闭"按钮，如图 2-7 所示，计算机将自动关闭并切断电源。

步骤 3 关闭显示器电源。

图 2-6 选择"开始"→"关闭计算机"

图 2-7 "关闭计算机"对话框

2.2.2 Windows XP 桌面元素

1. 桌面 启动 Windows XP 后，呈现在用户面前的整个屏幕界面称为桌面，参见图 2-5。桌面上显示的每个图标代表一个对象，如程序、文件、文件夹等，双击可启动相应程序或可打开文件夹。当启动应用程序后，应用程序的窗口和对话框都将在桌面上显示。

2. "开始"按钮 利用桌面左下角的"开始"按钮，可进行 Windows XP 系统所有的操作，如：启动程序、打开文档、对系统进行设置等。

单击"开始"按钮，弹出"开始"菜单，如图 2-8 所示。如果要启动的程序项在"常用工具栏"中，单击相应的图标按钮即可启动相应程序，并打开相应的窗口。如果用到的程序不在常用程序栏中，将鼠标移到"所有程序"上，在打开的子菜单中单击相应命令即可。

3. 任务栏 任务栏是桌面上包含"开始"按钮的条形栏，它的左边是"开始"按钮，右边是通知区域，显示一些系统便捷图标（如输入法、声音控制、杀毒软件等）和系统时间显示。任务栏的中部是用户打开的程序、文档或窗口的按钮。如果要切换窗口，只需单击表示该窗口的按钮即可。如果要移动、关闭某窗口，用鼠标右击该窗口按钮，在弹出的快捷选单中选择相应选项即可，如图 2-9 所示。

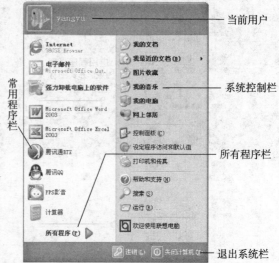

图 2-8 "开始"菜单

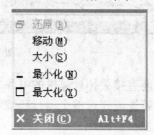

图 2-9 窗口按钮快捷菜单

小贴士： 任务栏一般在桌面的下方，用户可根据自己的喜好调整它的位置。将鼠标移到任务栏的空白处，拖动鼠标，即可将任务栏拖放到桌面的上方、左边或右边。

练一练：

（1）双击"我的电脑"图标，打开"我的电脑"窗口，用鼠标右击任务栏中部的"我的电脑"按钮，选择"关闭"命令。

（2）正确退出 Windows XP 操作系统。

任务 3 Windows XP 的基本操作

萌萌正确开机后顺利地进入了 Windows XP 操作系统，但要进行各种操作，就要打开相应的窗口。另外，对话框也是操作中常见的元素，它们由哪些部分组成？怎样进行相关操作？萌萌要学的东西还有很多。

2.3.1 窗口的组成和操作

1. 窗口的组成 当用户启动程序或打开文档时，屏幕上就会出现已定义好的工作区，这就是窗口，如图 2-10 所示。在 Windows XP 中，窗口的外观基本一致，主要元素有标题栏、菜单栏、工具栏、工作区域和状态栏。

图 2-10 窗口的组成

（1）标题栏。标题栏位于窗口的顶部，通常显示打开的应用程序或文档名称。如果同时打开多个窗口，则当前正在操作的窗口的标题栏的颜色和亮度与其他不同，称为活动窗口。

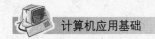

用鼠标单击非活动窗口的任一位置，可使其成为活动窗口。

标题栏的左端是控制菜单按钮，单击该图标可打开控制菜单，此菜单与任务栏窗口按钮快捷图标几乎一样（图2-9）。双击该图标则可关闭窗口。

标题栏的右端是三个按钮："最小化"按钮 、"最大化"按钮 或"还原"按钮 、"关闭"按钮 。

单击"最小化"按钮，窗口缩小为任务栏中部的一个按钮，此时程序仍会继续。用鼠标单击此按钮，可使窗口恢复。

单击"最大化"按钮，窗口扩展至整个桌面，此时"最大化"按钮变为"还原"按钮。单击"还原"按钮，窗口恢复为"最大化"前的大小。

单击"关闭"按钮，可关闭窗口或退出程序。

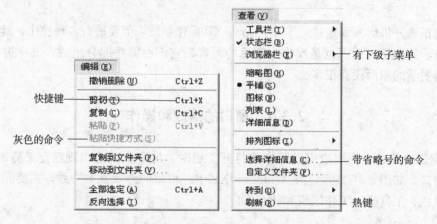

图2-11 "编辑"菜单（左）和"查看"菜单（右）

（2）菜单栏。菜单栏用于列出可选用的菜单项，每个菜单均包含一系列命令。不同的应用程序窗口的菜单栏不完全相同，但大部分都有"文件"、"编辑"、"工具"和"帮助"菜单。Windows XP中的菜单基本上是下拉式菜单。如图2-11所示。

快捷键：有的菜单命令后带有Ctrl＋"字母"的组合键，这就是此命令项的快捷键，用户在不打开菜单的情况下直接按此快捷键即可执行相应的命令。

热键：每个菜单命令后都带有一个用括号括起来的带下画线的字母，这就是热键。用户在打开菜单的情况下直接按此字母键即可执行相应的命令。

灰色的命令项：菜单中灰色的命令项表明在当前状态下此命令不能执行。

带省略号的命令项：有的命令项后带有省略号，表明选择此命令后将打开一个对话框。

带黑色右箭头的命令项：有的命令项后带有黑色右箭头▶，表明选择此命令后会出现下一级子菜单。

命令项前有对号"√"：表示该命令项正在使用。再次选择该命令，对号"√"消失，则该命令不再执行。

命令项前有圆点"●"：表示该命令项正在使用。在同组的命令中，只能有一个被选用。

当打开菜单后不执行命令时，在菜单外部单击鼠标左键或按Alt键或Esc键，都可以关闭菜单。

（3）工具栏。工具栏是一组按钮，每个按钮代表一个操作，单击某个按钮即可执行相应的命令。

如果在窗口中没有显示工具栏，可从"查看"菜单中选择"工具栏"命令，这时在菜单栏下面就会出现工具栏。

（4）工作区域。窗口的内部区域就是工作区域，窗口的操作就在工作区域内完成。

（5）状态栏。状态栏在窗口的底部，用来显示该窗口的状态，如对象个数、可用空间等。

（6）滚动条。当窗口中的内容太多而无法完整显示时，窗口的右部或底部会出现滚动条，滚动条内有滚动块。单击滚动条上、下端或左、右端的按钮，或单击滚动条的空白处，或拖动滚动块，均可滚动显示出窗口中的内容。

除了上述元素外，窗口还有边框（窗口周围的四条边）等其他元素。

2. 窗口的操作 窗口的操作主要有：移动窗口、改变窗口大小、切换窗口、关闭窗口等。

（1）移动窗口。

步骤 1 打开"我的电脑"窗口，将鼠标指针指向标题栏（此时窗口不能处在最大化状态）。

步骤 2 按住鼠标左键拖动，将窗口移动到其他位置后松开鼠标。

（2）改变窗口大小。

步骤 1 将鼠标指针指向窗口边框或四角，鼠标指针分别变为"↔"、"↕"、"↖"或"↗"。

步骤 2 按住鼠标左键拖动至所需大小再释放鼠标。

步骤 3 用鼠标单击窗口标题栏右端的"最大化"按钮。

步骤 4 用鼠标单击窗口标题栏右端的"还原"按钮，观察窗口的变化情况。

步骤 5 用鼠标双击窗口标题栏，观察窗口的变化情况。

步骤 6 用鼠标单击窗口标题栏右端的"最小化"按钮，观察窗口及任务栏中部窗口按钮的变化情况。

步骤 7 用鼠标单击任务栏中部最小化的窗口按钮，观察窗口及窗口按钮的变化情况。

（3）切换窗口。要使已打开的窗口成为活动窗口，用鼠标依次单击任务栏中对应的窗口按钮，即可使相应窗口切换为活动窗口。用鼠标单击某窗口的任意部分也可切换至该窗口，或按 Alt＋Tab 组合键切换窗口。

步骤 1 依次打开"我的电脑"、"Word 2003"、"IE"等程序的窗口。

步骤 2 用鼠标依次单击打开的窗口的任意部位，观察窗口标题栏的变化情况。

步骤 3 用鼠标依次单击任务栏中部的窗口按钮，观察窗口标题栏的变化情况。

步骤 4 反复按 Alt＋Tab 组合键，观察窗口标题栏的变化情况。

（4）层叠窗口、平铺窗口、显示窗口。具体操作步骤如下：

步骤 1 依次打开"我的电脑"、"Word 2003"、"IE"等程序的窗口。

步骤 2 将鼠标移到任务栏的空白处，单击鼠标右键，在快捷菜单中选择"层叠窗口"命令，如图 2-12 所示。层叠窗口的效果如图 2-13 所示。

步骤 3 将鼠标移到任务栏的空白处，单击鼠标右键，在弹出

图 2-12 选择"层叠窗口"命令

图 2-13　层叠窗口效果

的快捷菜单中依次选择"横向平铺窗口"和"纵向平铺窗口"命令，效果分别如图 2-14、图 2-15 所示。

图 2-14　横向平铺窗口效果

步骤 4　将鼠标移到任务栏的空白处，单击鼠标右键，在弹出的快捷菜单中选择"显示桌面"命令，观察桌面变化情况。

（5）关闭窗口。关闭窗口的方法除了单击窗口右上角的"关闭"按钮外，还有下列方法：单击标题栏左端的控制按钮，在打开的菜单中选择"关闭"命令；按 Alt＋F4 组合键；在任务栏中部的窗口的按钮上右击鼠标，在弹出的快捷菜单中选择"关闭"命令。

步骤 1　单击"我的电脑"窗口标题栏左端的控制按钮，在打开的菜单中选择"关闭"

图 2-15　纵向平铺窗口效果

命令，关闭"我的电脑"窗口。

步骤 2　将"Word 2003"窗口选定为当前窗口，按 Alt＋F4 组合键。

步骤 3　在任务栏中部的"IE"窗口的按钮上右击鼠标，在弹出的快捷菜单中选择"关闭"命令。

2.3.2　对话框的组成和操作

对话框是 Windows XP 与用户交流的平台。Windows XP 通过对话框给用户一些提示或警告信息，或向用户提问，用户通过回答问题完成对话。对话框的外形与窗口相似，有标题栏，但没有菜单栏、工具栏等，而且不能改变大小。对话框有多种形式，常见的对话框如图 2-16、图 2-17 所示。

（1）命令按钮。单击对话框中的命令按钮将执行相应的命令。如果命令按钮后带有省略号，执行它会打开另一个对话框。一般对话框中都有"确定"和"取消"命令按钮。

（2）文本框。文本框是需要用户输入信息的方框。将光标移到文本框时，鼠标指针会变为"I"字形，此时单击鼠标，即可在文本框内输入信息。

（3）列表框。列表框中显示了一组可用的选项，如果列表框不能列出全部选项，可用滚动条来滚动显示。列表框和文本框有时可配合使用。

（4）下拉列表框。用于显示当前选择项，单击其右端的箭头，便可打开供用户选择的选项清单。

（5）选项卡。选项卡是把相关功能的对话框集合在一起形成的一个多功能对话框。单击对话框的选项卡标签即可打开相应的选项卡。

（6）单选按钮。单选按钮是一组互相排斥的选项，每组必须选择一个选项，而且只能选

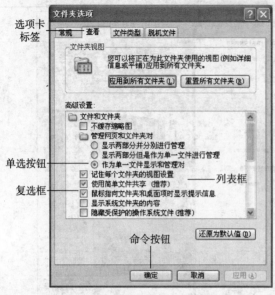

图 2-16　"文件夹选项"对话框

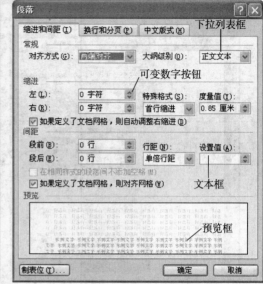

图 2-17　"段落"对话框

一个。被选中项的左边圆圈内显示一个小点，未被选中项的左边圆圈内为空心。

（7）复选框。复选框包含了一组不互相排斥的选项，每组可以任意选择几项，也可全选或全不选。复选框是一个小正方形，方框中有"√"表示选中，空框表示未选中。

（8）可变数字按钮。可变数字按钮一般在需输入数值的文本框的右端，要改变数字选项时，可通过上、下按钮增大或减少数值，也可直接在框中输入数值。

（9）滑杆。直观地显示了所要设置的值的大小，设置时直接用鼠标拖动滑杆上的滑块到相应位置即可，如图 2-18 所示。

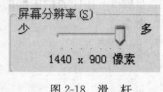

图 2-18　滑　杆

练一练：

（1）打开"我的电脑"窗口，移动窗口，改变窗口的大小。

（2）在"我的电脑"窗口中，分别单击"最大化"、"还原"、"最小化"和"关闭"按钮，观察窗口变化情况。

（3）打开"我的电脑"、"记事本"、"画图"窗口，分别用鼠标单击及快捷键的方式切换窗口。

（4）打开"我的电脑"、"记事本"、"画图"窗口，依次将窗口层叠、横向平铺、纵向平铺。

任务4　文件（文件夹）管理

　　顺利启动计算机并进入 Windows XP 系统后，萌萌就要开始整理文件了。他首先要做的工作是创建若干个文件夹，对它们进行命名，然后把文件移动或复制到相应的文件夹中，最后再根据情况对需要重新命名的文件进行重命名。

2.4.1 文件与文件夹

1. 认识文件与文件夹

（1）文件与文件名。在 Windows XP 系统中，计算机上的各种信息都是以文件的形式存放在磁盘上的。每个文件有一个文件名，便于系统管理。

文件名由主文件名和扩展名组成，一般格式为：主文件名．扩展名。Windows XP 系统中的文件名的命名规则是：

①文件名的总长度不超过 255 个字符；

②文件名中可以使用空格，但不能使用下列字符（均为半角字符）:?、＊、｜、
＼、／、:、"、＜和＞。

③文件名中允许使用多间隔符，但只有最后一个间隔符后的字符是扩展名。如：abc. fa. doc. xls，其扩展名是．xls。

④在对文件进行某些操作时允许使用通配符"＊"和"?"。其中，"＊"表示任意字符；"?"表示任意一个字符。如："win＊．＊"表示以"win"开头的所有文件；"win? .?"表示前三个字符为"win"，第四个字符为任意字符且扩展名只有一个字符的所有文件。

（2）文件类型。在 Windows XP 系统中，文件根据数据的不同分成了不同的类型，主要有：执行文件、文本文件、图形文件、帮助文件等，每种类型的文件都用不同的图标表示。文件的扩展名也表明了文件的类型，如：．exe 是执行文件，．txt 是文本文件，．jpg 是图形文件，．hlp 是帮助文件。

（3）文件夹。文件夹是若干个文件的集合。在 Windows XP 系统中，一个文件夹可以包含程序文件、文档文件、快捷方式等文件，也可包含下一级文件夹（即子文件夹，也叫子目录）。通过文件夹可以将文件进行分组管理，提高工作效率。

2. 查看文件属性 在"我的电脑"窗口中，用鼠标单击选中某一文件或文件夹时，在左侧窗格的下方的"详细信息"中将显示其属性。也可用鼠标右击该对象，在快捷菜单中选择"属性"命令，打开相应的"属性"对话框，在"常规"选项卡中可查看该对象的详细信息。例如，用鼠标右击 E 盘上的文件夹"下载资料"，在快捷菜单中选择"属性"命令，打开"下载资料属性"对话框，如图 2-19 所示，在"常规"选项卡中详细列出了文件夹的类型、位置、大小等信息。

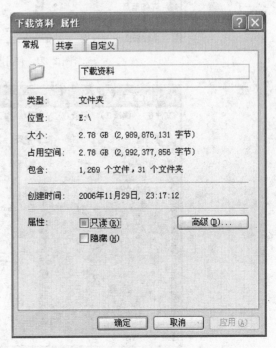

图 2-19 "下载资料属性"对话框

2.4.2 文件或文件夹的基本操作

1. 新建文件夹 新建文件夹可以在"我的电脑"和"资源管理器"窗口中创建。方法也有多种，可使用菜单，也可使用任务窗格中的快捷启动项。

步骤1 在"我的电脑"窗口中打开要在其中建立新文件夹的文件夹（或磁盘驱动器）。

步骤2 单击左侧任务窗格中的"创建一个新文件夹"快捷启动项，如图 2-20 所示；或选择"文件"→"新建"→"文件夹"命令；也可在右侧窗口的空白处右击鼠标，在弹出的快捷菜单中选择"新建"→"文件夹"命令，这时会在右侧窗口中出现一个名为"新建文件夹"的文件夹，其名称呈高亮显示，如图 2-21 所示。

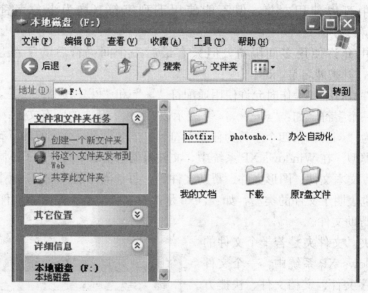

图 2-20 使用快捷启动项

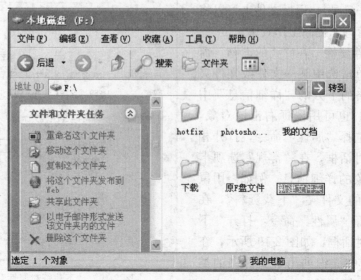

图 2-21 新建文件夹

步骤3　在新文件夹的名称处输入文件夹名称,然后按 Enter 键或鼠标单击空白处。

小贴士:　在新建文件夹时最好不要把文件夹建立在桌面上。这样做虽然方便,但占用了 C 盘空间,会影响计算机的运行速度,而且当重装系统时会造成重要文件的丢失。一般新建文件夹时最好将文件夹建立在非系统盘上。

2. 打开文件夹或磁盘驱动器　要打开文件夹或磁盘驱动器,可用下列方法:

方法1　双击该文件夹或磁盘驱动器。

方法2　鼠标指向该文件夹或磁盘驱动器,单击右键,在弹出的快捷菜单中选择"打开"命令。

方法3　鼠标单击该文件夹或磁盘驱动器,此时图标变为高亮显示,选择"文件"→"打开"命令。

方法4　鼠标单击该文件夹或磁盘驱动器,此时图标变为高亮显示,然后按 Enter 键。

3. 选定文件或文件夹

(1) 选定一个文件或文件夹。用鼠标单击该文件或文件夹即可。

(2) 拖动选定文件或文件夹。在文件夹窗口中,按下鼠标左键并拖动,这时会出现一个矩形框,拖动鼠标使该矩形框框住要选定的文件或文件夹,如图 2-22 所示,然后松开鼠标左键。

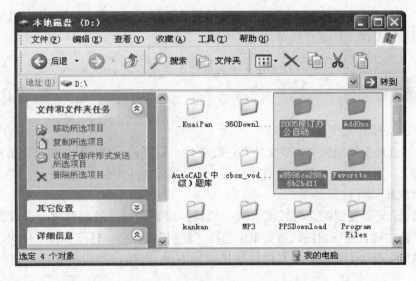

图 2-22　拖动选定文件或文件夹

(3) 选定多个文件或文件夹。如果要选的多个文件或文件夹是连续的,先单击选定第一个对象,按下 Shift 键不放,然后单击最后一个文件或文件夹。

如果要选的多个文件或文件夹是不连续的,先单击选定第一个对象,按下 Ctrl 键不放,然后分别单击其他的对象。

如果在一个文件夹中不需要选定的文件或文件夹较少,可先选定这些对象,然后选择"编辑"→"反向选择"命令,即可选定文件夹中除这些对象外的其他文件或文件夹。

（4）选定所有的文件或文件夹。选择"编辑"→"全部选定"命令，或使用快捷键 Ctrl＋A即可选定该文件夹或磁盘驱动器中的所有文件或文件夹。

（5）撤消选定。撤消一个或几个对象的选定，可先按住 Ctrl 键不放然后单击要撤消的对象。如果要撤消所有的选定，可单击窗口中其他区域。

4. 移动、复制和删除文件或文件夹　移动文件或文件夹是把一个文件夹中的文件或文件夹移动到另一个文件夹中，原文件夹中的对象不再存在。复制文件或文件夹是把一个文件夹中的文件或文件夹复制到另一个文件夹中，原文件夹中的对象仍然存在。

（1）移动文件或文件夹。移动文件或文件夹的方法很多，常用的有：

方法1　选定要移动的文件或文件夹，按住鼠标左键拖动到目标文件夹上，此时目标文件夹呈高亮显示，然后松开鼠标左键。如果目标文件夹与原文件夹不在同一磁盘驱动器上，Windows XP 默认为复制对象，鼠标箭头旁会出现一个"＋"号，此时按下 Shift 键，"＋"号消失，将对象拖放到目标文件夹上，先松开鼠标左键，再放开 Shift 键。

方法2　选定要移动的文件或文件夹，选择"编辑"→"剪切"命令（或将鼠标指向选定的对象单击右键，在弹出的快捷菜单中选择"剪切"命令），打开目标文件夹，选择"编辑"→"粘贴"命令（或在窗口空白处单击鼠标右键，在弹出的快捷菜单中选择"粘贴"命令）。

方法3　选定要移动的文件或文件夹，单击工具栏上的"剪切"按钮✂，打开目标文件夹，单击工具栏上的"粘贴"按钮📋。

方法4　选定要移动的文件或文件夹，使用快捷键 Ctrl＋X 进行剪切，打开目标文件夹，使用快捷键 Ctrl＋V 进行粘贴。

> **小贴士：**　方法2、方法3、方法4中的操作可混合使用，也可使用左侧任务窗格中的快捷启动项。

（2）复制文件或文件夹。

方法1　选定要复制的文件或文件夹，按住 Ctrl 键不放，再用鼠标将选定的对象拖动到目标文件夹上，此时目标文件夹呈高亮显示，并且鼠标箭头旁会出现一个"＋"号，松开鼠标左键，再放开 Ctrl 键。

方法2　选定要复制的文件或文件夹，选择"编辑"→"复制"命令（或鼠标指向选定的对象单击右键，在弹出的快捷菜单中选择"复制"命令），打开目标文件夹，选择"编辑"→"粘贴"命令（或在窗口空白处单击鼠标右键，在弹出的快捷菜单中选择"粘贴"命令）。

方法3　选定要移动的文件或文件夹，单击工具栏上的"复制"按钮📋，打开目标文件夹，单击工具栏上的"粘贴"按钮📋。

方法4　选定要移动的文件或文件夹，使用快捷键 Ctrl＋C 进行复制，打开目标文件夹，使用快捷键 Ctrl＋V 进行粘贴。

> **小贴士：**　方法2、方法3、方法4中的操作可混合使用，也可使用左侧任务窗格中的快捷启动项。

（3）删除文件或文件夹。

方法 1　选定要删除的文件或文件夹，拖动到桌面的"回收站"图标上，松开鼠标左键，在打开的"确认文件夹删除"对话框中单击"是"按钮。

方法 2　选定要删除的文件或文件夹，选择"文件"→"删除"命令（或将鼠标指向选定的对象单击右键，在打开的快捷菜单中选择"删除"命令），在打开的"确认文件夹删除"对话框中单击"是"按钮。

方法 3　选定要删除的文件或文件夹，按 Delete 键，在打开的"确认文件夹删除"对话框中单击"是"按钮。

方法 4　选定要删除的文件或文件夹，单击工具栏上的"删除"按钮✕。

小贴士：　被删除的本地磁盘中的文件（或文件夹）并不是物理意义上的删除，而是保存在回收站中。如果希望被删除的文件（或文件夹）返回到原位置，可打开回收站，选择要返回的对象，再选择"文件"菜单中的"还原"命令，如图 2-23 所示。如果想彻底删除回收站中的某些文件（或文件夹），则选定对象后，再选择"文件"→"删除"命令。如果想彻底删除回收站中的所有文件（或文件夹），则选择"文件"菜单中的"清空回收站"命令。上述操作也可使用右键快捷菜单或任务窗格中的快捷启动项。

如果在按住 Shift 键的同时按 Delete 键，则被选定的文件（或文件夹）将被直接从磁盘上删除，不再保存在回收站中。

另外，由于回收站是硬盘上的一块区域，所以在回收站中只能看到在本地硬盘上被删除的文件（或文件夹），没有优盘上被删除的文件（或文件夹）。

如果删除的是桌面上的快捷方式图标，删除图标只能删除该快捷方式，并不能把应用程序从硬盘上删除。

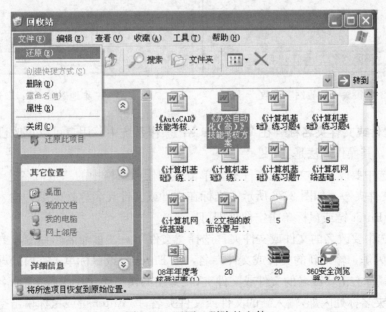

图 2-23　还原已删除的文件

知识链接：将鼠标移至回收站图标上，单击鼠标右键，在打开的快捷菜单中选择"属性"命令，在打开的"回收站属性"对话框中可对回收站的参数进行设置，如图2-24所示。如果选择了"所有驱动器均使用同一设置"单选项，则所有的驱动器的回收站均使用同一参数（此例中所有的回收站均占各驱动器空间的10%），其他选项卡不能设置。如果选择了"独立配置驱动器"单选项，则可在各驱动器对应的选项卡中对各驱动器回收站的参数进行独立配置。如：选择了此选项后单击"本地磁盘（D:）"选项卡，则可单独对D盘的回收站进行设置，如2-25所示。如果勾选了"删除时不将文件移入回收站，而是彻底删除"复选项，则不论回收站的容量有多大，被删除的文件都将直接从磁盘上删除，不再进入回收站。

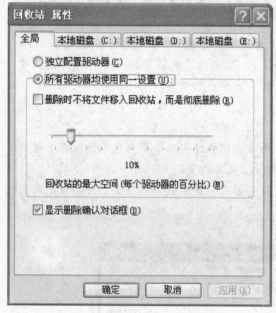

图2-24 设置"回收站"参数

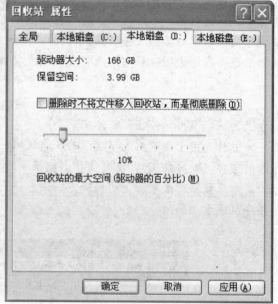

图2-25 "本地磁盘（D:）"选项卡

5. 更改文件或文件夹名称　在Windows XP操作系统中，用户可以更改已有的文件或文件夹的名称，其操作方法是：

方法1　选中要改名的文件或文件夹，单击左侧任务窗格中的"重命名这个文件"（或"重命名这个文件夹"），如图2-26所示。光标在文件或文件夹名称处闪烁，输入新的文件或文件夹名，按Enter键或鼠标单击空白处即可。

方法2　选中要改名的文件或文件夹，选择"文件"→"重命名"命令，光标在文件或文件夹名称处闪烁，输入新的文件或文件夹名，按Enter键或鼠标单击空白处即可。

方法3　鼠标右击要改名的文件或文件夹，在弹出的快捷菜单中选择"重命名"命令，光标在文件或文件夹名称处闪烁，输入新的文件或文件夹名，按Enter键或鼠标单击空白处即可。

方法4　单击要改名的文件或文件夹，呈高亮显示后再次单击，输入新文件或文件夹名即可。

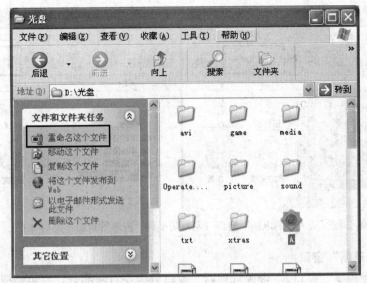

图 2-26　重命名文件

2.4.3　Windows 资源管理器

1. 打开资源管理器　资源管理器是管理计算机软硬件资源的程序，在文件管理中使用资源管理器能使操作更加方便。打开资源管理器的方法如下：

方法 1　单击"开始"按钮，选择"所有程序"→"附件"→"Windows 资源管理器"命令，如图 2-27 所示。

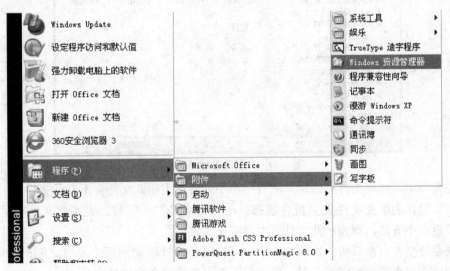

图 2-27　选择"所有程序"→"附件"→"Windows 资源管理器"命令

方法 2　在"我的电脑"窗口中单击工具栏上的"文件夹"按钮，即可切换到"资源管理器"窗口，如图 2-28 所示。在"资源管理器"窗口中单击"文件夹"按钮，又可切换到"我的电脑"窗口。

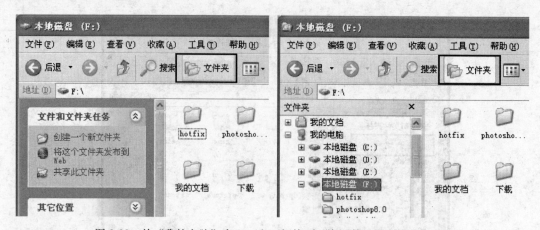

图 2-28　从"我的电脑"窗口（左）切换到"资源管理器"窗口（右）

2. "资源管理器"窗口

（1）"资源管理器"窗口。"资源管理器"窗口分为左右两部分，左边是树型目录（包括计算机上的软、硬件）结构区，右边是左边目录中被选中的文件夹所包含的对象（包括选中的文件夹内的所有的软、硬件）显示区，如图 2-29 所示。

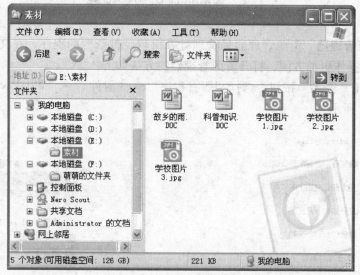

图 2-29　"资源管理器"窗口

在左窗口中，如果文件夹图标左侧有一个小方格，表明此文件夹下有子文件夹。小方格中是"＋"号，表明此文件夹呈折叠状态；小方格中是"－"号，表明此文件夹呈展开状态；如果没有小方格，则表示此文件夹中没有子文件夹。

如果要改变左右窗口所占比例的大小，可将鼠标指针移动到两个窗口之间的分隔线上，当鼠标指针变成水平的双向箭头时，拖动鼠标就可调整两个窗口的大小。

（2）改变显示方式。在使用资源管理器时，有时为了从某个方面查看文件，可改变文件夹的显示方式。

方法 1　单击"查看"菜单，在打开的菜单中部列出了五种显示方式：缩略图、平铺、图标、列表、详细信息，根据需要选择相应的选项即可，如图 2-30 所示。

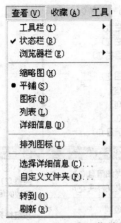

图 2-30 "查看"菜单

图 2-31 "查看"按钮

方法 2 单击工具栏上的"查看"按钮,在打开的下拉菜单中选择相应的选项,如图 2-31 所示。

图 2-32 所示的是"缩略图"显示方式;图 2-33 所示的是"详细信息"显示方式,将显示文件的名称、大小(文件夹不显示大小)、类型和修改时间等多项信息。

图 2-32 "缩略图"显示方式

图 2-33 "详细信息"显示方式

（3）改变排列方式。有时为了便于按某种条件查找到文件，可改变文件的排列方式。选择"查看"→"排列图标"命令，在打开的下一级菜单中选择相应的排列方式，有四种方式：名称、大小、类型、修改时间，如图 2-34 所示。

如果文件的显示方式是"详细信息"，则用鼠标单击"名称"、"大小"、"类型"或"修改时间"即可。

3. 资源管理器中文件或文件夹的管理 在资源管理器中，对文件或文件夹的操作与在"我的电脑"中的操作基本一致。只是在移动、复制文件或文件夹时用鼠标拖动的方式更为方便。

（1）移动文件或文件夹。在右窗口中选定要移动的文件或文件夹，按住鼠标左键拖动到左窗

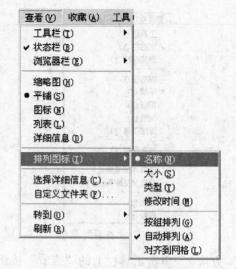

图 2-34　选择"查看"→"排列图标"命令

口的目标文件夹上，此时目标文件夹呈高亮显示，然后松开鼠标左键。如果目标文件夹与原文件夹不在同一磁盘驱动器上，Windows XP 默认为复制对象，鼠标箭头旁会出现一个"＋"号，此时按下 Shift 键，"＋"号消失，将对象拖放到目标文件夹上，先松开鼠标左键，再放开 Shift 键。

（2）复制文件或文件夹。在右窗口中选定要复制的文件或文件夹，按住 Ctrl 键不放，再用鼠标将选定的对象拖动到左窗口的目标文件夹上，此时目标文件夹呈高亮显示，并且鼠标箭头旁会出现一个"＋"号，松开鼠标左键，再放开 Ctrl 键。

任务实施 在 E 盘上新建文件夹"萌萌的文件"，把若干文件复制或移动到此文件夹中并重新命名，最后删除不需要的文件夹。

步骤 1　在"我的电脑"窗口中打开 E 盘。

步骤 2　选择"文件"→"新建"→"文件夹"命令；或在右侧窗口的空白处右击鼠标，在弹出的快捷菜单中选择"新建"→"文件夹"命令，右侧窗口中出现一个名为"新建文件夹"的文件夹，其名称呈高亮显示，参看图 2-21。

步骤 3　在"新建文件夹"的名称处输入文件夹名称"萌萌的文件"，然后按 Enter 键或鼠标单击空白处。

步骤 4　单击工具栏上的"文件夹"按钮，切换到"资源管理器"窗口。

步骤 5　双击"资源管理器"左窗口 E 盘下的"素材"文件夹，选中该文件夹中的三个图形文件，拖动鼠标到 F 盘的"萌萌的文件"上方，当该文件夹呈高亮显示时松开鼠标左键，完成文件的复制，如图 2-35 所示。

步骤 6　将鼠标移到第一张图片的上方，单击鼠标右键，在快捷菜单中选择"重命名"，将此图形文件重命名为"校园景色 1.jpg"，用同样的方法依次将其他两张图片重命名为"校园景色 2.jpg"和"校园景色 3.jpg"。

步骤 7　返回到 E 盘下的"素材"文件夹，选中该文件夹中的两个文档文件，按住 Shift 键，拖动鼠标到 F 盘的"萌萌的文件"上方，当该文件夹呈高亮显示时先松开鼠标左键，再放开 Shift 键，完成文件的移动，如图 2-36 所示。

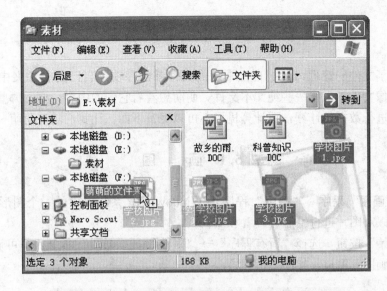

图 2-35　复制文件

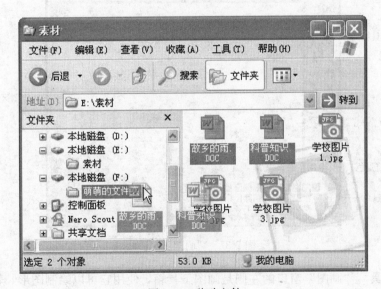

图 2-36　移动文件

步骤 8　将 E 盘下的"素材"文件夹删除。

练一练:

(1) 在 E 盘上新建一个文件夹,文件夹名为自己的姓名。

(2) 将 D 盘下的文件"文件"(如果没有此文件可用其他文件代替)移动到第 1 题所建文件夹中,并将文件名改为"文件 1"。

(3) 将 D 盘下的文件"通知"(如果没有此文件可用其他文件代替)复制到第 1 题所建的文件的夹中,并将文件名改为"文件 2"。

(4) 将 D 盘下的文件"通知"(如果没有此文件可用其他文件代替)删除。

任务5 附件中的程序

萌萌学会了文件的管理，他把自己常用的文件都保存在了自己的文件夹中。这些文件中既有一些图像文件，也有一些纯文本文件，萌萌想看看它们的内容，要用哪些程序呢？计算器能方便地进行数据的计算，那计算机可不可以呢？下面，让我们随着萌萌一起去学习。

2.5.1 画 图

1. 启动"画图"程序 "画图"程序是 Windows XP 系统提供的一个图形图像处理程序，使用它可以对图片进行绘制、查看和编辑。

单击"开始"按钮，选择"所有程序"→"附件"→"画图"命令，即可启动"画图"程序，打开"画图"窗口，如图 2-37 所示。

图 2-37 "画图"窗口

2. 画图工具 "画图"窗口的左侧是画图工具箱，使用它可以绘制图形、输入文字等。

单击"铅笔"按钮，拖动鼠标可画任意曲线。

单击"直线"按钮，拖动鼠标可画任意直线。如果要画水平线、垂直线及 45°斜线，按下 Shift 键的同时拖动鼠标。

单击"曲线"按钮，拖动鼠标可画出直线，松开鼠标后再拖动鼠标即可将直线调整为曲线，并可调整曲线的弧度。

单击"椭圆"按钮，沿对角线方向拖动鼠标可画出椭圆。如果要画圆，则在按下 Shift 键的同时拖动鼠标。

单击"矩形"按钮或"圆角矩形"按钮，沿对角线方向拖动鼠标可画出矩形或圆角矩形。如果要画正方形，则在按下 Shift 键的同时拖动鼠标。

单击"多边形"按钮，拖动鼠标并在每个转角处单击鼠标，画完后再双击鼠标即可画出任意的多边形。如果要画 45°或 90°的角，则在按下 Shift 键的同时拖动鼠标。

单击"文字"按钮**A**，沿对角线方向拖动鼠标将创建一个文本框，可插入文字。

单击"刷子"按钮，在工具箱底部选择刷子的形状与大小，拖动鼠标可画出任意线条。

单击"喷枪"按钮，在工具箱底部选择喷雾大小，单击鼠标即可喷画，产生喷雾效果。

3. 颜色操作

（1）设置前景色和背景色。颜料盒的左侧是前景色和背景色。默认的前景色是黑色，背景色是白色。如果要更改前景色的颜色，单击颜料盒中的颜色；如果要更改背景色的颜色，则右击颜料盒中的颜色。

（2）填充区域或对象中的颜色。单击工具箱中的"用颜色填充"按钮，再单击要填充的区域或对象即可。

> **小贴士**：　如果要填充的区域或对象的边线不闭合，填充色将会泄漏出来并扩散到剩余的区域。

4. 擦除

（1）擦除小块区域。单击工具箱中的"橡皮/彩色橡皮擦"按钮，在工具箱底部选择橡皮擦的大小，在要擦除的区域拖动鼠标，橡皮擦过的地方呈现出背景色。

（2）擦除大块区域。单击工具箱中的"选定"按钮或"任意形状的裁剪"按钮，拖动鼠标选中要擦除的区域，再选择"编辑"→"清除选定内容"命令。

（3）清除整个图像。选择"图像"→"清除图像"命令即可清除整个图像。

5. 编辑图像

（1）更改图片大小。选择"图像"→"属性"命令，打开"属性"对话框，如图 2-38 所示。在"宽度"和"高度"文本框中输入宽度和高度，单击"确定"按钮即可改变图片的大小。或用鼠标拖动位于图片右下角、右侧和底部的三个图像大小调整柄也可调整图片的大小。

（2）缩放图片。选择"图像"→"拉伸/扭曲"命令，打开"拉伸和扭曲"对话框，如图 2-39 所示。在"拉伸"区域的"水平"和"垂直"文本框中输入比例，即可放大或缩小图片。如果输入的参数大于 100，则放大图片；如果输入的参数小于 100，则缩小图片。

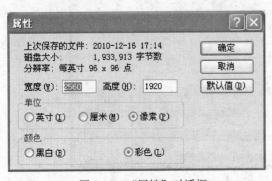

图 2-38　"属性"对话框

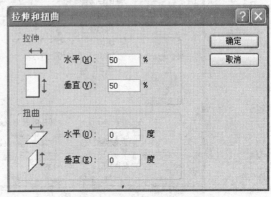

图 2-39　"拉伸和扭曲"对话框

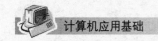

小贴士: 有时需要将桌面或当前窗口的界面保存为图片,即拷屏或抓图。如果要对桌面进行拷屏,可直接按 PrtSc 键;如果要对当前窗口进行拷屏,可按 Alt+PrtSc 组合键,然后打开"画图"软件,单击"粘贴"按钮,桌面或当前窗口的界面图将出现在工作区中,对该图进行编辑后保存即可。

2.5.2 记 事 本

1. 启动"记事本"程序 "记事本"程序是 Windows XP 系统提供的一个处理简单文档的程序,使用它可以查看或编辑纯文本文件(. txt)。

单击"开始"按钮,选择"所有程序"→"附件"→"记事本"命令,即可启动"记事本"程序,打开"记事本"窗口,如图 2-40 所示。

2. 创建和编辑文档 在"记事本"窗口中输入文字,选择"文件"→"保存"命令,在打开的"另存为"对话框(图 2-41)中设置保存的路径和文件名,单击"保存"按钮即可创建新文档。

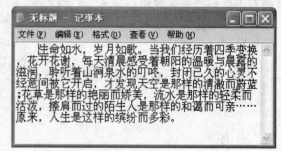

图 2-40 "记事本"窗口

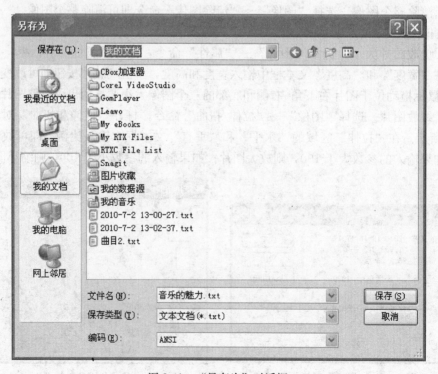

图 2-41 "另存为"对话框

使用"编辑"菜单可以对文档进行撤消、剪切、复制、粘贴、替换等简单的操作。

使用"格式"菜单可以对文档进行是否自动换行、设置字体格式等操作。

2.5.3　计　算　器

1. 启动"计算器"程序　"计算器"程序是 Windows XP 系统提供的一个进行数值计算的程序，使用它可以进行基本的算术运算和科学计算。

单击"开始"按钮，选择"所有程序"→"附件"→"计算器"命令，即可启动"计算器"程序，打开默认的标准型"计算器"窗口，如图 2-42 所示。

2. 使用"计算器"进行计算

（1）简单的算术运算。在标准型"计算器"窗口中，用鼠标单击相应的按钮或使用数字键盘即可进行简单的算术运算，如：加、减、乘、除、乘方等运算。

（2）科学计算。在标准型"计算器"窗口中选择"查看"→"科学型"命令，打开科学型"计算器"窗口，如图 2-43 所示。用鼠标单击相应的按钮或使用数字键盘即可进行三角函数运算、对数运算、阶乘运算等，也可对数值

图 2-42　标准型"计算器"窗口

进行数制的换算。如在"十进制"下输入数值，再单击"十六进制"或"二进制"单选按钮，就可将十进制数换算成十六进制或二进制数。

图 2-43　科学型"计算器"窗口

任务实施：用"画图"程序绘制一张图片，文件名为"风景.jpg"。

步骤1　启动"画图"程序，打开"画图"窗口。

步骤2　使用直线、矩形、椭圆、铅笔等工具，画出轮廓线，如图 2-44 所示。在此步骤中要注意所画图形应是封闭的。

步骤3　单击工具箱中的"用颜色填充"按钮，依次选择前景色并单击要填充的区域，效果如图 2-45 所示。

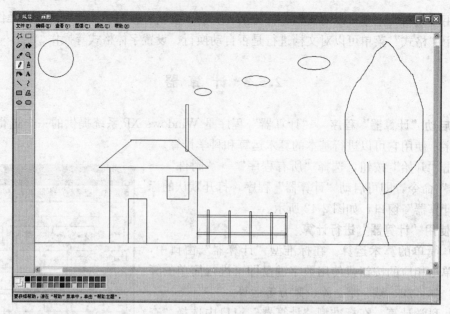

图 2-44 画出轮廓线

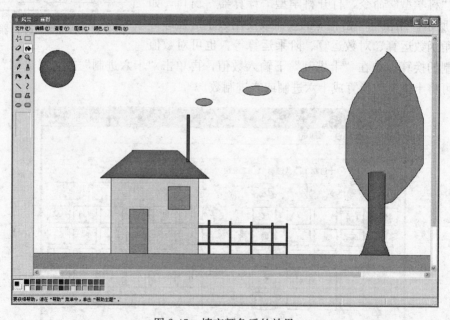

图 2-45 填充颜色后的效果

步骤 4 选择"文件"→"保存"命令，在打开的"另存为"对话框中设置保存位置为F盘"萌萌的文件"文件夹，文件名为"风景.jpg"，单击"保存"按钮。

练一练：

（1）使用"画图"程序绘制一幅图画，保存为 JPG 格式文件，文件名自定。

（2）使用"计算器"程序进行简单的算术运算。

（3）使用"计算器"程序将十进制数 249 分别换算成二进制数和十六进制数。

任务 6 控制面板

看着自己画的图像，萌萌心里别提有多美了。他想：能不能把自己的作品设置成桌面的背景？还有，每次启动 Windows XP 操作系统后，窗口的风格都是一样的，看久了，也有审美疲劳了，能不能换成有自己个性、只属于萌萌的风格呢？萌萌还发现，计算机的时钟显示的时间有时不准确，能不能把它调准了？老师告诉萌萌，这些想法都可以通过对控制面板的设置来实现。萌萌高兴极了，他又急切地开始了新的学习。

2.6.1 控制面板的启动

启动"控制面板"的方法很多，常用的方法有：

方法 1　单击"开始"按钮，打开"开始"菜单，如图 2-46 所示，选择"控制面板"命令。

方法 2　在"资源管理器"窗口中，单击左边窗口中的"控制面板"选项，如图 2-47 所示。

图 2-46　"开始"菜单

图 2-47　单击"控制面板"选项

启动成功后将打开"控制面板"窗口，有两种视图方式：分类视图和经典视图。在分类视图中单击左侧任务窗格中的"切换到经典视图"，如图 2-48 所示，可切换到经典视图。在经典视图中单击左侧窗格中的"切换到分类视图"，如图 2-49 所示，可切换到分类视图。

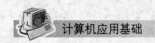

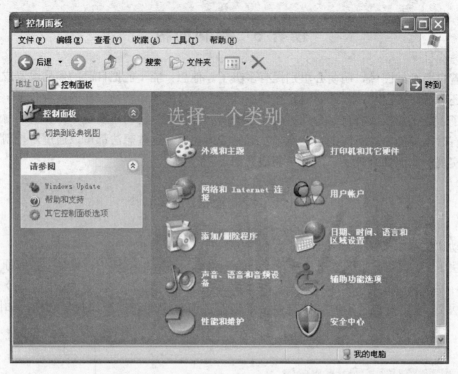

图 2-48　分类视图

图 2-49　经典视图

2.6.2　设置显示属性

1.“显示属性”对话框　在“控制面板”窗口的分类视图中单击“外观和主题”选项，将打开“外观和主题”窗口，如图 2-50 所示。选择一个任务后，将打开“显示属性”对话框，并且处于设置任务所在的选项卡。

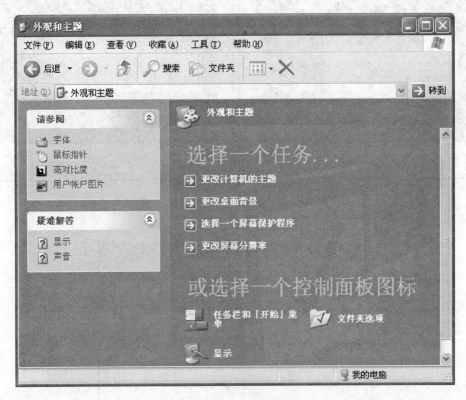

图 2-50　“外观和主题”窗口

如果“控制面板”窗口是经典视图，双击“显示”图标，将打开“显示属性”对话框，如图 2-51 所示。

小贴士：　在桌面空白处单击鼠标右键，在弹出的快捷菜单中选择“属性”命令，也可打开“显示属性”对话框。

2. 设置显示属性　在“显示属性”对话框中可设置主题、桌面背景和屏幕保护程序等选项。

（1）设置主题。主题指桌面的整体外观，包括背景、屏幕保护程序、图标、窗口、鼠标指针和声音等。在“主题”选项卡的“主题”下拉列表框中选择一个主题，依次单击“应用”和“确定”按钮即可，如图 2-52 所示。

（2）设置桌面背景。在“显示属性”对话框中，打开“桌面”选项卡，如图 2-53 所示。

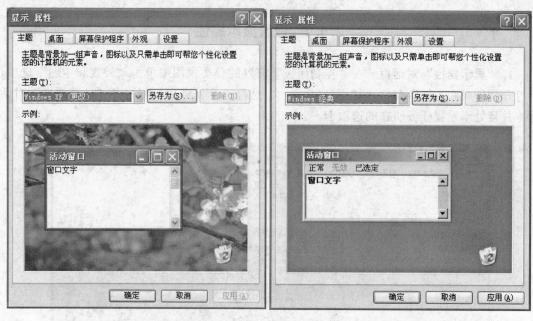

图 2-51　"显示属性"对话框　　　　　　　　图 2-52　设置主题

图 2-53　"显示属性"对话框的"桌面"选项卡

在"背景"列表框中选择图片，效果将显示在小电脑图标中。如果要把其他的图片设置为桌面背景，单击"浏览"按钮，在"浏览"对话框中选择图片文件，单击"打开"按钮，图片将显示在小电脑图标中。在"位置"列表框中选择一种显示方式，依次单击"应用"和"确定"按钮即可。

小贴士： 在"画图"窗口中，选择"文件"→"设置为墙纸（平铺）"或"设置为墙纸（居中）"命令，即可将正在"画图"程序中编辑的图片设置为桌面背景，如图 2-54 所示。

"位置"列表中有三个选项：居中、平铺和拉伸。"居中"指图像以它的实际大小放置在屏幕的正中心；"平铺"将图像重复排列显示在整个屏幕上；"拉伸"则是将图像拉伸以覆盖整个屏幕，如图 2-55 所示。

文件(F)	编辑(E)	查看(V)	图像(I)	颜色(C)

新建(N)	Ctrl+N
打开(O)...	Ctrl+O
保存(S)	Ctrl+S
另存为(A)...	
从扫描仪或照相机(C)...	
打印预览(V)	
页面设置(U)...	
打印(P)...	Ctrl+P
发送(E)...	
设置为墙纸（平铺）(B)	
设置为墙纸（居中）(K)	
1 xin_471002191057125246582.gif	
2 E:\照片\学生\上课\DSC01027.JPG	
退出(X)	Alt+F4

图 2-54　在"画图"中设置桌面背景

图 2-55　"居中"（左）、"平铺"（中）、"拉伸"（右）的效果

（3）设置屏幕保护程序。屏幕保护程序是指在一段时间内用户没有进行任何操作，屏幕没有发生任何改变时，计算机将自动按设定好的程序使屏幕变黑或不断变换图案，以达到保护屏幕的作用。当用户再使用时，只需单击鼠标或按键盘上的任意键即可使屏幕恢复正常。

在"显示属性"对话框中，打开"屏幕保护程序"选项卡，如图 2-56 所示。

在"屏幕保护程序"下拉列表框中选择一种屏幕保护程序，在"等待"框中输入启动屏幕保护程序的时间，依次单击"应用"和"确定"按钮即可。如果勾选了"在恢复时使用密码保护"，则在单击鼠标或按键盘上的任意键时需要输入当前账户的密码。

如果很长时间不进行操作，但又不关闭微机，可设置关闭显示器电源的时间，使显示器在预定时间达到后自动关闭电源，达到节能环保的效果。在图 2-56 所示的选项卡中单击"电源"按钮，打开"电源选项属性"对话框，如图 2-57 所示，在"关闭监视器"右边的列表框中选择启动关闭电源的时间，单击"确定"按钮后返回"屏幕保护程序"选项卡。

图 2-56 "屏幕保护程序"选项卡

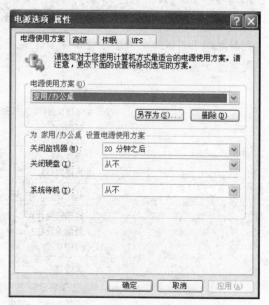

图 2-57 "电源选项属性"对话框

（4）更改字体显示大小。在"显示属性"对话框中打开"外观"选项卡，在"字体大小"列表框中选择即可，如图 2-58 所示。

（5）设置屏幕分辨率和颜色。在"显示属性"对话框中打开"设置"选项卡，在"屏幕分辨率"区域中用鼠标拖动滑杆选择分辨率，在"颜色质量"列表框中选择颜色质量，依次单击"应用"和"确定"按钮即可，如图 2-59 所示。

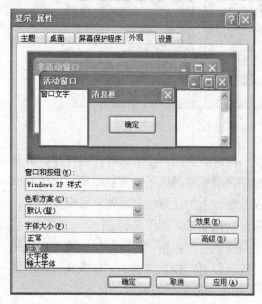

图 2-58 设置字体大小

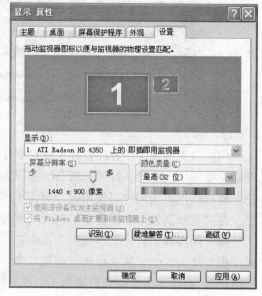

图 2-59 设置屏幕分辨率和颜色

2.6.3　设置日期、时间

在"控制面板"窗口的分类视图中单击"日期、时间、语言和区域设置"选项，打开"日期、时间、语言和区域设置"窗口，如图 2-60 所示。

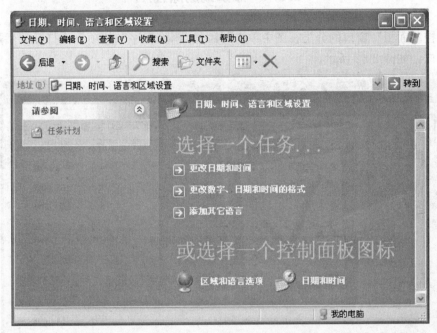

图 2-60　"日期、时间、语言和区域设置"窗口

在此窗口中选择"更改日期和时间"选项，打开"日期和时间属性"对话框，如图 2-61 所示。在"控制面板"的经典视图窗口中双击"日期和时间"图标；或双击任务栏右侧的时间也可打开此对话框。在此对话框的日期列表框和时间框中进行设置，再依次单击"应用"和"确定"按钮。

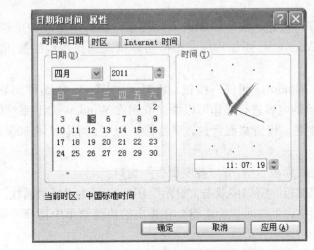

图 2-61　"日期和时间属性"对话框

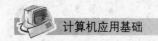

小贴士： 系统的日期和时间不要随意改变，要按正确的日期和时间进行设置，否则会影响到一些软件的运行，如防病毒软件等。

2.6.4 添加或删除程序

在"控制面板"窗口的分类视图中单击"添加/删除程序"选项，将打开"添加或删除程序"窗口，如图 2-62 所示。

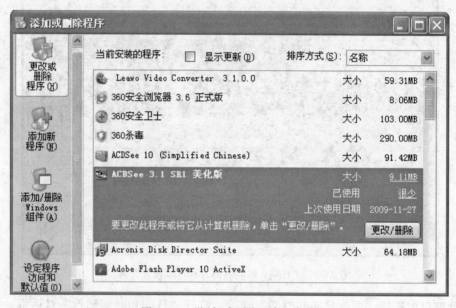

图 2-62 "添加或删除程序"窗口

单击"更改或删除程序"按钮，在"添加或删除程序"窗口中将列出当前安装的程序，选择要删除的程序，单击"更改/删除"按钮，在随后打开的删除确认对话框中单击"是（Y）"按钮。

单击"添加新程序"按钮，在"添加或删除程序"窗口中出现两个选项：从 CD-ROM 或软盘安装程序、从 Microsoft 添加程序，根据实际情况选择相应的按钮，可添加新程序，如图 2-63 所示。

单击"添加/删除 Windows 组件"按钮，将打开"Windows 组件向导"对话框，如图 2-64 所示，按向导提示的内容进行操作可以添加或删除 Windows XP 系统的组件。

任务实施： 更改主题、设置桌面背景、屏幕保护程序、字体大小和屏幕分辨率与颜色，设置日期和时间。

步骤1 启动"控制面板"，打开"控制面板"窗口。

步骤2 在"控制面板"窗口中双击"显示"图标，打开"显示属性"对话框。或不经过步骤1，直接在桌面空白处单击鼠标右键，在弹出的快捷菜单中选择"属性"命令，打开"显示属性"对话框。

步骤3 在"主题"选项卡的"主题"下拉列表框中选择一个主题，依次单击"应用"

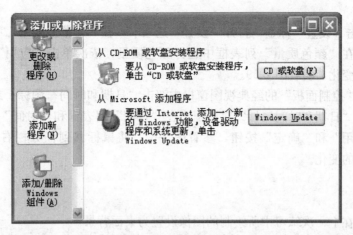

图 2-63　添加新程序

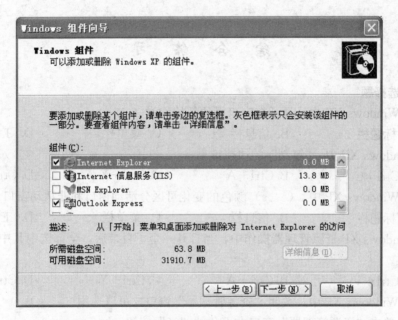

图 2-64　"Windows 组件向导"对话框

和"确定"按钮，观察桌面及窗口的变化，参看图 2-52。

步骤 4　单击"桌面"标签，打开"桌面"选项卡，在"背景"列表框中选择图片，或单击"浏览"按钮，在"浏览"对话框中选择图片文件，单击"打开"按钮。在"位置"列表框中分别选择"居中"、"平铺"和"拉伸"选项，依次单击"应用"和"确定"按钮，观察桌面背景，参看图 2-53。

步骤 5　单击"屏幕保护程序"标签，打开"屏幕保护程序"选项卡，在"屏幕保护程序"下拉列表框中选择一种屏幕保护程序，在"等待"框中输入"1"，依次单击"应用"和"确定"按钮。不做任何操作，等待 1 分钟后观察桌面的变化，参看图 2-56。

步骤 6　单击"外观"标签，打开"外观"选项卡，在"字体大小"列表框中依次选择"大字体"、"特大字体"选项，单击"应用"和"确定"按钮，观察桌面字体的变化，参看

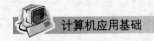

图 2-58。

步骤 7　单击"设置"标签，打开"设置"选项卡，在"屏幕分辨率"中用鼠标拖动滑杆选择分辨率，在"颜色质量"列表框中选择颜色质量，依次单击"应用"和"确定"按钮，观察桌面的变化，参看图 2-59。

步骤 8　在"控制面板"的经典视图窗口中双击"日期和时间"图标；或双击任务栏右侧的时间，打开"日期和时间属性"对话框。在"日期"列表框和"时间"框中进行设置，再依次单击"应用"和"确定"按钮，参看图 2-61。将鼠标移到任务栏右侧的时间上方，观察时间和日期的变化。

练一练：

（1）将自己在上一次练习中所绘制的图像设置为桌面背景。

（2）设置屏幕保护程序，要求等待时间设置为 10 分钟，并设置 20 分钟后关闭显示器电源。

综 合 练 习

1. 单项选择题

（1）在 Windows XP 中，显示在窗口最顶部的称为（　　）。

　　A. 标题栏　　　　　　　B. 信息栏　　　　　　C. 菜单栏　　　　　　D. 工具栏

（2）Windows XP 中，"复制"的快捷键是（　　）。

　　A. Ctrl＋C　　　　　　B. Ctrl＋A　　　　　　C. Ctrl＋X　　　　　　D. Ctrl＋B

（3）在 Windows XP 中，（　　）颜色的变化可区分活动窗口和非活动窗口。

　　A. 标题栏　　　　　　　B. 信息栏　　　　　　C. 菜单栏　　　　　　D. 工具栏

（4）Windows XP 资源管理器操作中，当打开一个子目录后，全部选中其中内容的快捷键是（　　）。

　　A. Ctrl＋V　　　　　　B. Ctrl＋A　　　　　　C. Ctrl＋X　　　　　　D. Ctrl＋C

（5）在 Windows XP 中，关闭"资源管理器"窗口，可以选用（　　）。

　　A. 单击"资源管理器"窗口右上角的"×"按钮

　　B. 单击"资源管理器"窗口左上角的控制图标，然后选择"关闭"

　　C. 单击"资源管理器"的"文件"菜单，并选择"关闭"

　　D. 以上三项都可以

（6）Windows XP 是一种（　　）。

　　A. 操作系统　　　　B. 字处理系统　　　　C. 电子表格系统　　　D. 应用软件

（7）在 Windows XP 的"资源管理器"中，单击第一个文件名后，按住（　　）键，再单击另外几个文件，可选定一组不连续的文件。

　　A. Ctrl　　　　　　　　B. Alt　　　　　　　　C. Shift　　　　　　　D. Tab

（8）在 Windows 的桌面上，要恢复已经删除的文件，可以利用（　　）。

　　A. 我的电脑　　　　B. 我的公文包　　　　C. 回收站　　　　　　D. 编辑菜单

（9）在 Windows XP 的"资源管理器"中，按（　　）键可删除文件。

A. F7　　　　　　　B. F8　　　　　　　C. Esc　　　　　　　D. Delete

（10）在 Windows XP 的"资源管理器"中，改变文件属性应选择"文件"菜单中的
（　　）命令。

A. 运行　　　　　　B. 搜索　　　　　　C. 属性　　　　　　D. 选定文件

（11）在 Windows XP 的"资源管理器"中，选择文件或目录后，拖动到指定位置，可
完成对文件或子目录的（　　）操作。

A. 复制　　　　　　B. 移动或复制　　　C. 重命名　　　　　D. 删除

（12）在 Windows XP 的"资源管理器"中，当删除一个或一组子目录时，该目录或该
目录组下的（　　）将被删除。

A. 文件

B. 所有子目录

C. 所有子目录及其所有文件

D. 所有子目录下的所有文件（不含子目录）

（13）在 Windows XP 中，下列不是屏幕保护程序所起的作用的是（　　）。

A. 保护屏幕

B. 通过屏幕保护程序，可以设置密码，当用户离开计算机时可以保护用户文件

C. 保护当前用户在屏幕上显示的内容不被其他人看到

D. 为了不让计算机屏幕闲着，显示一些内容让其他人看

（14）在 Windows XP 中，启动中文输入法或者将中文输入方式切换到英文方式，应同
时按下（　　）键。

A. Alt＋空格　　　B. Ctrl＋空格　　　C. Shift＋空格　　　D. Enter＋空格

（15）在 Windows XP 中，利用 Windows 下的（　　），可以建立、编辑文本文档。

A. 剪贴板　　　　　B. 记事本　　　　　C. 资源管理器　　　D. 控制面板

（16）Windows XP 窗口中，附加一栏上有一系列小图标，其功能对应着一些常用菜单
命令，该栏是（　　）。

A. 菜单栏　　　　　B. 工具栏　　　　　C. 任务栏　　　　　D. 标题栏

（17）在 Windows XP 中，打开"我的电脑"，要改变窗口内容的显示方式应选择（　　）。

A. "文件"菜单　　B. "编辑"菜单　　C. "查看"菜单　　D. "帮助"菜单

（18）在 Windows XP 中，下列有关"回收站"的叙述，错误的是（　　）。

A. "回收站"不占用磁盘空间

B. 如果确认"回收站"中的所有内容无保留价值，可清空"回收站"

C. 误删除的文件可通过"回收站"还原

D. "回收站"中的内容可以删除

（19）在 Windows XP 中，有关任务栏的叙述，不正确的是（　　）。

A. 任务栏上时钟可以隐藏

B. 任务栏可以隐藏

C. 任务栏不一定总出现在桌面的最下边

D. 任务栏可以改变位置，但不能改变大小

（20）Windows XP 的"桌面"是指（　　）。

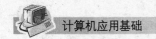

A. 整个屏幕　　　 B. 全部窗口　　　 C. 某个窗口　　　 D. 活动窗口

2. 填空题

（1）在 Windows XP 中，文件名最长可以达到_____个字符。

（2）在 Windows XP 中，用户可以通过_____组合键在应用程序之间进行切换。

（3）在 Windows XP 操作中，弹出快捷菜单一般单击鼠标_____。

（4）Windows XP 中将应用程序窗口关闭的快捷键是_____。

（5）在 Windows XP 中，按下鼠标左键在不同驱动器不同文件夹内拖动某一对象，结果是_____该对象。

（6）在 Windows XP 中，按下鼠标左键在相同驱动器不同文件夹内拖动某一对象，结果是_____该对象。

（7）在 Windows XP 中查找文件时，可以使用通配符"?"和"_____"代替文件名中的一部分。

（8）在 Windows XP 中，如要需要彻底删除某文件或者某文件夹，可以按_____＋Delete 组合键。

（9）在 Windows XP 的"附件"中，可以通过_____创建、编辑和查看图片。

（10）在 Windows XP 中，"回收站"是_____中的一块区域。

（11）在 Windows XP 中，拖动窗口的_____可以实现窗口的移动。

（12）在 Windows XP 中，对话框和窗口的标题栏非常相似，不同的是对话框的标题栏左上角没有控制图标，也不能改变_____。

（13）Windows XP 中，"回收站"里面存放着用户删除的文件。如果想再用这些文件，可以从"回收站"中执行"还原"操作。如果不再用这些文件，可以_____。

（14）在 Windows XP 中，每打开一个应用程序时，在_____中部就会添加这个应用程序的图标按钮。

（15）Windows XP 中，_____是 Windows 的控制设置中心，其中各个对象组成对计算机的硬件驱动组合、软件设置以及 Windows 的外观设置。

（16）在 Windows XP 中，"记事本"程序默认的文档扩展名是_____。

（17）Windows XP 中，如果要将当前窗口的界面以位图形式复制到剪贴板中，可以按_____＋PrtSc 键。

（18）一般来说，Windows XP 操作系统中硬盘上的文件或文件夹删除后都放在_____中。

（19）在 Windows XP 以及它的各种应用程序中，获取联机帮助的快捷键是_____功能键。

（20）Windows XP 中在"回收站"中的文件_____（填"能"或"不能"）被直接打开。

3. 判断题

（1）"开始"按钮是 Windows 的应用程序的入口。　　　　　　　　（　　）

（2）对准窗口的标题栏双击鼠标可以改变窗口的大小。　　　　　　（　　）

（3）在 Windows XP 中，"回收站"的内容不占用硬盘空间。　　　　（　　）

（4）在 Windows XP 的"查找"对话框中，可以按"日期"查找文件。　（　　）

（5）如果删除了桌面上某应用程序的图标，那么该应用程序就被从计算机中彻底删除。　　　　　　　　　　　　　　　　　　　　（　　）

（6）在 Windows XP 系统中，屏幕上可同时显示多个窗口，这些窗口均为活动窗口。　　　　　　　　　　　　　　　　　　　　　　　（　　）

（7）任务栏只能位于桌面底部。　　　　　　　　　　　　　　（　　）

（8）在 Windows XP 的菜单中，若菜单选项内容以灰色显示，表示这一选项的功能不存在。　　　　　　　　　　　　　　　　　　　　（　　）

（9）按组合键 Ctrl＋V 可删除已经选定的文件。　　　　　　　（　　）

（10）在不同的文件夹下可以有同名的文件。　　　　　　　　（　　）

（11）在 Windows XP 中，"回收站"被清空后，"回收站"图标不会发生变化。　　　　　　　　　　　　　　　　　　　　　　　　　（　　）

（12）在 Windows XP 中，窗口的大小可以通过鼠标拖动来改变。（　　）

（13）在桌面上右击鼠标，并在弹出的菜单中选择"属性"选项，即可开始设置屏幕保护程序。　　　　　　　　　　　　　　　　　　　（　　）

（14）在 Windows XP 中，文件夹中只能包含文件。　　　　　（　　）

（15）在 Windows XP 中，使用"控制面板"改变系统的设置后，这些更改对以后的运行一直保持有效，直到再次改变。　　　　　　　　　（　　）

（16）对话框中的"？"按钮是为了方便用户输入标点符号中的问号设置的。（　　）

（17）在 Windows XP 中，当改变窗口的大小，使窗口中的内容显示不下时，窗口中会自动出现垂直滚动条或水平滚动条。　　　　　　　　（　　）

（18）在 Windows XP 中，用鼠标移动窗口，只需在窗口中按住鼠标左键不放，拖动鼠标，使窗口移动到预定位置后释放鼠标按钮即可。　　　（　　）

（19）在 Windows XP 中，如果设定了屏幕保护，那么在指定等待时间内未操作鼠标，屏幕就会进入保护状态。　　　　　　　　　　　（　　）

（20）在 Windows XP 中，快捷方式只是指向对象的指针，其图标左下角有一个小箭头。　　　　　　　　　　　　　　　　　　　　　（　　）

4. 操作题

（1）在 E 盘上新建一个文件夹，文件夹名为自己的学号和姓名。

（2）将"素材"文件夹中的文件复制到自己的文件夹中（可用其他文件代替，至少有一个图形文件）。

（3）将"桌面"背景设置为"素材"文件夹中的图像。

（4）用"画图"程序调整"素材"文件夹中的图像的大小，将图像的长、宽各缩放为 60％。

项目 3

文字处理软件 Word 2003

学习目标：

(1) 掌握在 Word 2003 中创建与编辑文档的基本操作

(2) 熟练掌握字符和段落排版的操作方法

(3) 掌握页面设置及文件打印的操作方法

(4) 掌握在文档中插入图片和艺术字的基本操作，了解绘图功能的使用

(5) 熟练掌握表格的创建与编辑方法

萌萌看着自己设计的桌面图案，很有成就感。接下来，萌萌进入了办公软件的学习，首

图 3-1　萌萌的 Word 2003 作品 1

先要学习的是文字处理软件 Word 2003。萌萌输入了一份自我介绍，对字符和段落进行了排版，插入了艺术字，制作了漂亮的个人简历，如图 3-1、图 3-2 所示。下面，就让我们跟随萌萌一起学习吧。

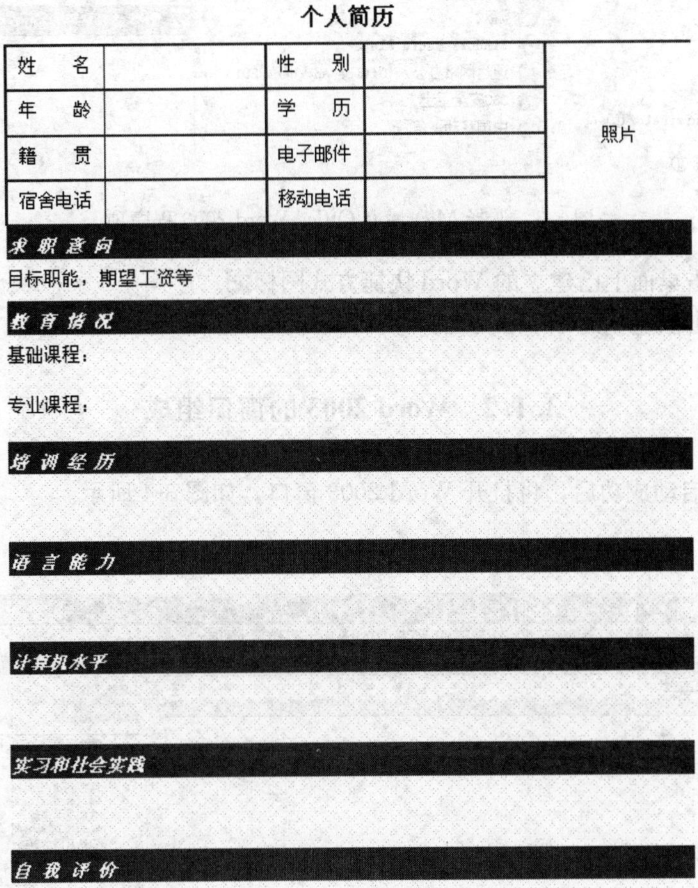

个人简历

姓　名		性　别		
年　龄		学　历		照片
籍　贯		电子邮件		
宿舍电话		移动电话		

求职意向

目标职能，期望工资等

教育情况

基础课程：

专业课程：

培训经历

语言能力

计算机水平

实习和社会实践

自我评价

图 3-2　萌萌的 Word 2003 作品 2

任务 1　建立一个 Word 2003 文档

如何启动 Word 2003？Word 2003 的窗口是什么样的，与 Windows XP 的窗口有哪些异同？如何将文本信息输入到空文档中，如何对已输入的文本进行编辑、修改？Word 与"记事本"相比又有哪些优越性呢？带着这些问题，萌萌开始了下面的学习。

3.1.1　Word 2003 的启动

启动 Word 2003 的常用方法有以下几种：

方法 1　在"程序"项里打开。选择"开始"→"程序"→"Microsoft Office"→"Microsoft Office Word 2003"命令，如图 3-3 所示。

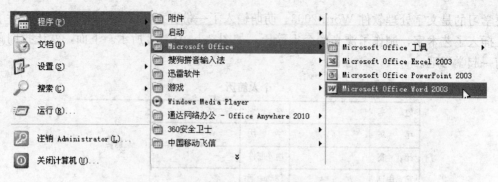

图 3-3　选择 Microsoft Office Word 2003 程序项

方法 2　双击桌面上已建立的 Word 快捷方式图标▣。

方法 3　双击已建立的 Word 文档。

3.1.2　Word 2003 的窗口组成

Word 2003 启动成功后，将打开 Word 2003 窗口，如图 3-4 所示。

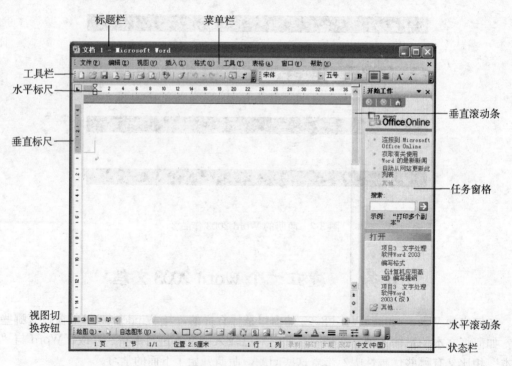

图 3-4　Word 2003 的窗口

Word 2003 窗口主要由以下几部分组成：

1. 标题栏　位于窗口最上端，从左到右依次显示控制菜单按钮、文档名、当前所使用的程序名称 Microsoft Word、最小化按钮、最大化按钮（或还原按钮）和关闭按钮。

控制菜单按钮▣：位于标题栏最左端，单击它会弹出一个下拉菜单，可使用其中的命令控制窗口的大小、位置或关闭窗口。双击该按钮可以关闭整个窗口。

"最小化"按钮▣：位于标题栏右侧，单击它可将窗口最小化，变成一个小按钮显示在任务栏上。

"最大化"按钮▣和"还原"按钮▣：位于标题栏右侧，这两个按钮不会同时出现。当窗口不是最大化时，可以看到▣，单出它可以使窗口最大化，占满整个屏幕；当窗口为最大化时，可以看到▣，单击它可以使窗口还原到原来的大小。

"关闭"按钮✕：位于标题栏最右侧，单击它可以退出整个 Word 2003 应用程序。

2. 菜单栏　位于标题栏的下方，由菜单、帮助列表框和关闭按钮组成。单击每个菜单都会弹出与之相对应的下拉菜单，通过使用下拉菜单或级联菜单中的命令，可以使用 Word 2003 提供的所有功能。

3. 工具栏　位于菜单栏的下方，工具栏将菜单栏中的主要操作功能以标准按钮、下拉列表框和折叠式工具栏的形式集中显示出来，使操作更快捷。当鼠标指针在工具按钮上稍停片刻后，屏幕上就会显示相应的命令提示。

Word 2003 提供了 21 个工具栏，通常情况下，Word 显示的工具栏有"常用"工具栏和"格式"工具栏。如果需要显示其他工具栏，可以选择"视图"→"工具栏"命令，然后在级联菜单中选择所需的工具栏。

4. 编辑区　Word 工作窗口中最大的一块空白区域就是文档编辑区，可以在其中创建、编辑和查看文档。

在编辑区中会有一个不断闪烁的竖条"│"，称为光标。光标所在的位置称为插入点。输入内容后，光标向后移动，相应的插入点也随之向后移动。

5. 标尺　位于编辑区的左边和上边，左边的称为垂直标尺，上边的称为水平标尺。使用垂直标尺可以设置页面上、下页边距等。使用水平标尺可以设置段落缩进、制表位和左、右页边距。

6. 滚动条　位于编辑区的右边和下边，右边的称为垂直滚动条，下边的称为水平滚动条。单击滚动条两端的箭头或者用鼠标拖动滚动条中间的滑块，可以滚动显示编辑区内的内容。

7. 视图切换按钮　在水平滚动条左端有五个视图切换按钮，从左到右依次是普通视图、Web 版式视图、页面视图、大纲视图和阅读版式。通过不同的视图切换按钮，可以把编辑区切换到不同的视图模式。不同的视图方式将在任务 2 中做详细的介绍。

8. 状态栏　位于工作窗口的最下方，用于显示当前编辑状态，如页数、节数及插入点所在位置等信息。

状态栏的右侧有四个工作方式切换按钮："录制"、"修订"、"扩展"和"改写"，每个按钮表示一种 Word 工作方式，双击某个按钮可以进入或退出这种方式。

9. 任务窗格　任务窗格是从 Word 2002 起新增的一项非常实用的功能，它将多种命令集成在一个统一的窗格中。任务窗格通常出现在文档窗口的右侧，常用选项以超链接形式出现。

Word 2003 提供了"开始工作"、"Word 帮助"、"剪贴画"、"搜索结果"、"新建文档"、"XML 结构"等 14 个任务窗格，如图 3-5 所示。通过任务窗格上的下三角按钮，可在不同的任务窗格之间切换。随着执行任务的不同，任务窗格中的链接内容也不尽相同。

通过拖动任务窗格左边的移动控点，可以把任务窗格从右边的固定位置上移动到其他位

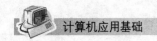

置，双击任务窗格的标题区域可使任务窗格还原到 Word 2003 文档窗口的右侧。选择"视图"→"任务窗格"命令，可以关闭或打开任务窗格。

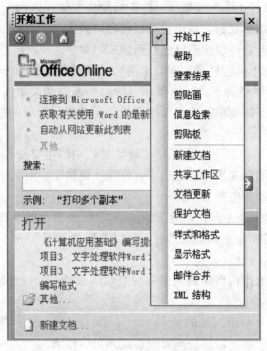

图 3-5　任务窗格

小贴士：　(1) 为了方便用户使用，有些命令菜单后还有快捷键。如"打开"命令后有 Ctrl+O，"复制"命令后有 Ctrl+C，"剪切"命令后有 Ctrl+X，"粘贴"命令后有 Ctrl+V 等。记住一些常用的快捷键将会大大提高工作效率。

(2) 在菜单栏的右侧，还有帮助列表框和关闭按钮。

在帮助列表框输入需要帮助的关键字，按键盘上的 Enter 键后，Word 会将相关的内容显示在搜索结果任务窗格中，单击其中的链接，就可以看到相关的内容。

菜单栏中的"关闭"按钮关闭的是某一 Word 2003 文档，而标题栏中的"关闭"按钮关闭的是整个 Word 2003 应用程序。要注意其区别。

3.1.3　文档的基本操作

创建与编辑文档是一项重要的基础工作，也是最主要的办公自动化操作，熟练掌握这些操作可以使文秘工作得心应手。用 Word 2003 建立的文档，其扩展名默认是".doc。"

1. 新建文档　在 Word 2003 环境下，新建文档有以下几种方法：

方法 1　自动新建 Word 文档。

启动 Word 后，系统会自动创建一个新的空白文档，该文档的文件名默认为"文档1.doc"，用户可直接在编辑区进行编辑工作。单击"常用"工具栏上的"新建"按钮或者使用快捷键 Ctrl+N，系统也将自动创建一个空白文档，新建立的文档名字依次为"文档 2.doc"、"文档 3.doc"等。

方法 2　利用模板创建新文档。

步骤 1　选择"文件"→"新建"命令，将弹出如图 3-6 所示的任务窗格，可选择"空白文档"、"网页"等按钮创建新文档。

步骤 2　单击图 3-6 下方的"本机上的模板"链接，打开"模板"对话框，如图 3-7 所示。"模板"中提供了多种标准的范文供用户选择，系统默认为"空白文档"，直接单击"确定"按钮，即可建立一个新文档。

2. 保存文档　由于 Word 2003 的编辑工作是在

图 3-6　"新建文档"任务窗格

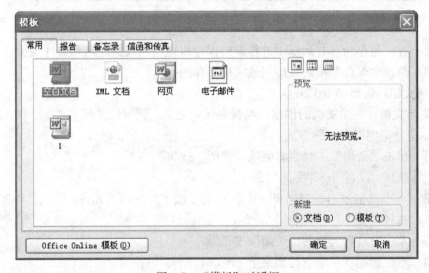

图 3-7　"模板"对话框

内存中进行的，断电、死机等意外情况很容易使未保存的文档丢失，所以要每隔一段时间将文档保存一次，养成经常保存文档的好习惯。

（1）保存新文档。选择"文件"→"保存"命令，也可单击"常用"工具栏上的"保存"按钮，或者按 Ctrl+S 快捷键，将打开"另存为"对话框，如图 3-8 所示。在"保存位置"后的列表框中选择保存文档的位置，在"文件名"文本框中输入文档的名称，在"保存类型"列表框中选择保存文档的类型（默认设置为 Word 文档），然后单击"保存"按钮。

（2）保存旧文档。选择"文件"→"保存"命令，也可单击"常用"工具栏上的"保存"按钮，或者按 Ctrl+S 快捷键，即可完成对旧文档的保存，不再打开"另存为"对话框。

（3）另存文档。如果要改变正在编辑的文档的保存位置或文件名，则通过以下步骤来实现。

步骤 1　选择"文件"→"另存为"命令，打开"另存为"对话框。

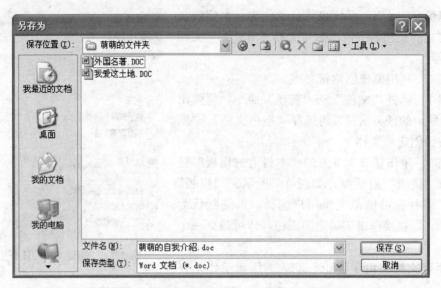

图 3-8　"另存为"对话框

步骤 2　在"另存为"对话框中选择新的保存位置，输入文件名和文件类型。

步骤 3　单击"保存"按钮，即完成文档另存的操作。

3. 关闭文档和退出 Word 2003

（1）关闭文档。完成文档的创建、编辑和保存之后，就可以关闭文档了。关闭文档的操作很简单，通常采用以下两种方法：

方法 1　单击"常用"工具栏右侧的"关闭"按钮✕。

方法 2　选择"文件"→"关闭"命令。

（2）Word 2003 的退出。退出 Word 2003 的方法主要有以下几种：

方法 1　选择"文件"→"退出"命令。

方法 2　单击窗口右上方的"关闭"按钮✕。

方法 3　双击标题栏左端的控制菜单（Word 图标）图按钮。

方法 4　用组合键 Alt ＋F4。

小贴士：　（1）选择"文件"→"关闭"命令，关闭的是 Word 2003 文档窗口；选择"文件"→"退出"命令，将结束整个 Word 2003 程序，关闭 Word 2003 窗口。产生的结果是不同的。

（2）退出 Word 2003 时，如果正在编辑的文档没有保存，系统会弹出提醒用户保存文档窗口，如图 3-9 所示。

选择"是"，会在保存文档后退出。如果正在编辑的文档未保存过，则打开"另存为"对话框，参见图 3-8。

单击"保存位置"右边的下拉列表箭头可以选择文件的保存位置，在下方的"文件名"文本框中输入要保存文件的文件名，单击右下角的"保存"按钮即保存当前文档并退出。

选择"否"，将直接退出 Word 2003，不保存当前编辑的文档。

选择"取消"，将放弃退出操作，返回 Word 2003 的编辑窗口。

4. 打开文档 用户再次使用已创建并保存的文档时，需要将其内容调入内存，即打开文档。

方法 1 直接打开文档。

在"我的电脑"中选择需要打开的驱动器、文件夹，并用鼠标双击需要打开的 Word 2003 文档，则系统会先打开 Word 2003 应用程序，然后把该文档调入内存，并处于当前编辑状态。

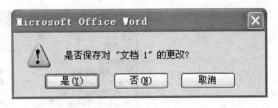

图 3-9 文档保存窗口

方法 2 在 Word 2003 环境下打开文档。

步骤 1 单击"常用"工具栏上的"打开"工具按钮，也可选择"文件"→"打开"命令，或者使用 Ctrl+O 快捷键，都会打开"打开"对话框，如图 3-10 所示。

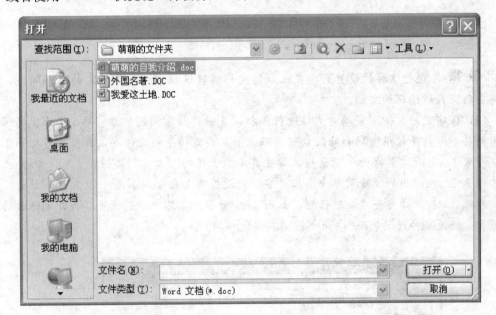

图 3-10 "打开"对话框

步骤 2 在"打开"对话框的"查找范围"栏内选择文档所在的文件夹。

步骤 3 在"文件名"文本框中输入需要打开的文件名，或者在对话框中用鼠标直接选择某个 Word 2003 文件，单击"打开"按钮。也可用鼠标双击对话框中的某个 Word 2003 文件名打开该文档。

知识链接：(1) 自动保存文档。为避免因意外原因丢失文档，还可以利用系统提供的"自动保存"功能来保存文档。

步骤 1 选择"工具"→"选项"命令，打开"选项"对话框，如图 3-11 所示。

步骤 2 在"选项"对话框中单击"保存"标签，弹出"保存"选项卡。

步骤 3 在"保存选项"选择区域中设置自动保存的时间间隔值（1～120 分钟）。系统默认 10 分钟，即每隔 10 分钟，系统自动保存一次。

步骤 4 设置好自动保存的时间后，单击"确定"按钮。

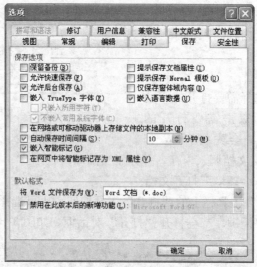

图 3-11 "选项"对话框

知识链接：经过这样的设置后，在以后的文档编辑过程中，每隔设定的时间间隔，系统将自动保存所编辑的文档。

（2）保密文档。使用密码对文档进行保护，是一种最常用的做法。Word 的密码保护分为两层，即打开权限密码和修改权限密码。如果某文档是初次保存，其操作步骤如下：

步骤 1　打开"另存为"对话框，单击其中右上角的"工具"按钮。

步骤 2　在弹出的快捷菜单中选择"安全措施选项"命令，如图 3-12 所示。

步骤 3　打开"安全性"对话框，如图 3-13 所示，在其中分别设置"打开文件时的密码"和"修改文件时的密码"。两个密码应避免相同。

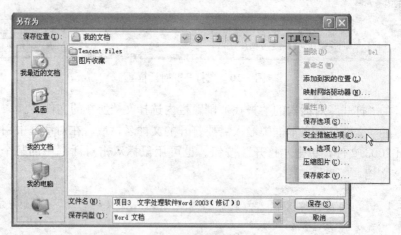

图 3-12 选择"安全措施选项"命令

小贴士：　如果文件初次保存时没有设置密码，只需要打开"工具"菜单下的"选项"命令，将打开的"选项"对话框切换到"安全性"标签，同样可以设置打开和修改权限密码。

小贴士： 如果用户只拥有打开权限密码，那么在打开该受保护的文档时，该文档为只读属性，若用户对其进行了修改，那么只能换名存盘，不会影响到原文档的内容；如果用户拥有修改权限密码，那么用户可对该文档进行任意修改。

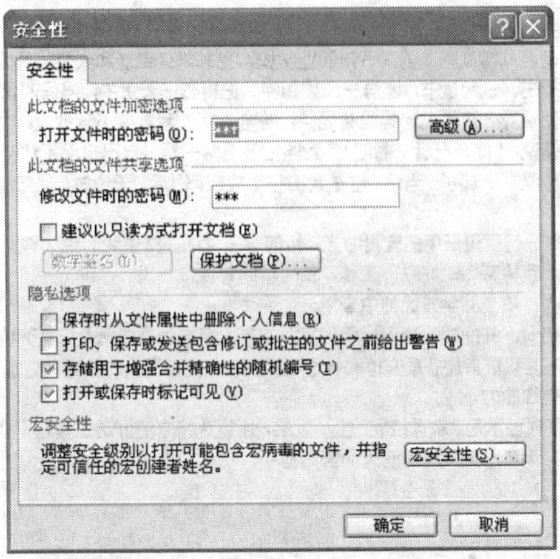

图 3-13 "安全性"对话框

任务实施： 新建一个 Word 2003 文档，输入文本并以"萌萌的自我介绍"为名保存到 E 盘的"萌萌的文件夹"文件夹中。

步骤 1 启动 Word 2003 应用程序。

步骤 2 从语言栏中选择一种汉字输入方法，然后输入以下内容，完成后的窗口如图 3-14 所示。

亲爱的老师和同学们：

大家好！我叫萌萌，非常高兴来到东方市职业学校，也非常荣幸能和大家成为同学和朋友。我的爱好就是爱看书。说起读书，还有一段趣事呢！记得有一天上午，妈妈叫我剥蚕豆，我答应了。我一边剥蚕豆一边看书，妈妈看见了，哈哈大笑。我疑惑不解地说："妈妈，你笑什么？"妈妈回答说："你自己看一看吧！"我连忙低下头一看，自己也忍不住笑了起来，原来我把豆壳和豆粒混在一起了。当然，这是我的一个缺点。以后，无论做什么事情都要认真，全神贯注。

同学们，我们将在一起度过三年的宝贵时光，新的学习生活等待着我们继续努力奋斗、迎接挑战。在校期间，我将努力做好以下工作，请同学们督促：

努力提高个人修养，做个品学兼优的中专生。

掌握较强的专业知识，并把理论知识运用到实践中去，期末总评成绩争取名列班级前茅。

在课余时间，我还要积极参加各项文体和社会实践活动，使自己具有较强的管理能力、组织策划能力和人际交往能力。

同学们，我们只有刻苦学习、掌握技能、全面发展，才能为将来更好地工作打下坚实的基础。让我们携起手来，为自己更美好的明天而努力奋斗！

谢谢大家！

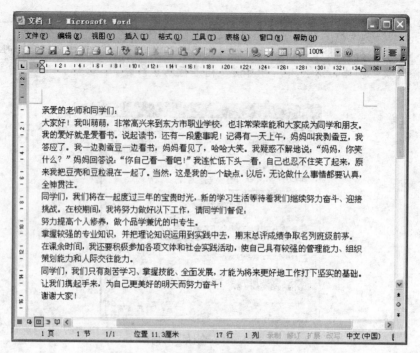

图 3-14 输入文本后的窗口

步骤 3 选择"文件"→"保存"命令，打开"另存为"对话框，在"保存位置"后的列表框中选择 E 盘"萌萌的文件夹"，在"文件名"文本框中输入文档的名称"萌萌的自我介绍"（参看图 3-8）。

步骤 4 单击"保存"按钮，完成保存文档的操作。

3.1.4 文档的编辑

萌萌在前面已经学习了文档的创建、保存、关闭及打开等基本操作。那么，面对一份新创建的空白文档，如何将文本输入到空白文档中，如何对已输入的文本进行编辑、修改？这就是萌萌本节将要学习的内容。

1. 插入文本、符号 用户在新创建的空白文档中输入文本，就好像在一张空白纸上写字一样。在窗口顶部闪烁着的光标，就是输入文本的起始位置，随着输入的进行，光标从左向右自行移动。

（1）中英文的输入。用户刚刚进入 Word 2003 文档窗口时，即可输入英文，因为 Word 2003 提供的默认输入法是英文输入。如果要输入中文，首先必须切换到中文输入法状态下。

用户可使用快捷键来进行中英文输入法的切换：

中英文输入法切换：Ctrl＋Space（Space 键即空格键）。

中文输入法之间的切换：Ctrl＋Shift。

（2）符号的输入。在编辑文档的过程中，用户经常要插入一些键盘上没有的符号和特殊字符，怎么办呢？

步骤 1 选择"插入"→"符号"命令，打开"符号"对话框，如图 3-15 所示。

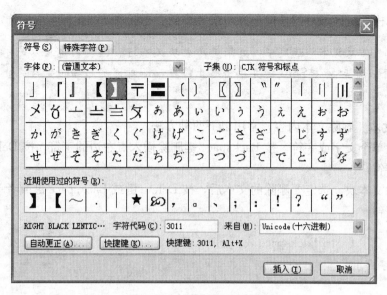

图 3-15　"符号"对话框

步骤 2　单击选择所需要的符号。

步骤 3　单击"插入"按钮，即可将所选符号插入到当前文档中。

> **小贴士**：　如果用户要插入"特殊符号"，如"×"、"ĕ"等，可选择"插入"→"特殊符号"，弹出"插入特殊符号"对话框，如图 3-16 所示。

2. 选定文本　选定文本是编辑文档首要的操作。通常用鼠标选定文本。选定的文本呈反显状态。用户一定要遵循"先选定，后操作"的原则。灵活运用此操作，能很快提高编辑文档的效率。通常用鼠标选定文本。

任意文本的选定：将鼠标放在待选定文本的开始，按下鼠标左键不放，拖动鼠标至待选定文本末尾，再松开鼠标，则被选定的文本呈黑底白字显示。

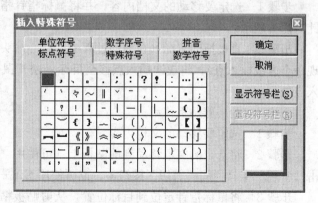

图 3-16　"插入特殊符号"对话框

选定一行：鼠标移至页面左侧的选定栏，鼠标指针变成向右的空心箭头⇗，单击即可选定一行。

选定一句：按住 Ctrl 键的同时，单击句中的任意位置，可选定一句。

选定一段：鼠标移至页左选定栏处，双击或者在段落内的任意位置快速三击鼠标左键，可以选定所在的段落。

选定整篇文本：鼠标移至页左选定栏处，三击左键，就可以选定整篇文本。

选取一列或多列文本：按住 Alt 键的同时，按住鼠标向下或向上拖动，可以纵向选定一列或多列文本。

用鼠标单击选定区域外的任何地方，或者按任一光标移动键，即可取消选定的文本。

> **小贴士**： 任意文本的选定中，如果是对大块文本进行选定，也可以先用鼠标在起始位置单击一下，然后按住 Shift 键并单击终止位置，即可选定起始位置与终止位置之间的文本。

3. 删除文本 删除文本内容，常用以下两种方法：

（1）删除单个文字或字符。按 Backspace 键删除插入点左边的字符；按 Delete 键删除插入点右边的字符。

（2）删除文本块。选定要删除的文本后，按 Delete 键或 Backspace 键或者单击工具栏上的"剪切"按钮 。

> **小贴士**： 按 Ctrl＋Backspace 或 Ctrl＋Delete，则可以删除插入点左边或者右边的一个单词或汉字词组。

4. 移动、复制文本 Word 2003 的移动和复制功能为快速编辑文档提供了极大的帮助。在进行文本编辑时，移动和复制也是经常用到的操作。

（1）移动文本。移动就是将文本从一个位置移到另一个位置，原位置的文本不复存在。在编辑文档的过程中，经常需要将整块文本移动到其他位置，用来组织和调整文档结构。常用的移动文本的方法主要有以下两种：

方法 1 直接移动。

步骤 1 选定要移动的文档内容，并将鼠标指针指向被选定的文档内容（此时的鼠标指针为箭头显示）。

步骤 2 直接拖动鼠标（在拖动过程中，空心箭头下方会出现一个长方形虚框，同时出现一个虚线插入点），将虚线插入点移至目标处松开鼠标，原位置的选定文本将移到新的插入点处。

方法 2 利用剪贴板移动。

步骤 1 选定要移动的文档内容。

步骤 2 将选定的文本移动到剪贴板上（可使用"编辑"菜单中的"剪切"命令，或单击"常用"工具栏的"剪切"按钮 ，也可使用 Ctrl＋X 组合键）。

步骤 3 将鼠标指针定位到目标位置，从剪贴板粘贴文本到目标位置（使用"编辑"菜单中的"粘贴"命令，或单击"常用"工具栏的"粘贴"按钮 ，也可使用 Ctrl＋V 组合键）。

> **小贴士**："剪切"不是"删除"。剪切是将选定内容移至剪贴板，随后粘贴到指定的位置；删除则是从文档中清除选定的内容。

（2）复制文本。在编辑文档的过程中，经常需要将整块文本复制到其他位置。复制是在另一个位置制作一个文本的副本，原位置处的文本仍然存在。常用的复制文本的方法主要有以下两种：

方法 1 直接复制。

步骤 1　选定要复制的文档内容，并将鼠标指针指向被选定的文档内容。

步骤 2　按住 Ctrl 键，拖动鼠标（在拖动过程中，空心箭头下方会出现一个长方形虚框和带有符号"＋"的正方形框，同时出现一个虚线插入点），将虚线插入点移至目标处松开鼠标和 Ctrl 键，原位置处选定的文本将被复制到新的插入点。

方法 2　利用剪贴板复制。

步骤 1　选定要复制的文档内容。

步骤 2　将选定的文本复制到剪贴板上（可使用"编辑"菜单中的"复制"命令，或单击"常用"工具栏的"复制"按钮，也可使用 Ctrl＋C 组合键）。

步骤 3　将鼠标指针定位到目标位置，把文本从剪贴板中复制到目标位置处（使用"编辑"菜单中的"粘贴"命令，或单击"常用"工具栏的"粘贴"按钮，也可使用 Ctrl＋V 组合键）。

> **小贴士**：　Office 2003 有一个剪贴板的功能，可以让用户一次复制多个对象（最多 24 个）后，再逐一粘贴或全部粘贴。

5. 查找和替换文本　如果用户要将 Word 文档中的某一词替换成另外的词组，可以逐个查找并进行修改，但如果文章较长，这样做不但会花费很长时间，还可能有遗漏之处。在 Word 2003 中，可以利用查找和替换功能快速完成这项工作。另外，还可以查找指定的格式和其他特殊的字符，如段落标记和图像等。

（1）查找文本。利用查找功能，可以在文档中快速找到指定的内容并确定其出现的位置。其操作步骤如下：

步骤 1　选择"编辑"→"查找"命令，或按组合键 Ctrl＋F，打开"查找和替换"对话框，如图 3-17 所示。

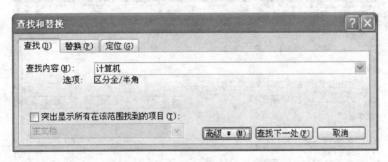

图 3-17　"查找和替换"对话框

步骤 2　在对话框的"查找内容"文本框中输入需要查找的内容，如输入"计算机"。

步骤 3　单击"查找下一处"按钮。插入点将定位到第一处匹配的地方，并将其内容反白显示。

步骤 4　重复第三步，将依次定位到所有要查找的文字。

步骤 5　单击"取消"按钮，关闭"查找和替换"对话框，返回文档中。

（2）高级查找。单击图 3-17 中的"高级"按钮，将显示出高级查找选项，如图 3-18 所示。

在高级搜索中，Word 2003 定义了三个搜索范围：全部（整篇文档）、向下（从插入点

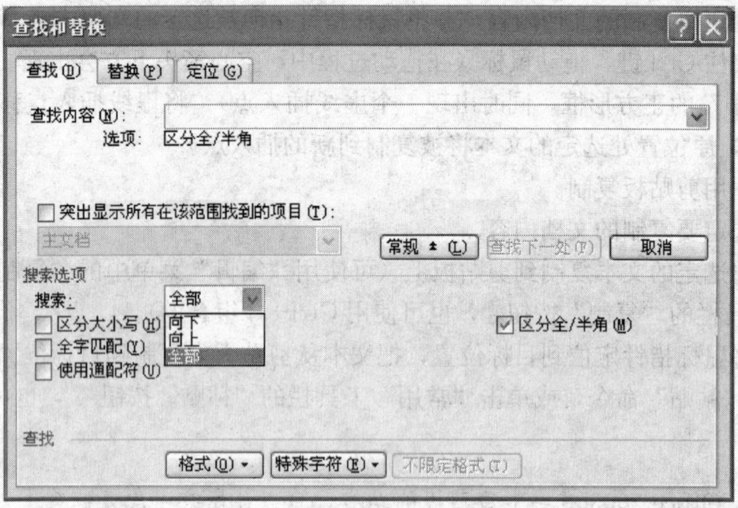

图 3-18 高级查找选项

开始向下搜索直到文档末尾)、向上（从插入点开始向上搜索直到文档开头）。

"区分大小写"和"全字匹配"复选框一般用于搜索英文字符时使用。

在搜索过程中可以使用格式查找，比如对字体格式查找，其操作如下：

步骤 1 选择"编辑"→"查找"命令，或按组合键 Ctrl＋F，打开如图 3-17 所示的"查找和替换"对话框。

步骤 2 单击"高级"按钮，打开如图 3-18 所示的对话框。

步骤 3 单击"格式"按钮，系统便会弹出一个菜单，如图 3-19 所示。

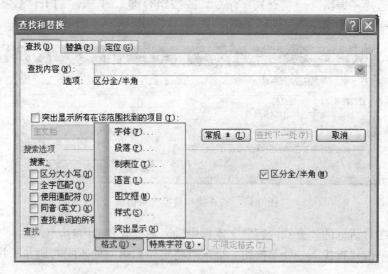

图 3-19 "查找和替换"对话框的"格式"按钮菜单

步骤 4 选择菜单中的"字体"命令，打开"查找字体"对话框，如图 3-20 所示。

步骤 5 设置完字体格式后，单击"确定"按钮，返回到如图 3-19 所示的对话框。

步骤 6 单击"查找下一处"按钮。插入点将定位到第一处匹配的地方，并将其内容按反白显示。

图 3-20　"查找字体"对话框

步骤 7　重复第 6 步，将依次定位到所有要查找的文字。

步骤 8　单击"取消"按钮，关闭"查找和替换"对话框，返回文档中。

小贴士：　如果想选定所有在文档中找到的内容，可以选中"查找和替换"对话框中的"突出显示所有在该范围内找到的项目"复选框。此时，"查找下一处"按钮自动变为"查找全部"按钮。在"查找内容"文本框中输入要查找的内容，并单击"查找全部"按钮，Word 2003 会选定文档中所有符合查找条件的内容。

（3）替换文本。利用替换功能，可以用指定内容替换已查找到的内容。其操作步骤如下：

步骤 1　选择"编辑"→"替换"命令，或使用 Ctrl＋H 组合键，打开"查找和替换"对话框的"替换"选项卡，如图 3-21 所示。

图 3-21　"查找和替换"对话框的"替换"选项卡

步骤 2　在"查找内容"编辑框内输入要替换的文字，如"计算机"。

步骤 3　在"替换为"编辑框内输入替换之后的文字，如"Computer"。

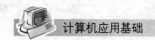

步骤 4　单击"替换"按钮可以对第一处匹配进行替换；单击"全部替换"按钮可以替换所有的匹配；单击"查找下一处"按钮将定位到第一匹配处但并不替换，若想替换则按"替换"按钮。

步骤 5　单击"取消"按钮可以退出替换操作。

小贴士：　在查找带格式的文字时，选择光标应当放在"查找内容"框内，单击"高级"按钮设置所选文字的格式，而要使"替换为"的文字带有格式，必须将选择光标放在"替换为"文本框中，单击"高级"按钮设置"替换为"文本的格式。

6. 撤消与恢复　"撤消"和"恢复"命令是 Word 常用的重要命令之一。用户进行文本的删除、复制或移动等操作时，Word 会自动记录下每一次操作以及其内容改变的情况，当需要撤消之前的操作时，Word 2003 只需进行反方向的操作即可。撤消操作给用户一个恢复原来文本内容的机会。

（1）撤消。若对当前的操作不满意，要恢复到上一步操作的结果时，可以单击"常用"工具栏上的"撤消"按钮 ，或选择"编辑"菜单中的"撤消键入"命令，也可使用 Ctrl＋Z 组合键。

（2）恢复。在经过撤消操作后，"撤消"按钮右边的"恢复"按钮被置亮。恢复操作是撤消的逆过程，如果认为不应该撤消刚才的操作，则可以执行恢复操作。

要执行恢复操作，可以单击"常用"工具栏上的"恢复"按钮 ，或菜择"编辑"菜单中的"恢复"命令，也可使用 Ctrl＋Y 组合键。

小贴士：　单击工具栏上的"撤消"或"恢复"按钮右边的下拉箭头，系统将显示最近执行的可撤消或恢复操作的列表，撤消某项操作的同时，也将撤消列表中该项操作之上的所有操作。

7. 插入数学公式　Word 2003 提供了数学公式编辑器，用它来编辑一些复杂的数学公式就变得得心应手了。

（1）插入数学公式。

任务实施：输入数学公式 $\lim\limits_{x \to 3} \dfrac{x^2 - 2x + k}{x - 3} = 4$。

步骤 1　新建 Word 文档。

步骤 2　选择"插入"→"对象"命令，打开"对象"对话框，如图 3-22 所示。

步骤 3　在"对象类型"列表框中选择"Microsoft 公式 3.0"项，单击"确定"按钮，弹出"公式"工具栏，如图 3-23 所示，该工具栏第一排为数学符号，共计 10 类、150 多种数学符号；第二排为数学模板，包括分类、根式、积分、矩阵等。

步骤 4　进入公式编辑状态后，文档窗体发生变化，"常用"工具栏和"格式"工具

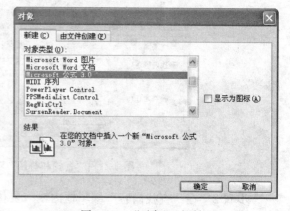

图 3-22　"对象"对话框

图 3-23　"公式"工具栏

栏被隐藏起来，菜单栏及其内容均发生了变化。单击需要的模板和公式，从插入点处开始输入数学公式，如图 3-24 所示。

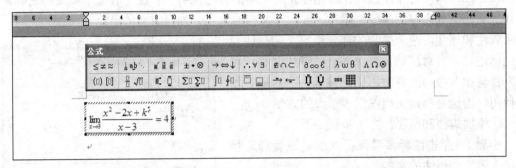

图 3-24　公式编辑窗口

步骤 5　公式输入完毕后，单击 Word 文档中公式外的任意区域，返回 Word 文档。

小贴士：　在公式输入过程中，插入点位置的移动可以使用鼠标，还可以使用 Tab 键或光标移动键在各插入点之间跳转，方便快捷。

（2）修改数学公式。要修改数学公式，首先要进入公式编辑状态。双击要修改的数学公式，即可进入如图 3-24 所示的公式编辑窗口，对公式进行编辑和修改。

小贴士：　也可以将公式编辑器作为图形对象进行处理，进行设置边框、填充效果等操作。

8. 插入批注、脚注、尾注

（1）插入批注。批注是文档审阅人员在原有文档上所添加的批阅性文字。添加批注后，只在文档中添加批注的地方显示为有色底纹，当用户把鼠标移向批注的时候，该批注的具体内容才会自动显示出来。

①批注的添加：添加批注一般使用"插入"菜单。

步骤 1　将光标移到要插入批注的位置或者选定将要插入批注的文本。

步骤 2　选择"插入"→"批注"命令，弹出批注窗口，如图 3-25 所示。

步骤 3　在批注窗口中输入文字，并且对批注文字进行格式化。若要插入声音批注，按

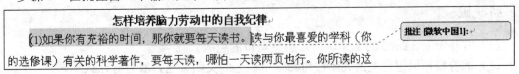

图 3-25　批注窗口

"插入声音"按钮，用话筒录入声音批注。

步骤4　批注输入完成后，单击文档窗口的任意区域，关闭批注窗口。

②批注的编辑：当审阅人员对已加入的批注不满意时，可重新编辑修改。其方法是，把鼠标移向"批注"，按鼠标右键，选择菜单上的"编辑批注"命令，或者直接用鼠标单击"批注"，出现批注编辑框后，就可以对原有批注进行编辑修改了。

③批注的删除：当用户确认不再需要保存批注时，可把鼠标移动到批注上，按鼠标右键，执行菜单中的"删除批注"命令即可。

（2）插入脚注与尾注。脚注和尾注是对文本的补充说明。脚注一般位于页面的底部，可以作为文档某处内容的注释；尾注一般位于文档的末尾，列出引文的出处等。

脚注和尾注由两个关联的部分组成，包括注释引用标记和与其对应的注释文本。"脚注"和"尾注"都与相对应的注释引用标记编号一一对应，配套使用，为读者阅读文档提供了很大的方便。

①添加脚注和尾注：方法步骤如下：

步骤1　单击注释参考标记的位置或者选定将要插入脚注和尾注的文本。

步骤2　选择"插入"→"引用"→"脚注和尾注"命令，打开"脚注和尾注"对话框，如图3-26所示。

步骤3　根据需要单击"脚注"或"尾注"单选按钮。

步骤4　单击"确定"按钮，关闭对话框。Word在指定位置的右上角插入一个数码，脚注或尾注的窗口出现在屏幕的底部或文档的末尾。

图3-26　"脚注和尾注"对话框

步骤5　在脚注或尾注的窗口中紧挨着数码输入相应的注释和参考信息，插入点会自动移动到适当的位置。

步骤6　输入完毕，在文档内部单击即可完成添加。

②删除脚注和尾注：删除一个脚注或尾注的方法比较简单，就是在文档窗口中选定要删除的注释引用标记，然后按删除键即可。

> **小贴士**：　当删除一个脚注或尾注时，后面的脚注或尾注编号会自动更改，不会出现编号中断的情况。另外，脚注和尾注也可以移动和复制，其方法与移动复制普通文字一样，因为注释引用标记和注释两部分是互相对应链接的，当它们移动或复制到新的位置之后，系统将会对所有注释重新编号，具体的注释内容也会相应调换位置。

练一练：

（1）打开 Word 2003 的工作窗口，熟悉窗口的组成。

（2）试着操作标题栏上的关闭按钮和菜单栏上的关闭按钮，看看有什么不同。

（3）打开各菜单项，看哪些菜单命令后有快捷键，并记住一些常用的快捷键。

（4）输入数学公式：$\displaystyle\int_{-\infty}^{\infty}\mathrm{e}^{-a^2x^2}\,\mathrm{d}x=\frac{\sqrt{\pi}}{a}$。

（5）输入如下的古诗，并插入脚注：

望庐山[1]瀑布

李白

日照香炉[2]生紫烟[3]，

遥看瀑布挂前川。

飞流直下三千尺，

疑是银河[4]落九天[5]。

---

[1]庐山：在今江西九江市南，我国名山之一。
[2]香炉：指庐山的香炉峰。
[3]紫烟：指日光照射的云雾水气呈现出紫色。
[4]银河：又称天河。古人指银河系构成的带状星群。
[5]九天：九重天，形容极高的天空。

任务2　对文档进行排版

萌萌把一篇文档编辑好之后，希望将它设置成一定的格式以便阅读，这就是对文档的排版。如将一段文字加粗显示以示强调，或者把文章标题置于页面中央，这些都可以利用Word 2003 处理格式的强大功能，高效地对文本进行排版。萌萌又是如何做到的呢？

3.2.1　文档视图

用户可以选用多种方式显示文档，这种各有特点的显示方式称为视图。Word 2003 提供了多种视图模式，有普通视图、页面视图、Web 版式视图、大纲视图、阅读版式视图、文档结构图及缩略图等。在"视图"菜单中选择适当的命令，或单击水平滚动条左侧的视图按钮，可在各种视图间切换。

1. 普通视图　普通视图一般在编辑文档时使用。普通视图只显示文档的内容，而不显示文档的页眉和页脚、背景、图形对象、分栏效果等，方便用户快速输入和编辑文档的内容。

在普通视图下，分页符显示为一条虚线，且只显示水平标尺。

2. Web 版式视图　Web 版式视图能够仿真网页（Web）浏览器来显示文档，文本自动换行以适应窗口大小，并可看到网页文档添加的背景，且图形位置与在网页浏览器中的位置一致，非常适用于创建网页。

3. 页面视图　页面视图是 Word 2003 默认的文档视图模式。在页面视图下能显示水平

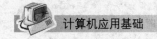

标尺和垂直标尺，不会出现分页符。在该视图下可编辑页眉和页脚、调整页边距、进行分栏及编辑图形等操作，具有"所见即所得"的效果，便于对文档的排版。

4. 大纲视图 大纲视图是专门用来做提纲操作的，此视图中增加了"大纲"工具栏。在大纲视图下，可以显示各级标题，方便地改变标题的级别，改变标题的前后位置，便于创建、重新组织文档结构。

5. 阅读版式视图 阅读版式视图将优化阅读体验，可以方便地增大或减小文本显示区域的尺寸。在阅读版式视图下会隐藏除"阅读版式"和"审阅"工具栏以外的所有工具栏。想要停止阅读文档时，单击"阅读版式"工具栏上的"关闭"按钮或按 Esc 键，可以返回到进入阅读版式视图前的视图模式。

3.2.2　设置字符格式

字符是构成文档的最基本的元素。字符格式的设置包括字体、字号、字形、字符间距以及各种修饰效果等。一般情况下，Word 2003 默认的中文字体是宋体五号字。

要对已键入的文本设置格式，应遵循"先选定，后操作"的原则。一般的字符格式操作可以利用 Word 2003 的"格式"工具栏完成，有些特殊的操作要用"字体"对话框完成。

1. 使用"格式"工具栏设置字符格式 使用"格式"工具栏设置字符格式快捷方便，但不能设置特殊效果。

步骤 1　选定要改变格式的文字。

步骤 2　直接单击"格式"工具栏上的工具按钮设置文本字体、字号、加粗、倾斜、下画线、字符缩放和字体颜色等。

> **小贴士：** 在 Word 2003 中有两种表示文字大小的方法，一种以"号"为单位，如"初号"、"三号"、"八号"等，号数越大，字符越小；另一种以"磅"为单位，如"5"、"18"、"72"等，磅值越大，字符越大。默认情况下，Word 2003 建立的文档正文采用五号（10.5 磅）的字体大小。
>
> 　根据页面的大小，文字的磅值最大可以达到 1 638 磅，格式化特大字的方法是：选定要格式化的文本，在"格式"工具栏的"字号"文本框中输入磅值后，按回车键即可。

2. 使用菜单设置字符格式 使用"格式"菜单的"字体"命令可打开"字体"对话框，在此对话框中可设置字体、字号、字形、字符间距、文字效果等。

（1）字体格式化。在"字体"对话框中打开"字体"选项卡，可设置字体、字号、字形及特殊效果等。

步骤 1　打开文档，选定要格式化的字符。

步骤 2　选择"格式"→"字体"命令，打开"字体"对话框，默认的选项卡即为"字体"选项卡，如图 3-27 所示。

步骤 3　根据需求设置中文字体、英文字体、字形、字号、文字颜色、下画线、效果等。

步骤 4　单击"确定"按钮，返回编辑状态。

小贴士： 在"预览"框内可显示所设置的效果。特殊效果可以直接单击"效果"前面的复选框，可以同时使用多种文字效果。如果要清除已经设置的字符格式，可先选定这些文字，然后选择"编辑"→"清除"→"格式"命令即可。

（2）字符间距的设置。在排版处理时，如果需要对文本中的字符间距进行调整，可以利用"字体"对话框来实现。

步骤1　选定要调整字符间距的文本。

步骤2　选择"格式"→"字体"命令，打开"字体"对话框。

步骤3　单击"字体"对话框中的"字符间距"选项卡，如图3-28所示。

图3-27　"字体"对话框　　　　　　图3-28　"字符间距"选项卡

步骤4　在"缩放"下拉列表框中选择字符的缩放比例，也可以直接在该框中输入想要设置的缩放比数值。在"间距"下拉列表框中选择"标准"、"加宽"或"紧缩"，并在右边的"磅值"框中输入间距值。在"位置"下拉列表框中选择"标准"、"提升"或"降低"，并在右边的"磅值"框中输入具体的数值。

步骤5　设置完毕后，单击"确定"按钮。

小贴士： 单击"字体"对话框中的"文字效果"选项卡，可以给选定的文字设置动态效果。这些效果只能在屏幕上显示，而不能打印出来。

3.2.3　设置段落格式

在 Word 2003 中输入文字时，每按一次回车键，将出现一个符号，叫做段落标记符，它标志着一个段落的结束和另一个段落的开始。如果删除了段落标记，则标记后面的一段会与前一段合并，并采用前一段的段落格式。通过"视图"→"显示段落标记"命令，可以设

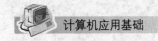

置是否显示段落标记符号。

段落格式主要包括段落对齐、缩进、行间距和段间距、换行和分页等。如果只对一个段落进行格式设置，可将光标置于该段落中的任意位置；如果要同时对几个段落进行设置，则应先选定这几个段落再进行格式设置。

1. 使用工具栏按钮设置段落格式　使用"格式"工具栏可以快速进行格式化操作，方便快捷。对齐方式可以使用"格式"工具栏上的工具按钮▐ ▐ ▐ ▐进行设置，这些按钮从左到右分别是：两端对齐、居中、右对齐和分散对齐。使用"格式"工具栏上的▐·按钮可设置文档的行距，使用工具按钮▐或▐可减少或增加缩进量，每按一次减少或增加一个字符。

2. 使用菜单设置段落格式　使用"格式"菜单的"段落"命令可打开"段落"对话框，在此对话框中可设置段落的对齐方式、行距、缩进和间距、换行和分页等。

步骤 1　打开文档。

步骤 2　把光标置于要格式化的段落中，或选定要同时格式化的多个段落，选择"格式"→"段落"命令，打开"段落"对话框，如图 3-29 所示。

步骤 3　在此对话框中按需求进行设置，然后单击"确定"按钮。

在"段落"对话框中有三个选项卡，分别是：缩进和间距、换行和分页、中文版式。下面主要介绍"缩进和间距"选项卡，参见图 3-29。

在"缩进和间距"选项卡中可以进行对齐方式、缩进、和间距等多项设置。缩进的常用度量单位有三种：厘米、磅和字符，可以直接输入"厘米"、"磅"或"字符"来改变。

（1）对齐方式。设置段落左对齐、居中对齐、右对齐、两端对齐、分散对齐等。

（2）缩进。可以将选定的段落左、右边距缩进一定的数值。

（3）特殊格式。特殊格式中有"无"、"悬挂缩进"和"首行缩进"三种格式。

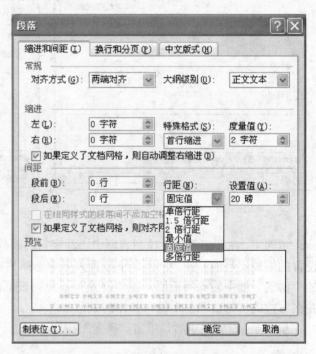

图 3-29　"段落"对话框

无：无缩进形式。

悬挂缩进：是指段落中除了第一行以外，其余所有行缩进一定数值。

首行缩进：是指段落中的第一行缩进一定数值，其余行不缩进。

（4）间距。可以在段前、段后分别设置一定的空白间距，通常以"行"或"磅"为单位。

（5）行距。指行与行之间的距离。

单倍、1.5 倍、2 倍、多倍行距：用来设定行距，使之与标准行距成相应倍数。

最小值、固定值：设定固定的磅值作为行间距。

小贴士： 单击"段落"对话框中的"换行和分页"选项卡，可以避免文档中出现"孤行"、避免在段落内部或段落之间进行分页等。

3. 使用格式刷复制格式 格式刷是实现快速格式化的重要工具。格式刷可以将字符和段落的格式复制到其他文本上。操作如下：

步骤 1 先将鼠标指针定位在格式化好的标准文本块中。

步骤 2 单击"常用"工具栏上的"格式刷"工具按钮，鼠标指针变成一个带"I"字的小刷子。

步骤 3 按住鼠标左键刷过要格式化的文本，所刷过的文本就被格式化成标准文本的格式。同时，鼠标指针恢复原样。

小贴士： 双击"常用"工具栏上的"格式刷"工具按钮，就可以在多处反复使用。要停止使用格式刷，可再次单击"格式刷"工具按钮或按 Esc 键取消。

任务实施：将"萌萌的自我介绍 . doc"文档中"大家好，我叫萌萌"中的"萌萌"设置为：隶书、二号、加粗，"亲爱的老师和同学们："一行的段前、段后间距设置为 0.5 行，其余文本设置为首行缩进两个字符，行距设为固定值 20 磅。

步骤 1 打开"萌萌的自我介绍 . doc"文档，选定"萌萌"两字。

步骤 2 选择"格式"→"字体"命令，打开"字体"对话框（参看图 3-27）。

步骤 3 在"字体"选项卡中设置字体为"隶书"、字形为"加粗"、字号为"二号"。

步骤 4 单击"确定"按钮，返回编辑状态，如图 3-30 所示。

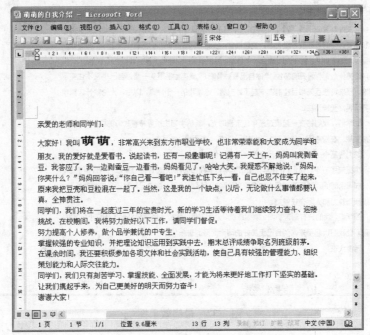

图 3-30 完成字体设置的文档

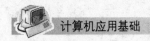

步骤 5　选定"亲爱的老师和同学们："一行，选择"格式"→"段落"命令，打开"段落"对话框，如图 3-29 所示。设置段前间距、段后间距都为 0.5 行，设置完成后单击"确定"按钮。

步骤 6　选定除"亲爱的老师和同学们"外的所有文本。选择"格式"→"段落"命令，打开"段落"对话框，如图 3-29 所示。在"缩进和间距"选项卡中设置"对齐方式"为"两端对齐"；设置缩进中的"特殊格式"为"首行缩进 2 字符"；设置间距中的行距为"固定值 20 磅"，如图 3-31 所示。

步骤 7　设置完成后，单击"确定"按钮，效果如图 3-32 所示。

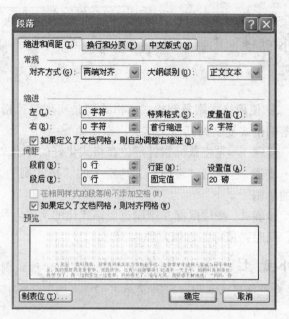

图 3-31　设置段落格式化

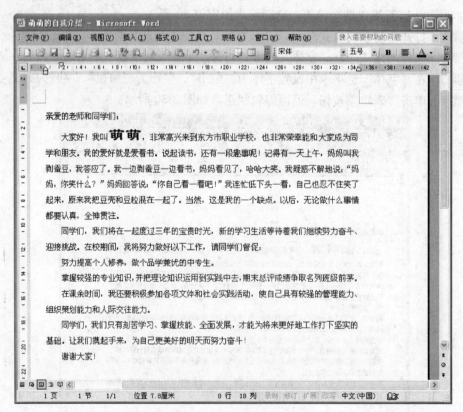

图 3-32　最终效果图

步骤 8　保存文档并退出 Word 2003。

3.2.4　设置边框和底纹

在 Word 2003 中，可以为选定的字符、段落、页面及各种图形设置颜色、形状各异的边框和底纹，从而美化文档，使文档格式达到理想的效果。

1. 设置边框　使用"格式"菜单的"边框和底纹"命令可打开"边框和底纹"对话框，在此对话框中可设置文字边框、段落边框和页面边框。

（1）设置文字或段落的边框。选定要添加边框的文字或段落，选择"格式"→"边框和底纹"命令，打开"边框和底纹"对话框，如图 3-33 所示。在"边框"选项卡中对边框的类型、线型、颜色、宽度等进行设置，在"应用于"列表框中选择"文字"或"段落"，单击"确定"按钮即可。

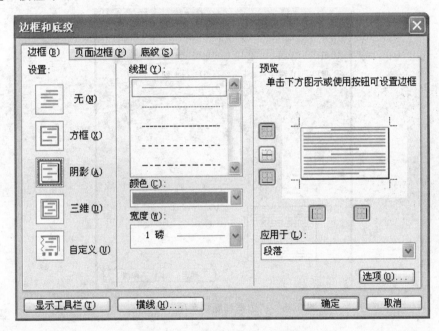

图 3-33　"边框和底纹"对话框

小贴士：　（1）对于段落来说，选择应用于"文字"和选择应用于"段落"效果是不一样的，如图 3-34 和 3-35 所示。

（2）在图 3-33 所示的对话框左侧"设置"下的边框样式选项中单击"无"可取消边框。

（3）如果只是为某一侧添加边框，可在"设置"下的边框样式选项中单击"自定义"按钮，然后在"预览"区域中单击"预览"框周围的按钮或效果显示图中的边线，使图中的边框线显示或隐藏，即可添加或删除某一侧的边框。

（4）如果要指定边框相对于文档的精确位置，可单击图 3-33 右下角的"选项"按钮，在打开的"边框和底纹选项"对话框中图 3-36 分别设置边框与正文间上、下、左、右的距离，如图 3-36 所示。

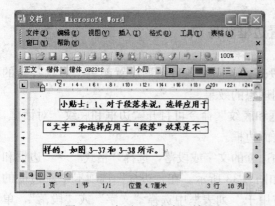

图 3-34　应用于"文字"效果

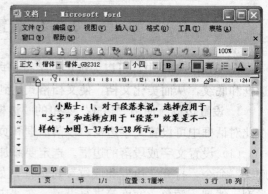

图 3-35　应用于"段落"效果

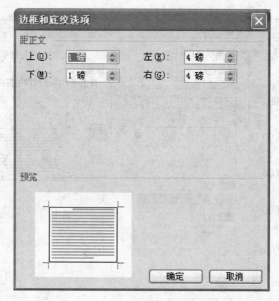

图 3-36　"边框和底纹选项"对话框

（2）设置页面边框。Word 2003 可以给整个页面添加一个页面边框，该边框可以是普通的边框，也可以是艺术型边框，从而使文档变得活泼、美观、赏心悦目。

步骤 1　单击如图 3-33 所示的"边框和底纹"对话框中的"页面边框"选项卡，如图 3-37 所示。

步骤 2　分别设置边框的样式、线型、颜色、宽度、应用范围等。

步骤 3　单击"确定"按钮。

小贴士：　如果要使用"艺术型"页面边框，可以单击"页面边框"选项卡中"艺术型"下拉列表框右边的箭头，从下拉列表中选择类型后，单击"确定"按钮。

2. 设置底纹　添加底纹不同于设置边框，它只能对文字、段落或表格背景起作用，而不能对页面进行操作。

选定要添加底纹的文字或段落，选择"格式"→"边框和底纹"命令，打开"边框和底

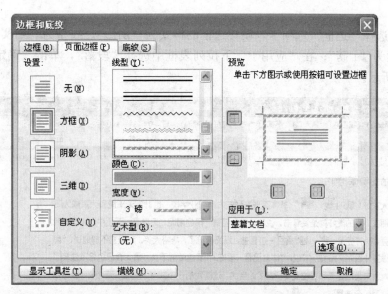

图 3-37 "页面边框"选项卡

纹"对话框，单击"底纹"标签，打开"底纹"选项卡，如图 3-38 所示。在此选项卡中对填充颜色、图案的式样和颜色等进行设置，在"应用于"列表框中选择"文字"或"段落"，单击"确定"按钮即可。

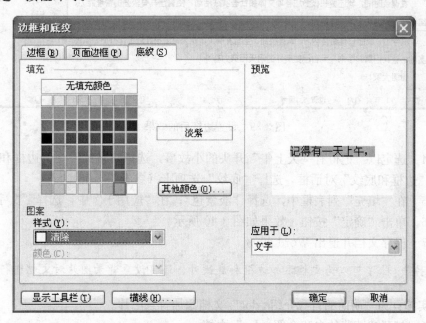

图 3-38 "底纹"选项卡

任务实施： 为"萌萌的自我介绍.doc"文档中第三、四、五自然段加段落边框，为小故事设置淡紫色底纹。

步骤 1 打开"萌萌的自我介绍.doc"文档，选定正文的第三、四、五自然段。

步骤 2 选择"格式"→"边框和底纹"命令，打开"边框和底纹"对话框（参看图

3-29）。

步骤 3　选择"边框"选项卡，设置边框的样式为"阴影"、线型为"细实线"、颜色为"橙色"、宽度为"1 磅"；在"应用于"下拉列表框中选择"段落"，单击"确定"按钮，效果如图 3-39 所示。

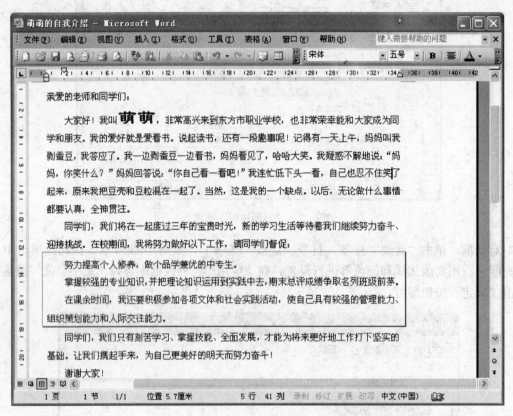

图 3-39　设置边框后的效果

步骤 4　选定以"记得有一天上午"开头的小故事，选择"格式"→"边框和底纹"命令，打开"边框和底纹"对话框，选择"底纹"选项卡（参看图 3-38）。

步骤 5　在"填充"列表框中，选择"淡紫色"；在"应用于"中，选择"文字"。

步骤 6　单击"确定"按钮，效果如图 3-40 所示。

步骤 7　保存文档并退出 Word 2003。

知识链接：除了可以为文档添加边框和底纹外，还可设置背景图片对文档进行美化。

任务实施：为"萌萌的自我介绍 .doc"文档添加背景图片。

步骤 1　打开"萌萌的自我介绍 .doc"文档。

步骤 2　选择"格式"→"背景"→"水印"命令，打开"水印"对话框，如图 3-41 所示。

步骤 3　选择"图片水印"单选按钮，单击"选择图片"按钮，在"插入图片"对话框中双击所需要的图片，此处插入的图片路径是：D：\ 素材 \ 图片 \ 风景 .jpg。在"水印"对话框中单击"冲蚀"复选框，取消选择。

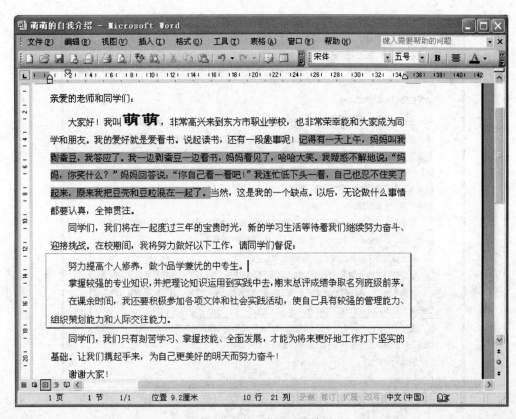

图 3-40　设置底纹后的效果

图 3-41　"水印"对话框

步骤 4　单击"确定"按钮，所选图片即作为背景图片插入文档中，效果如图 3-42 所示。

步骤 5　保存文档并退出 Word 2003。

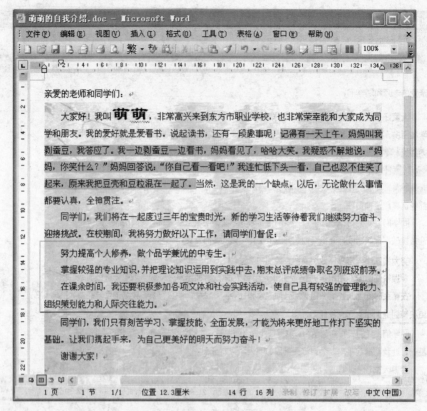

图 3-42　设置"水印"后的效果图

3.2.5　设置项目符号和编号

当用户所编排的是条款或者是某种提纲、规定时，往往希望为其设置一定的编号，以便使条款能够一目了然。有时，还希望使条款能够按照不同的重要程度、范围大小、逻辑级别高低拥有不同的缩进量和字符格式，从而使文档层次清晰，易于理解。这就要用到 Word 2003 提供的项目符号和编号功能。

1. 设置项目符号　选定要添加项目符号的文本，选择"格式"→"项目符号和编号"命令，打开"项目符号和编号"对话框，如图 3-43 所示。

在此对话框中单击选择需要的项目符号，单击"确定"按钮，所选符号即应用于所选段落。如果对项目符号的样式不满意，可单击"自定义"按钮，打开"自定义项目符号列表"对话框，如图 3-44 所示。单击"字体"按钮可修改符号的大小；单击"字符"或"图片"按钮可选择更多的符号。在该对话框中可同时修改符号的缩进量及文字的缩进量等。

> **小贴士：**　也可以通过单击"格式"工具栏上的项目符号按钮 ≣ 设定或取消项目符号。使用了项目符号后，在该段落结束按回车键时，系统会自动在新的段落前插入同样的项目符号，并会自动调整项目符号的缩进位置。

2. 设置编号　选定要设置编号的段落，选择"格式"→"项目符号和编号"命令，弹出

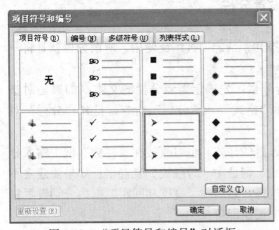

图 3-43 "项目符号和编号"对话框

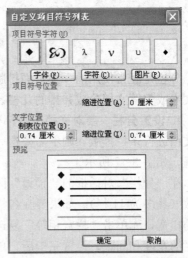

图 3-44 "自定义项目符号列表"对话框

"项目符号和编号"对话框,选择"编号"选项卡,如图 3-45 所示。

单击选择一种编号类型,单击"确定"按钮,所选编号即应用于所选段落。如果对编号的样式不满意,可单击"自定义"按钮,打开"自定义编号列表"对话框,如图 3-46 所示。单击"字体"按钮可修改符号的大小;单击"编号样式"下拉列表框可选择合适的编号样式。在该对话框中可同时修改编号位置和文字位置等。

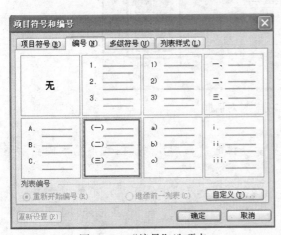

图 3-45 "编号"选项卡

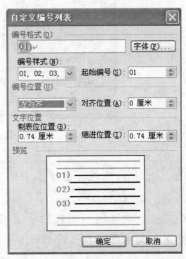

图 3-46 "自定义编号列表"对话框

小贴士: 如果一个编号列表已经结束,后面紧跟一段正文,用户希望在此正文后再设置编号时,有两种选择方式:一是选择"编号"选项卡中的"重新开始编号"(即新的列表编号从 1 或 A 开始);二是选择"编号"选项卡中的"继续前一列表"进行编号(例如,前一列表的最后编号是 6,本列表从 7 开始编号)。若对此不加注意,很可能出现编号紊乱的情况。

用户还可以在"项目符号和编号"对话框中的"多级符号"选项卡里设置多级符号。在"列表样式"选项卡里对列表样式进行设置。

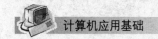

3.2.6 设置分栏

分栏是经常使用的一种页面排版方式，在报刊、杂志中被广泛使用。所谓分栏就是将一段文本或整篇文档分成并排的几栏。

1. 设置分栏 要对文档中某部分文本进行分栏，先选定需要分栏的文本（如果是对整篇文档进行多栏排版，则不需要这一步），选择"格式"→"分栏"命令，打开"分栏"对话框，如图 3-47 所示。

在"分栏"对话框的"预设"区域选择预设好的样式，也可直接在"栏数"框中输入分栏数（最多为 11 栏）。如果要在各栏间加分隔线，则选中"分隔线"复选框；如果要建立不同的栏宽，先单击"栏宽相等"复选框，取消选择，然后在"宽度和间距"框内分别设置每一栏的宽度和间距。设置完毕后，单击"确定"按钮即可。

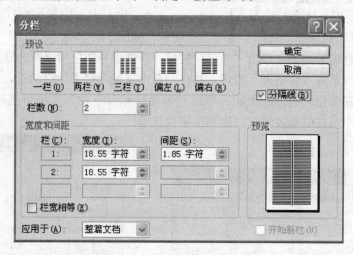

图 3-47 "分栏"对话框

小贴士： 只有在页面视图下才能正常显示分栏的效果，其他视图均不显示或显示不正常。

选定分栏段落时不能包括下沉的首字，分栏只适合文档中的正文，不能对页眉、页脚、批注和文本框的段落进行分栏。

2. 修改分栏 用户可以修改已经存在的分栏，例如，改变分栏的数目、宽度、间距等。

步骤 1　将光标定位到要修改的已经分栏的文本中。

步骤 2　选择"格式"→"分栏"命令，打开"分栏"对话框。

步骤 3　对栏数、栏宽、栏间距、分隔线等进行设置。

步骤 4　单击"确定"按钮。

3. 插入分栏符 如果希望某段文字处于一栏的开始处，可以采用在文档中插入分栏符的方法，使当前插入点以后的文字移至下一栏。

图 3-48 "分隔符"对话框

步骤 1 将光标定位于要另起一栏的文本位置。

步骤 2 选择"插入"→"分隔符"命令，打开"分隔符"对话框，如图 3-48 所示。

步骤 3 在"分隔符类型"选区内，选中"分栏符"单选按钮。

步骤 4 单击"确定"按钮，就插入一个分栏符。Word 2003 会自动把分栏符后的文本另起一栏，并在分栏符处出现分栏符标记。

> **小贴士**： 分栏实际上是在选中的段落后自动插入分节符（显示为两条水平的虚线），如果未显示分节符，单击"显示/隐藏编辑标记"按钮 ，即可显示分节符等编辑标记。
>
> 分栏还可以通过单击"常用"工具栏上的"分栏"按钮 来设置。

3.2.7 设置首字下沉

首字下沉是指将段落的第一个汉字或字母放大，占据若干行，其他字符围绕在它的右下方。在报刊、杂志等的文档中经常会使用"首字下沉"格式，起到非常醒目的效果。设置首字下沉的步骤是：

步骤 1 打开文档，把光标定位到要设置首字下沉的段落中。

步骤 2 选择"格式"→"首字下沉"命令，打开"首字下沉"对话框，如图 3-49 所示。

步骤 3 在"位置"区域中提供了三种选择：第一种为"无（N）"，第二种为"下沉（D）"，第三种为"悬挂（M）"，一般选择"下沉"或"悬挂"。在"选项"区域中可对字体、下沉行数、与正文的间距等进行设置。

步骤 4 单击"确定"按钮。

图 3-49 "首字下沉"对话框

> **小贴士**： 若要将段落开头的几个汉字或字符作为一个整体下沉，可先选定段落开头的几个汉字或字符，然后再执行首字下沉命令进行相应的设置。

任务实施：为"萌萌的自我介绍.doc"文档中第三、四、五自然段加项目符号，将文档设置为两栏显示，将"大家好"开始的一段设置为"首字下沉两行，且距正文 0.5 厘米"。

步骤 1 打开"萌萌的自我介绍.doc"文档，选中"努力提高个人修养"开始到"使自己具有较强的管理能力、组织策划能力和人际交往能力。"结束的三段文本。

步骤 2 选择"格式"→"项目符号和编号"命令，打开"项目符号和编号"对话框（参看图 3-43）。

步骤 3 选择项目符号为"➢"，单击"确定"按钮，所选符号即应用于所选段落。

步骤 4 选定所有文本（注意：不要选择最后一个回车符），选择"格式"→"分栏"命令，打开"分栏"对话框。选择栏数为"2"，单击"确定"按钮。

步骤 5 把光标定位到第一段的任意位置，选择"格式"→"首字下沉"命令，打开"首字下沉"对话框。

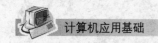

步骤 6　在"位置"区域中单击选择"下沉"，在"选项"区域中设置下沉行数为"2"，距正文为"0.5 厘米"，单击"确定"按钮，效果如图 3-50 所示。

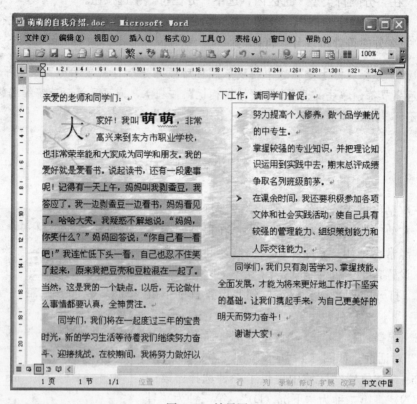

图 3-50　效果图

步骤 7　保存文档并退出 Word 2003。

练一练：

输入如下文字，并按题目要求操作，最终效果如图 3-51 所示：

现代管理心理学的研究重点已逐步从个体心理、群体心理转向大型组织中产生的各种心理现象。

一个企业或一所学校的组织气氛、组织凝聚力以及组织结构对职工的心理影响等这样一些非物质性的因素，往往不如现代化的设施、园艺式的环境引人注目，但这种难以被人们意识到的组织心理，却正是一个企业或一所学校在竞争中取胜的力量源泉。管理心理学主要研究人在组织中的心理活动，这是在个体心理、群体心理与领导心理基础上的更高层次的心理研究。其主要目的是探索组织心理、行为规律，为提高组织管理的有效性提供科学依据。

功利因素，功利对一个组织能否把成员凝聚在一起为实现组织目标起到极其重要的作用。一个有效的组织必须有一整套依其成员完成任务的情况而论功行赏进行奖惩的措施和办法，用以维系成员、激励成员为实现组织目标而努力工作。

规范因素，组织以各种方式引导其成员自己订立一些行为规范，要求其成员自觉遵守，约束他们的行为，保证组织成员思想认识的统一和行动的一致。规范虽不同于规章制度，但一经确定，其成员就得自觉遵守，谁违背了规范，就会受到集体舆论的谴责，从而保证组织具有战斗能力。

（1）将文章的第一段与第二段合并为一段。

（2）将文中的第二段、第三段加项目编号"i"、"ii"。

（3）添加文章标题"组织理论"，并将其设置为三号、红色、黑体、倾斜、居中，段后间距 2 行。

（4）将正文文字设置为五号楷体 _ GB2312，各段左右各缩进一个字符，首行缩进两个字符。

（5）在文章末尾加上当前日期，格式为"＊＊＊＊年＊＊月＊＊日"，要求能自动更新，靠右对齐（提示：使用"插入"→"日期和时间"命令）。

（6）将正文中所有"组织心理"的字体改为黑体，大小为三号，颜色为蓝色，加上动态效果"七彩霓虹"（提示：使用"编辑"→"替换"命令）。

（7）将文中第一段首字悬挂下沉，要求下沉三行，字体为黑体，距正文 0.1 厘米。

（8）将文中最后两段分为两栏，要求栏宽相同，间距为三个字符，并加上分隔线。

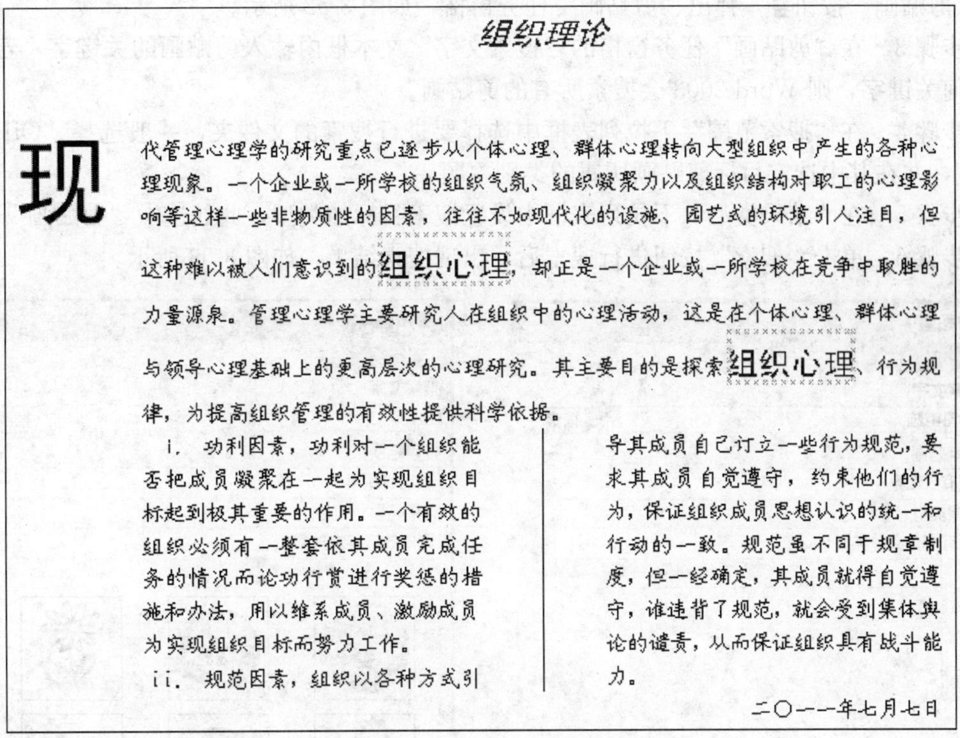

组织理论

现代管理心理学的研究重点已逐步从个体心理、群体心理转向大型组织中产生的各种心理现象。一个企业或一所学校的组织气氛、组织凝聚力以及组织结构对职工的心理影响等这样一些非物质性的因素，往往不如现代化的设施、园艺式的环境引人注目，但这种难以被人们意识到的**组织心理**，却正是一个企业或一所学校在竞争中取胜的力量源泉。管理心理学主要研究人在组织中的心理活动，这是在个体心理、群体心理与领导心理基础上的更高层次的心理研究。其主要目的是探索**组织心理**、行为规律，为提高组织管理的有效性提供科学依据。

i．功利因素，功利对一个组织能否把成员凝聚在一起为实现组织目标起到极其重要的作用。一个有效的组织必须有一整套依其成员完成任务的情况而论功行赏进行奖惩的措施和办法，用以维系成员、激励成员为实现组织目标而努力工作。

ii．规范因素，组织以各种方式引导其成员自己订立一些行为规范，要求其成员自觉遵守，约束他们的行为，保证组织成员思想认识的统一和行动的一致。规范虽不同于规章制度，但一经确定，其成员就得自觉遵守，谁违背了规范，就会受到集体舆论的谴责，从而保证组织具有战斗能力。

二〇一一年七月七日

图 3-51　文档排版后的效果

任务 3　对文档进行图文处理

Word 2003 不仅具有强大的文字处理功能，还具有强大的图形处理功能，可以在文档中插入各种图片、艺术字、文本框等图形对象，还可以绘制图形，使文档形象生动，更具感染力。在对文本进行排版后，萌萌开始向文本中加入图片等对象，使自己的文档变得更漂亮。

3.3.1 图文混排

图文混排是在文档中插入各种图片，然后再对插入图片后的文档进行排版美化，最终获得更好的图文效果。

1. 插入图片 用户可以在 Word 文档中插入各种图片，这些图片可以来源于文件，也可以从扫描仪或数码相机等设备中获得，还有一些是系统自带的。

（1）插入剪贴画。Word 2003 自带了一个非常丰富的剪辑库，包含了大量的图片，分为自然、植物、动物、人物、卡通、建筑、科学等 70 多类，用户可以直接从中选择需要的图片并插入到文档中。

步骤 1 将光标定位到文档中要插入剪贴画的位置。

步骤 2 选择"插入"→"图片"→"剪贴画"命令，或者单击"绘图"工具栏上的"插入剪贴画"按钮，弹出"剪贴画"任务窗格，如图 3-52 所示。

步骤 3 在"剪贴画"任务窗格的"搜索文字"文本框内输入剪贴画的关键字，若不输入任何关键字，则 Word 2003 会搜索所有的剪贴画。

步骤 4 在"搜索范围"下拉列表框中选择要进行搜索的文件夹，一般选择"Office 收藏集"，并在其中选定目标剪贴画所属的类别主题。

步骤 5 在"结果类型"下拉列表框中设置搜索目标的类型，此处选中"剪贴画"。

步骤 6 单击"搜索"按钮进行搜索后，出现搜索结果，如图 3-53 所示。

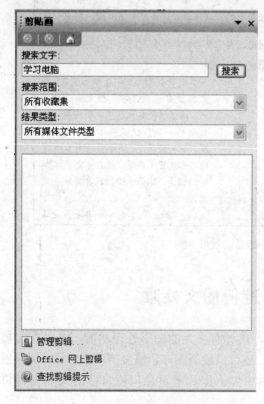

图 3-52 "剪贴画"任务窗格

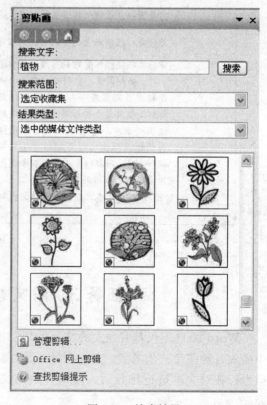

图 3-53 搜索结果

步骤 7　单击选定"剪贴画"右侧的下拉按钮，选择"插入"命令或直接用鼠标单击要插入的剪贴画，所选剪贴画就插入到文档中的指定位置了。

小贴士：　还可以单击"剪贴画"任务窗格底部的"管理剪辑"选项，在打开的"剪辑管理器"对话框的"Office 收藏集"中选定需要的剪贴画类别和剪贴画插入即可。

（2）插入图片。在 Word 2003 文档中可以直接插入来自文件的图片（如从互联网、数码相机或扫描仪中得到的图片）。

步骤 1　打开文档，将光标定位到文档中要插入图片的位置。

步骤 2　选择"插入"→"图片"→"来自文件"命令，或单击"图片"工具栏上的"插入图片"按钮，打开"插入图片"对话框，如图 3-54 所示。

步骤 3　选择图片文件所在的位置、文件名。

步骤 4　单击"插入"按钮或直接双击图片。

图 3-54　"插入图片"对话框

小贴士：　Word 2003 允许同时插入多张图片，按住 Ctrl 键或 Shift 键选择多个图片，单击"插入"按钮即可。

如果计算机连接了扫描仪或数码相机，则可以选择"插入"→"图片"→"来自扫描仪或照相机"命令，直接从扫描仪或数码相机中获取图片，并在 Microsoft 照片编辑器中进行处理。

2. 编辑图片　在文档中插入剪贴画或图片之后，Word 2003 允许用户对其进行编辑：调整图片大小、位置和环绕方式、调整亮度和对比度、裁剪图片等。可以利用"图片"工具栏或"设置图片格式"对话框来设置图片格式。

（1）"图片"工具栏。单击文档中插入的图片将其选定，图片周围会出现八个控点，同时屏幕上显示出"图片"工具栏，如果该工具栏没有出现在窗口中，可选择"视图"→"工具栏"→"图片"命令，弹出"图片"工具栏，如图 3-55 所示。

裁剪：选中要裁剪的图片，单击此按钮，鼠标指针变成和按钮类似的形状。将指针对准图片周围的八个控点之一，拖动鼠标，达到裁剪的目的。

颜色：单击该按钮，会显示出一个菜单，包括"自动"、"黑白"、"灰度"、"水印"四个选项。"自动"是保持原来的颜色；"黑白"是使图片只有黑、白两色；"灰度"显示的是有层次

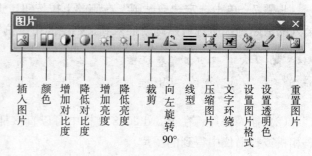

图 3-55   "图片"工具栏

的黑白图片，有灰色过渡；"水印"则是对图片加上水印的效果，颜色仍保持不变。

设置透明色：单击此按钮后，再单击图片，可使背景色透明，再次单击，又恢复原来的背景。

（2）设置图片格式。图片插入到文档后有两类状态：浮动式对象和嵌入式对象。

嵌入式对象周围的八个控点是实心的，并有边框，可以与正文一起排版，只能放置到有插入点的位置，不能与其他对象组合，也不能实现环绕。

浮动式对象周围的八个控点是空心的，可以放置到页面的任意位置，可以与其他对象组合，还可以与正文实现多种形式的环绕。

步骤 1   右击插入的图片，在弹出的快捷菜单中选择"设置图片格式"命令；或者先选定图片，再选择"格式"→"图片"命令，都会打开"设置图片格式"对话框，如图 3-56 所示。"设置图片格式"对话框既可以对图片进行编辑、修饰，也可以设置图片和文字的关系。这种图片和文字的关系，对于图文混排是非常重要的。

步骤 2   通过"颜色与线条"、"大小"、"版式"、"图片"、"文本框"、"网站"六个选项卡对图片进行设置。

"图片"选项卡：可以对图片进行裁剪，设置图片的图像控制，还可以通过百分比设置对比度和亮度。

"颜色与线条"选项卡：主要用来设置文本框的颜色与边框样式。

"大小"选项卡：提供了更加精确的设置图片大小的方法。可以通过设置百分比来改变图片的缩放比例，也可以直接设置图片的高度和宽度，如图 3-57 所示。

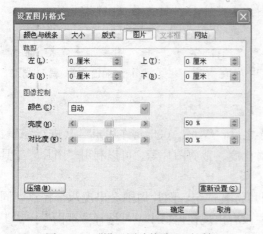

图 3-56   "设置图片格式"对话框

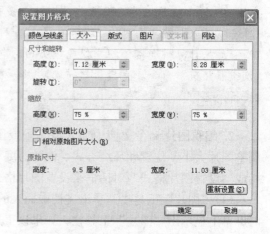

图 3-57   "大小"选项卡

"版式"选项卡：如图 3-58 所示，可设置图片和文字间的位置关系。

如果需要更精细地安排图片和文字的关系，单击"高级"按钮，打开"高级版式"对话框，如图 3-59 所示，其中的"文字环绕"选项卡给出了更多的版式选择。

图 3-58　"版式"选项卡　　　　　　　图 3-59　"高级版式"对话框

步骤 3　设置完毕后，单击"确定"按钮。

小贴士：　如果文档中含有大量的图片，会影响 Word 2003 的执行速度。如果将图片隐藏起来，可以只在页面上保留一个空的空白框，这样能够提高 Word 2003 的执行速度。其操作是先选定需要隐藏的图片，然后选择"工具"→"选项"命令，打开"选项"对话框，再选择"视图"标签，弹出"视图"选项卡，选中"图片框"的复选框，最后单击"确定"按钮即可。

3.3.2　插入艺术字

在文档编辑中，有时需要使文字表现出特殊的艺术效果，Word 2003 提供了专门的艺术字库，通过艺术字编辑工具可以对文字进行处理。

1. 插入艺术字　插入艺术字的方法如下：

步骤 1　把光标定位到文档中要插入艺术字的位置，选择"插入"→"图片"→"艺术字"命令，或者单击"绘图"工具栏的"插入艺术字"按钮，打开"艺术字库"对话框，如图 3-60 所示。

步骤 2　从中选择一种艺术字样式，单击"确定"按钮，将打开"编辑'艺术字'

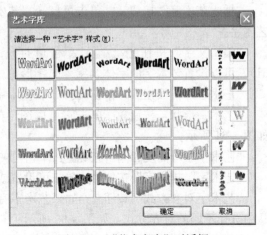

图 3-60　"艺术字库"对话框

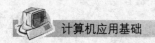

文字"对话框,如图3-61所示,在"文字"框中输入艺术字,单击"确定"按钮,艺术字即可插入到文档中,如图3-62所示。

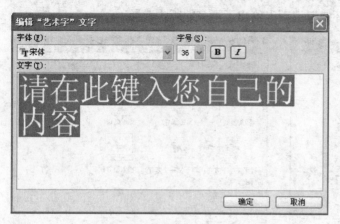

图3-61 "编辑'艺术字'文字"对话框   图3-62 在文档中插入艺术字

小贴士: 如果要将文档中的某些文字设置成艺术字,可先选定这些文字,再执行上述操作(直接从选择"插入"→"图片"→"艺术字"命令,或者单击"绘图"工具栏的"插入艺术字"按钮开始),只是在"编辑'艺术字'文字"对话框中不必再输入文字,因为选定的文字已自动输入到文字框中。

2. 编辑艺术字   插入后的艺术字实际上就是一张图片,可以像图片一样放大缩小,在文档中移动位置等。

插入到文档中的艺术字,可以使用"艺术字"工具栏进一步修饰。单击选中艺术字,即会出现"艺术字"工具栏,如图3-63所示。

图3-63 "艺术字"工具栏

"插入艺术字"按钮：单击可打开"艺术字库"对话框(参见图3-60),可以插入新的艺术字。

"编辑文字"按钮：单击可打开"编辑'艺术字'文字"对话框(参见图3-61),可以设置艺术字的字体、字号、字形等。

"艺术字库"按钮：单击可打开"艺术字库"对话框,可重新选择艺术字样式。

"艺术字形状"按钮：单击它可以图形的方式显示几十种艺术字排列的方式供选择,如图3-64所示。

"艺术字字母高度相同"按钮：单击可使艺术字中每个字母的高度相同。

"艺术字竖排文字"按钮：单击可设置或取消艺术字竖直排列。

"艺术字对齐方式"按钮：如果艺术字有多行的话,单击可弹出艺术字对齐方式菜单,从中选择不同的对齐方式,如图3-65所示。

"艺术字字符间距"按钮：单击可弹出艺术字字符间距菜单,从中选择不同的字符间距，如图 3-66 所示。

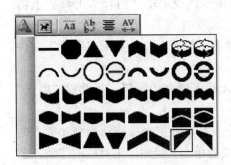

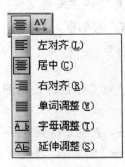

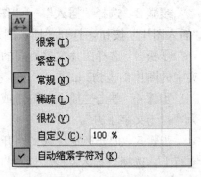

图 3-64 艺术字形状菜单　　　　图 3-65 艺术字对齐　　图 3-66 艺术字字符间距菜单
　　　　　　　　　　　　　　　　　　方式菜单

3. 设置艺术字格式　已经插入文档的艺术字，可以对其格式进行设置，使之更加美观。

　　步骤 1　右击插入的艺术字，再在弹出的快捷菜单中选择"设置艺术字格式"命令；或者先选定艺术字，再选择"格式"→"艺术字"命令；也可单击"艺术字"工具栏的"设置艺术字格式"按钮，都会打开"设置艺术字格式"对话框，如图 3-67 所示。

图 3-67　"设置艺术字格式"对话框

　　步骤 2　通过"颜色与线条"、"大小"、"版式"、"网站"四个选项卡对艺术字进行设置。

　　步骤 3　设置完毕后，单击"确定"按钮。

小贴士：　Word 2003 将艺术字当作图形来处理，"设置艺术字格式"对话框和"设置图片格式"对话框的操作是完全一样的。

　　任务实施：在"萌萌的自我介绍.doc"文档中插入一幅图片，再插入艺术字"自我介绍"作为文档的标题。

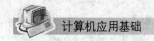

步骤 1   打开"萌萌的自我介绍.doc"文档，将光标定位到文档中要插入图片的位置。

步骤 2   选择"插入"→"图片"→"来自文件"命令，或单击"图片"工具栏上的"插入图片"按钮，打开"插入图片"对话框。

步骤 3   选择图片文件所在的位置、文件名，这里选择"素材"文件夹下"图片"文件夹中的图片：人物.jpg。

步骤 4   单击"插入"按钮或直接双击图片，将图片插入到文档尾部，并设置"版式"为"衬于文字下方"。

步骤 5   把光标定位到文档开头，按回车键插入一个空行，并把光标移动到刚才插入的空行上，选择"插入"→"图片"→"艺术字"命令，或者单击"绘图"工具栏的"插入艺术字"按钮，打开"艺术字库"对话框。

步骤 6   在对话框中选择第五行第四列的样式，单击"确定"按钮后将打开"编辑'艺术字'文字"对话框，输入"自我介绍"四个字，单击"确定"按钮，艺术字即可插入到文档中。

步骤 7   单击选定艺术字，在出现的"艺术字"工具栏中单击"艺术字形状"按钮，在弹出的下拉列表框中选择"波形 2"（参看图 3-63、图 3-64），设置"版式"为"四周型"。

步骤 8   光标移动到文本开头，按回车键插入空行，把鼠标移动到艺术字上，拖曳艺术字至合适位置，使艺术字成为文档的标题，效果如图 3-68 所示。

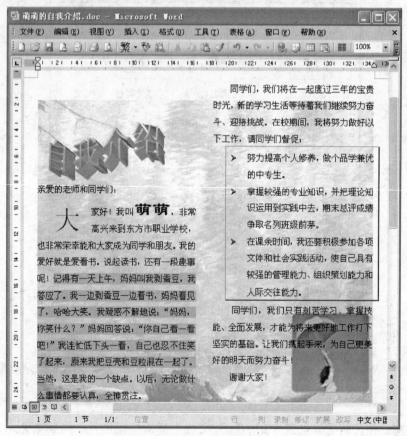

图 3-68   效果图

步骤 9　保存文档并退出 Word 2003。

3.3.3　插入文本框

文本框是一种可移动、大小可调整的文本或图形容器，可以放在页面的任意位置上。可用于在页面上放置多块不同格式的文本，也可用于为文本设置不同于文档中其他文本的文字排列方向。灵活使用 Word 2003 的文本框对象，可以将文字和其他图形、图片、表格等对象在页面中独立于正文放置并便于定位。

1. 插入文本框　插入文本框的方法与插入图片的方法相同，只是文本框分为"横排"和"竖排"两种格式。

步骤 1　将光标定位在要插入文本框的位置。

步骤 2　单击"绘图"工具栏上的"横排文本框"按钮 或"竖排文本框"按钮 ，或者选择"插入"→"文本框"→"横排"／"竖排"命令，出现一块"在此处创建图形。"画布，光标变为"十"字定位光标，同时弹出"绘图画布"工具栏，如图 3-69 所示。

图 3-69　画布及"绘图画布"工具栏

步骤 3　在画布内单击鼠标可插入一个指定大小的文本框；单击并拖动，可插入一个任意大小的文本框。

步骤 4　在文本框内输入文字。单击文本框外的任意位置，完成文本框的插入。

小贴士：　选择"工具"→"选项"命令，打开"选项"对话框，选择"常规"选项卡，取消对"插入自选图形时自动创建绘图画布"复选框的选择，则在插入文本框时就不会再出现绘图画布了。

2. 编辑文本框　对于已经插入文档的文本框，可以根据需要进行编辑。

步骤 1　右击插入的文本框，再选择快捷菜单中的"设置文本框格式"命令；或者先选定文本框，再选择"格式"→"文本框"命令，都会打开"设置文本框格式"对话框，如图 3-70 所示。

步骤 2　通过"颜色与线条"、"大小"、"版式"、"文本框"、"网站"五个选项卡对文本

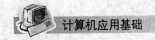

框进行设置。

"颜色与线条"选项卡：在"线条颜色"框中选择边框的颜色。如果不想显示文字周围的边框，则把线条颜色设置为"无线条颜色"。还可以选择线条的线型、粗细和虚实。

"文本框"选项卡：如图3-71所示。可以设置文本框的内部边距。当文本框比较小时，可以设置文本框中文字与边框间的距离为0，这样较小的文本框就可以多输入一些文字。

"大小"和"版式"选项卡的用法与图片的设置是一样的。

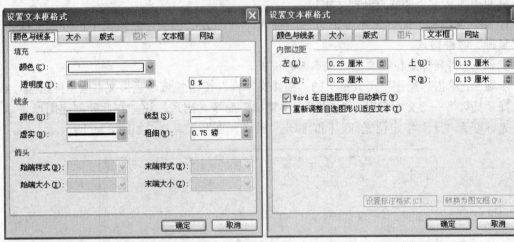

图3-70　"设置文本框格式"对话框　　　　图3-71　"文本框"选项卡

步骤3　设置完毕后，单击"确定"按钮。

小贴士：　在"设置文本框格式"对话框的"颜色与线条"选项卡中，单击"填充颜色"下拉框，选择"填充效果"，如图3-72所示，打开"填充效果"对话框，如图3-73所示。在"填充效果"对话框中，通过"渐变"、"纹理"、"图案"、"图片"四个选项卡，可以为文本框填充别具一格的填充效果。

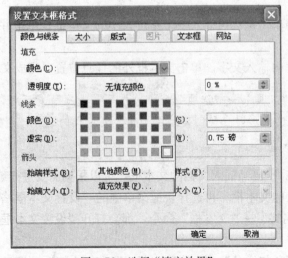

图3-72　选择"填充效果"

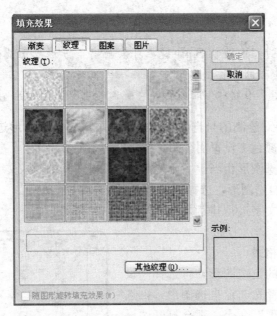

图 3-73 "填充效果"对话框

3.3.4 绘制图形

在 Word 中不仅可以插入图片、艺术字、文本框,还可以绘制图形。Word 2003 中的"绘图"工具栏提供了一系列绘图工具,利用这些工具可轻松绘制直线、箭头、矩形、椭圆等基本图形,还可以绘制所需的自选图形。

1. 插入自选图形 在工具栏的任意位置右击鼠标,在快捷菜单中选择"绘图"命令,或者单击"常用"工具栏上的"绘图"按钮 ,均可弹出"绘图"工具栏,如图 3-74 所示。

图 3-74 "绘图"工具栏

绘图工具栏上的 按钮分别用来绘制直线、箭头、矩形和椭圆等基本图形。在 Word 2003 中除了可以绘制基本图形外,还可以绘制自选图形。

步骤 1 单击"绘图"工具栏上的"自选图形"右边的箭头,弹出"自选图形"下拉菜单,如图 3-75 所示。

步骤 2 自选图形包括线条、连接符、基本形状、箭头总汇、流程图等八类图形,单击选择所需自选图形。

步骤 3 将鼠标指针移到要插入图形的位置,按下鼠标左键并拖动到合适的大小

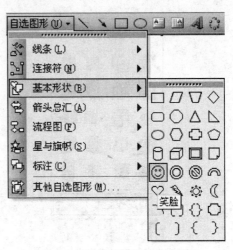

图 3-75 "自选图形"下拉菜单

即可。

> **小贴士：** 在绘制过程中按住 Shift 键，可以画出正方形或正圆；按住 Ctrl 键，则可以画出以起始点为中心点的各种图形。
>
> 用户须在页面视图下绘制和编辑图形，在普通视图下不显示绘制的图形。

2. 编辑图形 如果对绘制的自选图形不满意，可以对自选图形进行修改、编辑。如改变填充颜色、改变线条颜色、设置阴影和三维效果、添加文字等。

（1）添加文字。自选图形相当于一个文本框，可以在其中输入文字。

步骤 1 鼠标右击自选图形，选择"添加文字"命令。

步骤 2 对输入的文字进行排版，效果如图 3-76 所示。

（2）设置自选图形格式。

步骤 1 右击绘制的自选图形，再选择"设置自选图形格式"；或者先选定自选图形，再选择"格式"→"自选图形"命令，都会打开"设置自选图形格式"对话框。

步骤 2 通过"颜色与线条"、"大小"、"版式"、"文本框"、"网站"五个选项卡对自选图形进行设置。

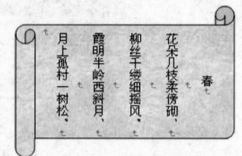

图 3-76　自选图形添加文字后的效果

步骤 3 设置完毕后，单击"确定"按钮。

"设置自选图形格式"对话框与"设置文本框格式"对话框的操作完全一样。

（3）为图形添加阴影。用户可以给图形添加阴影，还能够改变阴影的方向和颜色。

步骤 1 选中要添加阴影的图形。

步骤 2 单击"绘图"工具栏上的阴影样式按钮，弹出阴影菜单，如图 3-77 所示。

步骤 3 选择一种样式，便可得到阴影效果，如图 3-78 所示。

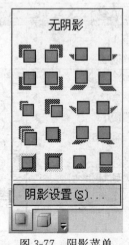

图 3-77　阴影菜单

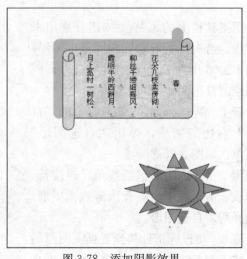

图 3-78　添加阴影效果

> **小贴士:** 如果要改变阴影的偏移和颜色,可以单击阴影菜单中的"阴影设置"按钮,
> 弹出"阴影设置"工具栏,如图 3-79 所示。
>
> 要使阴影上、下、左、右偏移,分别单击四个按钮
> ▯▮▯▯。要改变阴影的颜色,单击"阴影颜色"按钮▮·
> 右边的向下箭头,从中选择合适的颜色;如果要去掉选定图
> 形的阴影,可单击阴影菜单中的"无阴影"命令。

图 3-79   "阴影设置"工具栏

(4) 为图形添加三维效果。

步骤 1   选中要添加三维效果的图形。

步骤 2   单击"绘图"工具栏上的三维效果样式按钮▮,弹出三维效果菜单,如图 3-80
所示。

步骤 3   选择一种样式,便可得到三维效果,如图 3-81 所示。

图 3-80   三维效果菜单

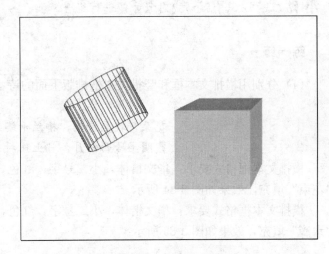

图 3-81   三维效果图

> **小贴士:** 如果要改变三维效果的颜色和角度等,可选择"三维效果"→"三维设置"
> 命令,弹出"三维效果"工具栏进行设置。

(5) 组合与取消组合。如果用户绘制了一个由若干基本图形构成的完整图形,在移动此
图形时可能会发生错位,组合功能可以将多个图形组合为一个图形,便于移动等操作。

步骤 1   在绘图画布中,按住鼠标左键拖动,或者按住 Shift 键依次单击每个图形,都
可以同时选定需要组合的图形,如图 3-82 所示。

步骤 2   右击任意一个图形的尺寸控点,从快捷菜单中选择"组合"→"组合"命令,
便可将选中的图形组合为一个图形,只有八个控点,如图 3-83 所示。

要取消组合只需右击要取消组合的图形,在弹出的快捷菜单中选择"组合"→"取消组
合"命令即可。

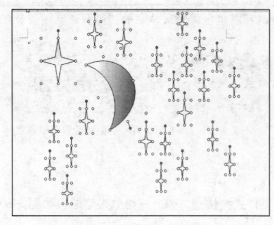

图 3-82　选定需要组合的图形　　　　图 3-83　组合后的图形

小贴士： 只有浮动式对象才能进行组合。

练一练：

（1）分别用横排文本框和竖排文本框排版下面的诗：

春

花朵几枝柔傍砌，柳丝千缕细摇风。

霞明半岭西斜月，月上孤村一树松。

横排文本框格式要求：华文楷体，小二号字，红色，阴文，居中对齐，无边框，背景用"花束"填充，效果如图 3-84 所示。

横排文本框格式要求：华文楷体，小二号字，红色，阳文，居中对齐，无边框，背景用"水滴"填充，效果如图 3-85 所示。

图 3-84　横排文本框效果图　　　　　图 3-85　竖排文本框效果图

（2）参照图 3-86 画一枚鸡蛋：

图 3-86

提示：画椭圆→填充颜色（茶色）→设置填充效果（使用"渐变"→"双色"→"中心辐射"）→设置阴影（阴影样式 19）。

任务 4　在文档中插入、美化表格

表格可以简洁直观地表达数据。在日常生活中可以看到各种各样的表格，如课程表、成绩单、个人简历等。在 Word 2003 中，不仅可以创建表格，还可以编辑表格和对表格进行计算、排序，使表格美观、布局合理。在制作好了一篇图文并茂的 Word 文档后，萌萌又开始学习向文档中插入表格了。让我们一起跟随萌萌学习吧。

3.4.1　建立表格

1. 使用菜单命令创建
步骤 1　将光标定位于要插入表格的位置。
步骤 2　选择"表格"→"插入"→"表格"命令，打开"插入表格"对话框，如图 3-87 所示。
步骤 3　在"表格尺寸"区域输入列数和行数。也可以单击右边的上、下箭头来改变行和列的数目。
步骤 4　在"自动调整"操作区域，可以设置每列的宽度。此操作区域有三个单选按钮：固定列宽、根据内容调整表格、根据窗口调整表格，可根据需要进行选择。
步骤 5　单击"自动套用格式"按钮，可选择一种预设的样式来快速格式化生成的表格。
步骤 6　单击"确定"按钮。

小贴士：　表格中的每个由行列交叉形成的方格称为"单元格"，按上述方法插入的表格的插入点位于表格第一行第一列的单元格中，用户可以向里面输入数据，这是"先画表后填数据"的制表方法。

2. 使用"插入表格"工具按钮创建
步骤 1　将光标定位于要插入表格的位置。
步骤 2　单击"常用"工具栏中的"插入表格"按钮，在该按钮下方出现一个示意表

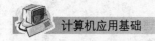

格。按住鼠标左键在示意表格中拖动，以选择表格的行、列数。被选择的网格单元呈高亮显示，同时在示意表格下方显示相应的行、列数，如图3-88所示。

步骤3　松开鼠标左键，即完成表格的插入。

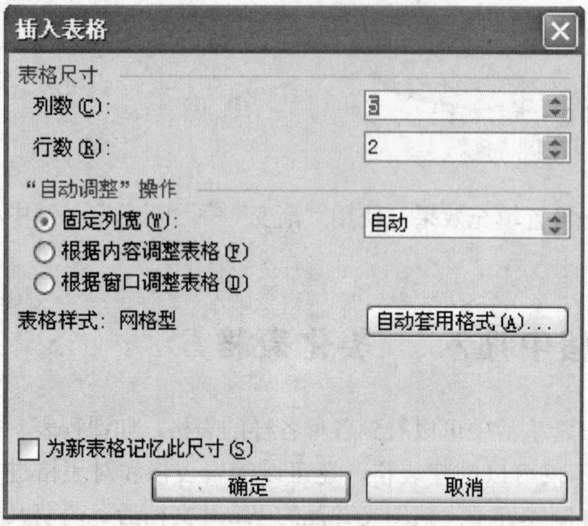

图3-87　"插入表格"对话框 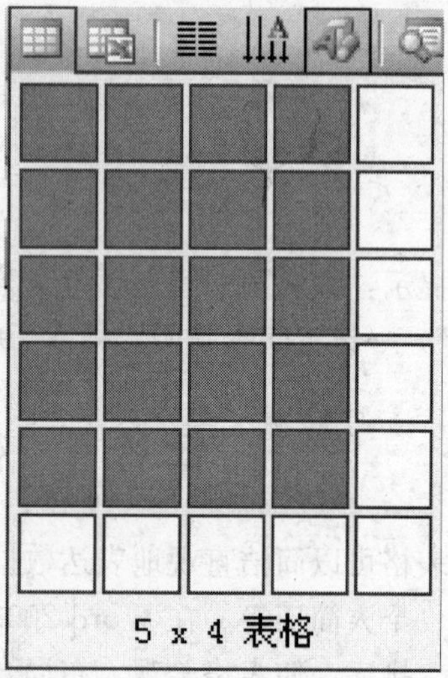　　　　　　　图3-88　拖动鼠标设置表格行、列数

小贴士：　使用"插入表格"按钮创建表格尽管方便快捷，但是在行、列数上有一定的限制，因此适合创建规模较小的表格。

3. 使用"表格和边框"工具栏自由创建　在Word 2003中，可以像使用铅笔和橡皮一样随心所欲地绘制复杂的、不规则的表格。

步骤1　单击"常用"工具栏上的"表格和边框"按钮，或者选择"表格"→"绘制表格"命令，弹出"表格和边框"工具栏，如图3-89所示。

图3-89　"表格和边框"工具栏

步骤2　单击其中的"绘制表格"按钮，鼠标指针变成笔形。

步骤3　在要插入表格的位置按住鼠标左键从左上角拖到右下角，拖出大小合适的矩形框，松开鼠标左键，即画出表格的外框。

步骤4　在表格外框内需要画线的位置按住鼠标左键横向、纵向拖动画线，绘制表格的各行各列。

步骤 5　绘制好表格后，再次单击"绘制表格"按钮，鼠标指针恢复正常形状，结束绘制。

> **小贴士**：　在用此方法绘制表格过程中，画错线时可单击"表格和边框"工具栏上的"擦除"按钮 ，此时鼠标指针变成橡皮形状，在要擦除的框线上单击即可擦除该框线，或按住鼠标左键拖动选取要删除的框线，松开鼠标后，被选定的框线即被删除。

3.4.2　调整表格的列宽和行高

创建表格时，Word 2003 自动将表宽设置为页宽，列宽设置为等宽，行高设置为等高。根据需要，我们可以对它们进行调整。

1. 使用鼠标调整　此方法适用于对行高或列宽要求不精确的情况。

步骤 1　将鼠标移到要调整列宽的列线上或行高的行线上，按住鼠标左键，鼠标指针变成 或 ，同时列线上或行线上出现一条虚线。

步骤 2　拖动鼠标，调整到所需的列宽或行高。

> **小贴士**：　在调整列宽时，如果直接拖曳鼠标，表格线相邻两列宽度改变，整个表格宽度不变；如果先按下 Ctrl 键，再拖曳鼠标，则表格线左侧各列宽不变，右侧各列按比例改变，整个表格宽度不变；如果先按下 Shift 键，再拖曳鼠标，则当前列宽改变，其他列宽均不变，整个表格宽度也改变。
>
> 在调整整个表格尺寸时，如果先按下 Shift 键，则表格只能按比例改变。

2. 使用菜单命令调整　如果要精确地设置表格的列宽或行高，可使用菜单命令调整。

步骤 1　选定要调整的列或行。

步骤 2　选择"表格"→"表格属性"命令，或者右键单击选定的行或列，选择"表格属性"命令，均可打开"表格属性"对话框，如图 3-90 所示。

步骤 3　在"表格属性"对话框中的各选项卡中精确设置表格的宽度、行高、列宽、单元格宽度。

步骤 4　单击"确定"按钮。

图 3-90　"表格属性"对话框

> **小贴士**：　如果要将选定的多个相邻并且列宽不等的列或行高不等的行设置成相等的列宽或行高，可以选定这些行或列，选择"表格"→"自动调整"→"平均分布各列"或"平均分布各行"命令，或者单击"表格和边框"工具栏中的"平均分布各列"按钮 或"平均分布各行"按钮 ，可以使每一列的宽度或每一行的高度相同。

3.4.3 删除或插入单元格、行或列

1. 删除单元格、行或列。

（1）删除单元格。

步骤 1 选定要删除的单元格。

步骤 2 右键单击选定单元格，在弹出的快捷选单中选择"删除单元格"，或者选择"表格"→"删除"→"单元格"命令，均会打开"删除单元格"对话框，如图 3-91 所示。

步骤 3 选中某一单选按钮。如果选中"右侧单元格左移"，则删除选定的单元

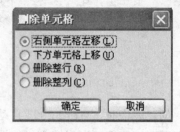

图 3-91 "删除单元格"对话框

格左移；如果选中"下方单元格上移"，则删除选定的单元格后下方的单元格上移；如果选中"删除整行"；则删除包含所选单元格的所有行后下方的行上移；如果选中"删除整列"，则删除包含所选单元格的所有列后右侧的列左移。

步骤 4 单击"确定"按钮。

（2）删除行、列、表格。

步骤 1 选定要删除的行、列或表格。

步骤 2 如果要删除行或列，则右键单击选定的行或列，从弹出的快捷菜单中选择"删除行或删除列"命令；或者选择"表格"→"删除"→"行"或"列"命令。如果要删除表格，则选择"表格"→"删除"→"表格"命令即可。

2. 插入单元格、行或列

（1）插入单元格。

步骤 1 选定要插入单元格的位置。

步骤 2 选择"表格"→"插入"→"单元格"命令，打开"插入单元格"对话框，如图 3-92 所示。

步骤 3 选中某一单选按钮。如果要在选定单元格左边插入新单元格，则选中"活动单元格右移"单选按钮；如果要在选定单元格上方插入新单元格，则选中

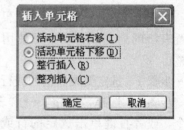

图 3-92 "插入单元格"对话框

"活动单元格下移"单选按钮；如果要在选定单元格上方插入一行或数行，则选中"整行插入"单选按钮；如果要在选定单元格左边插入一列或数列，则选中"整列插入"单选按钮。

步骤 4 单击"确定"按钮。

（2）插入行、列。

方法 1 使用菜单插入：

步骤 1 选定要插入行或列的位置。

步骤 2 选择"表格"→"插入"→"行（在上方）/行（在下方）"或"列（在左侧）/列（在右侧）"命令，即可按所选命令插入行或列。

方法 2 使用快捷菜单插入：

步骤 1 选定要插入行或列的位置。

步骤 2 右键单击选定的行或列，在弹出的快捷菜单中选择"插入行"或"插入列"命令，即可在所选行的上方或所选列的左侧插入行或列。

> **小贴士：** 在插入单元格、行或列的操作中，所选单元格、行或列的数目应与所要插入的单元格、行或列的数目相同。如果要在表格末尾快速添加一行，则单击最后一行的最后一个单元格，然后按 Tab 键即可。

3.4.4 合并、拆分单元格

在进行表格编辑时，Word 2003 可以把多个单元格合并成一个，或者把一个单元格拆分成多个单元格，从而制作出复杂的表格。

1. 合并单元格 选定需要合并的单元格，使用以下三种方法的任何一种均可达到合并单元格的效果。

方法 1 单击"表格和边框"工具栏上的"合并单元格"按钮。

方法 2 选择"表格"→"合并单元格"命令。

方法 3 右键单击选定的单元格，从弹出的快捷菜单中选择"合并单元格"命令。

> **小贴士：** 如果要将同一列中的若干单元格合并成纵跨若干行的纵向表格标题，可选择"格式"→"文字方向"命令来改变标题文字的方向。

2. 拆分单元格

步骤 1 选定需要拆分的单元格。

步骤 2 单击"表格和边框"工具栏上的"拆分单元格按钮"按钮，或选择"表格"→"拆分单元格"命令，也可右键单击选定的单元格，从弹出的快捷菜单中选择"拆分单元格"命令，均可打开"拆分单元格"对话框，如图 3-93 所示。

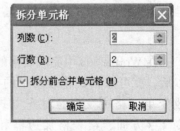

图 3-93 "拆分单元格"对话框

步骤 3 在"列数"和"行数"文本框中，分别输入每个单元格要拆分成的列数与行数。

步骤 4 单击"确定"按钮，即可按要求拆分所选的单元格。

> **小贴士：** 在"拆分单元格"对话框中，如果想将"列数"编辑框和"行数"编辑框中的数值分别应用于每个所选的单元格，则取消对"拆分前合并单元格"复选框的选择。
>
> 除了拆分单元格外，还可以拆分表格，将插入点定位在要拆开作为第二个表格的第一行上，选择"表格"→"拆分表格"命令，表格也就一分为二了。

任务实施：绘制如表 3-1 所示的表格，并以"学生成绩表．doc"为名保存在 E 盘的"萌萌的文件夹"中。

表 3-1　成绩表

学号	姓名	会计学	统计学	财政学	总分
1	张华	85	83	87	
2	刘永	78	81	77	
3	赵川	79	56	68	
4	高海	87	85	82	
5	王兰	84	81	93	
平均分					

步骤 1　选择"表格"→"插入"→"表格"命令，打开"插入表格"对话框（参见图 3-87），在"列数"文本框中输入数字 6，在"行数"文本框中输入数字 7，单击"确定"按钮。

步骤 2　选中第七行第一列、第二列两个单元格，单击鼠标右键，从弹出的快捷菜单中选择"合并单元格"命令。

步骤 3　将鼠标移到各列的列线或行线上，按住鼠标左键，鼠标指针变成，同时列线上或行线上出现一条虚线，拖动鼠标，调整到合适的列宽。

步骤 4　选中整个表格，选择"格式"→"段落"命令，设置对齐方式为居中对齐。

步骤 5　按表 3-1 中的内容填入数据。

步骤 6　选择"文件"→"保存"命令，打开"另存为"对话框，在"保存位置"后的列表框中选择 E 盘的"萌萌的文件夹"，在"文件名"文本框中输入"学生成绩表"，然后单击"保存"按钮。

3.4.5　设置表格格式

在 Word 2003 中完成表格的制作以后，就可以格式化表格中的文本、改变单元格中文档的对齐方式、改变文字方向、给表格加边框和底纹等，从而美化表格，使之赏心悦目。

1. 设置字符、段落格式　表格中的文本排版和文档中的文本排版方法相同，可以改变文本的字体、字号、字形和文字在表格中的对齐方式等。

Word 2003 表格字符方面的设置一般包括将标题文字设置为比较美观的字体，并对表格的标题进行字体、字号方面的设置。

Word 2003 表格段落方面的设置

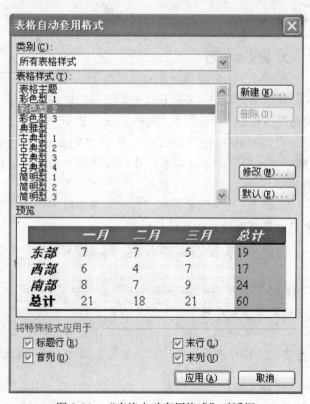

图 3-94　"表格自动套用格式"对话框

一般包括对标题文字的水平对齐方式、缩进及间距等方面的设置。

（1）使用"表格自动套用格式"。Word 2003 预置了许多美观的表格样式，套用这些现成的表格格式可以快速格式化表格。

步骤 1 将插入点定位于表格中的任一单元格。

步骤 2 选择"表格"→"表格自动套用格式"命令，或者单击"表格和边框"工具栏上的"自动套用格式样式"按钮 ，均可打开"表格自动套用格式"对话框，如图 3-94 所示。

步骤 3 在"类别"下拉列表框中选择表格样式，在"预览"区可以看到示例效果。

步骤 4 单击"应用"按钮即可。

> **小贴士**： "表格自动套用格式"对话框列出了 Word 2003 提供的 40 多种表格样式，用户既可套用所选样式的全部格式，也可通过对"特殊格式应用于"区域的选择而套用部分格式，还可以通过单击"修改"按钮对表格格式进行修改，或者通过单击"新建"按钮新建体现自我风格的表格样式。

（2）使用"格式"选单。

步骤 1 选中表格中要改变格式的文本。

步骤 2 选择"格式"→"字体"命令，设置表格内文字的各种格式。

步骤 3 单击"确定"按钮。

步骤 4 选择"格式"→"段落"命令，设置表格内段落的各种格式。

步骤 5 单击"确定"按钮。

（3）使用"表格属性"对话框。

步骤 1 选中要格式化的表格。

步骤 2 选择"表格"→"表格属性"命令，或者右击表格，弹出快捷菜单，选择"表格属性"命令，均可以打开"表格属性"对话框，参见图 3-90。

步骤 3 在"行"（"列"）选项卡中，可以设置选定表格的行高或列宽。

步骤 4 在"单元格"选项卡中，可以设置选定单元格的宽度及其内部文字的垂直对齐方式。

步骤 5 在"表格"选项卡中，可以设置表格的对齐方式和表格与文字的环绕方式等。单击"边框和底纹"按钮，可以打开"边框和底纹"对话框进行设置。

2. 设置单元格对齐方式

步骤 1 单击需要改变对齐方式的单元格。

步骤 2 通过"格式"工具栏上的工具按钮 ，可以设置单元格内文字的水平对齐方式。

步骤 3 单击"表格和边框"工具栏上的"单元格对齐方式"按钮 右边的向下箭头，或者右键单击，从弹出的快捷菜单中选择"单元格对齐方式"命令，均会弹出"单元格对齐方式"菜单，可从此菜单中选择所需的对齐方式，如图 3-95 所示。

3. 设置表格的边框、底纹 表格边框和底纹的设置都

图 3-95 单元格对齐方式菜单

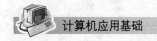

是在"边框和底纹"对话框中进行的。

（1）设置表格边框。

步骤1　将插入点定位到要设置边框的表格中。

步骤2　选择"格式"→"边框和底纹"命令，打开"边框和底纹"对话框，如图3-96所示，选择"边框"选项卡，在"设置"区域选择一种边框样式。

步骤3　在"应用于"列表框选择"表格"选项，表示设置的边框应用于表格。

步骤4　在"设置"区域选择一种边框样式，在"预览"区域可以预览效果。

步骤5　在"线型"列表框选择线型样式，在"宽度"列表框选择线的宽度值。在"颜色"列表框选择边框颜色。Word 2003默认的边框颜色是黑色。

步骤6　单击"确定"按钮，完成表格边框的设置。

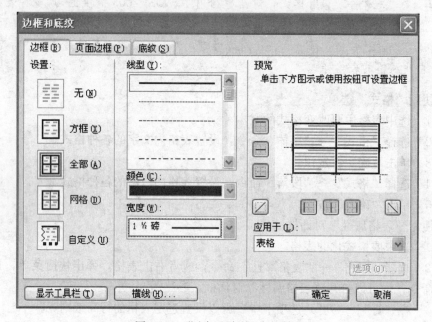

图3-96　"边框和底纹"对话框

（2）设置单元格边框。除了可以给表格加边框外，用户还可以给部分单元格单独加边框。

步骤1　选定要添加边框的单元格。

步骤2　选择"格式"→"边框和底纹"命令，打开"边框和底纹"对话框，选择"边框"选项卡，在"设置"区域选择"自定义"样式。

步骤3　在"应用于"列表框中选择"单元格"。

步骤4　分别在"线型"和"宽度"列表框中选择单元格边框的线型和线宽，然后根据实际需要在"预览"区域中设置单元格边框线。例如，在"预览"区域中单击"底端框线"按钮或单击图示中的下边框线，改变单元格底端框线的线型。

步骤5　单击"确定"按钮，完成单元格边框的设置。

（3）添加底纹。

步骤1　选定要添加底纹的单元格或表格。

步骤 2   选择"格式"→"边框和底纹"命令，打开"边框和底纹"对话框，选择"底纹"选项卡，如图 3-97 所示。

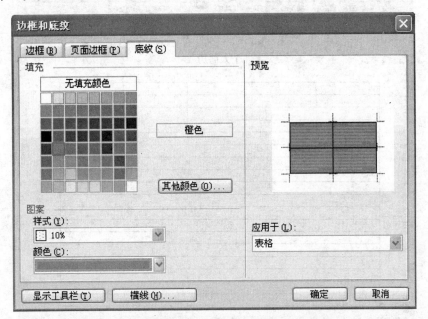

图 3-97   "边框和底纹"对话框的"底纹"选项卡

步骤 3   在"填充"区域中选择需要填充的颜色。

步骤 4   在"应用范围"列表框中选择单元格或表格。

步骤 5   单击"确定"按钮。

任务实施：绘制图 3-2 所示的"个人简历"表格。

步骤 1   启动 Word 2003，输入"个人简历"，并设置格式为宋体，小三，加粗，居中。

步骤 2   将光标定位于要插入表格的位置，选择"表格"→"插入"→"表格"命令，打开"插入表格"对话框，在"表格尺寸"区域输入列数为 5，行数为 18。

步骤 3   单击"确定"按钮，即建立了一张 5 列 18 行的表格。

步骤 4   选中第五列第 1～4 行的四个单元格，从弹出的快捷菜单中选择"合并单元格"命令。选中第五行，将第五行合并为一个单元格；依次将 6～18 行做同样的操作，如图 3-98 所示。

步骤 5   将鼠标移到各列的列线或行线上，按住鼠标左键，鼠标指针变成↔，同时列线上或行线上出现一条虚线，拖动鼠标，调整到合适的列宽。

步骤 6   选中表格的 1～4 行，单击鼠标右键，从弹出的快捷菜单中选择"边框和底纹"命令。在"边框"选项卡中设置边框为"全部"，线型为"实线"，颜色为"深红"，宽度为"1 1/2 磅"，单击"确定"按钮，如图 3-99 所示。

步骤 7   选中表格的第 5、7、9、11、13、15、17 行，单击鼠标右键，从弹出的快捷菜单中选择"边框和底纹"命令。在"底纹"选项卡"填充"区域中设置颜色为"深红"，单击"确定"按钮。选中表格的第 6、8、10、12、14、16、18 行，单击鼠标右键，从弹出的快捷菜单中选择"边框和底纹"命令。在"底纹"选项卡中设置填充"白色"，"图案"中的

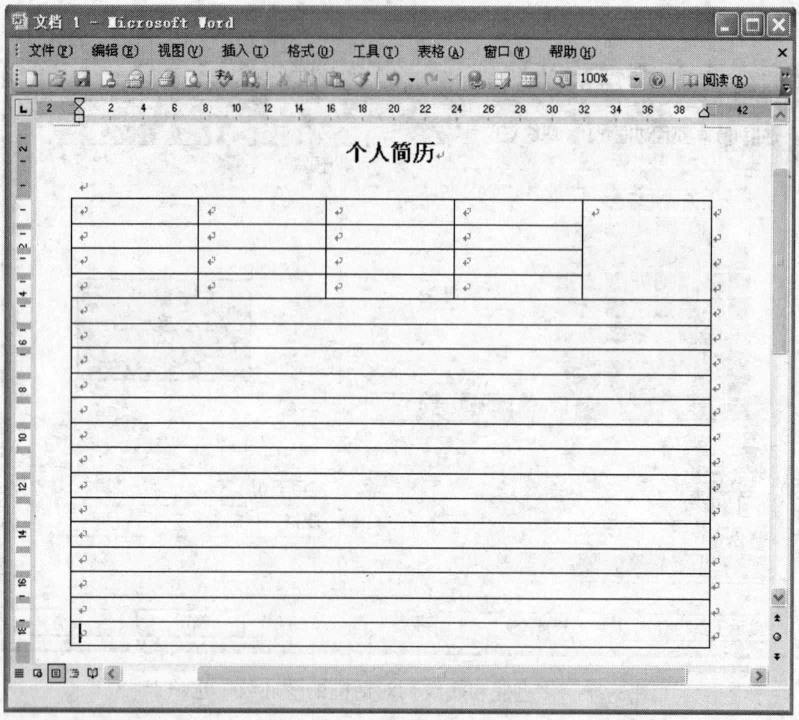

图 3-98　建立表格并合并单元格

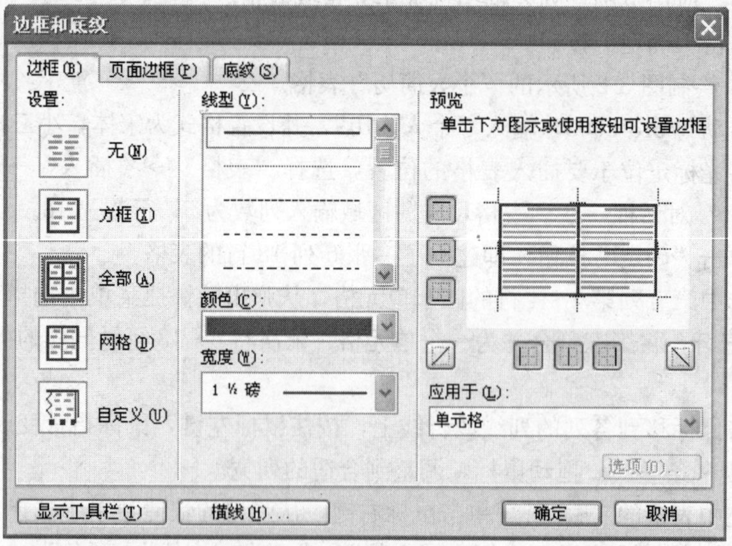

图 3-99　1～4 行边框设置

"样式"为 20％，颜色为"黄色"，单击"确定"按钮，如图 3-100 所示。并把 5～18 行的表格边框设置为"无"。

　　步骤 8　选中 1～4 行，右击鼠标，在快捷菜单中选择"单元格对齐方式"→"中部居中"命令，设置对齐方式为中部居中对齐。

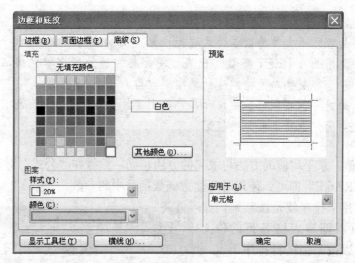

图 3-100 底纹设置

步骤 9 按图 3-2 的内容输入数据，完成后保存 Word 文档，文件名为"个人简历.doc"。

3.4.6 表格数据的排序与计算

在表格中输入数值数据后，可以利用排序功能，将数据作升序或降序排列；也可以利用公式功能，对数值数据进行计算。

1. 数据的计算 在表格中输入相应的公式，便可进行相应的计算。

（1）求和。对表中的数据做加法运算，计算出数据的总和。

步骤 1 打开文档。

步骤 2 将插入点定位到要存放求和结果的单元格中，选择"表格"→"公式"命令，打开"公式"对话框，如图 3-101 所示。

步骤 3 在"公式"栏中输入公式表达式，此处默认的公式为"＝SUM(LEFT)"，如果默认的公式不是求和公式 SUM，可以单击"粘贴函数"下拉按钮，在出现的函数列表中选择 SUM 公式，然后在括号内输入参数。

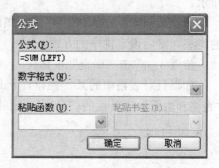

图 3-101 "公式"对话框

步骤 4 在"数字格式"列表中选择数字的格式（如 0.00 表示结果保留两位小数），也可以直接输入。

步骤 5 单击"确定"按钮，则第一个求和计算完毕。

步骤 6 选中第一个求和数值，右击鼠标，在快捷菜单中选择"复制"命令。

步骤 7 选中其他需要求和的单元格，右击鼠标，从弹出的快捷菜单中选择"粘贴"命令。

步骤 8 按下 F9 功能键更新公式的计算结果，便完成对所有求和的计算。

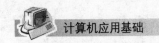

小贴士： 插入公式时，一定要在公式的最左边先输入等号（＝）。若没有等号，系统会按一般的字符处理，不会作为数学公式进行计算。

上面例子中使用的是 LEFT 参数，代表该单元格左边的所有单元格，但不包含非数字单元格，也不包含非数字单元格左边的数字单元格。

若要想快速地对一行或一列数值求和，可选中要放置求和值的单元格，再单击"表格和边框"工具栏中的"自动求和"按钮**Σ**。

（2）求平均值。求平均值的方法与求和的方法相同，只需在"公式"对话框中将选择的函数改为"AVERAGE"即可，使用时要注意函数括号中的参数。

2. 数据的排序 排序就是按某列内容的大小顺序重新调整表格各行的位置。在表格中可以按某列进行排序，也可以按多列进行排序。当按多列排序时，将首先按某一列的大小进行排序，该列称为主要关键字；当主要关键字相同时，再按另一列（称为次要关键字）进行排序，以此类推。同时需要选择排序方向是升序还是降序排列。默认情况下为升序排列。

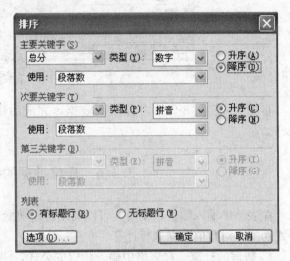

图 3-102 "排序"对话框

步骤 1 将插入点定位到要进行排序的表格内。

步骤 2 选择"表格"→"排序"命令，打开"排序"对话框，如图 3-102 所示。

步骤 3 在"主要关键字"列表中选择排序的主要关键字，在"类型"列表中选择相应的类型，然后设定排序的方式。

步骤 4 单击"确定"按钮。

如果只对表格中的某一列排序，只需将插入点定位于要排序的列中的任意位置，单击"表格和边框"工具栏的"升序"按钮或"降序"按钮即可。

小贴士： 在"排序"对话框中的"列表"区域，若选择"有标题行"单选按钮，数据排序时会避开标题行（第一行）；若选择"无标题行"单选按钮，则整个表格（含第一行）会重新排序。另外，如果表格中有合并后的单元格，则不能排序。

任务实施：计算表 3-1 中每位学生的总分和每学科的平均分，并按学生总分由高到低排列。

步骤 1 打开文档"学生成绩表.doc"。

步骤 2 将插入点定位到第二行中的"总分"单元格中，选择"表格"→"公式"命令，打开"公式"对话框。

步骤 3 在"公式"栏中输入公式表达式，此处默认的公式为"＝SUM(LEFT)"。

步骤 4 单击"确定"按钮,则第一位学生的总分计算完毕。

步骤 5 选中第一位学生总分数值,右击鼠标,选择"复制"命令。

步骤 6 选中其他需要计算总分的单元格,右击鼠标,从弹出的快捷菜单中选择"粘贴"命令。

步骤 7 按下 F9 功能键更新公式的计算结果,便完成对所有学生成绩总分的计算。

步骤 8 将插入点定位到最后一行中的"会计学"一列最下面的单元格中,选择"表格"→"公式"命令,打开"公式"对话框。在"公式"对话框中输入公式"= AVER-AGE(ABOVE)",单击"确定"按钮。

计算好学生总分和学科平均分的学生成绩表如表 3-2 所示。

步骤 9 将插入点定位到进行表格内任意一个单元格中。

步骤 10 选择"表格"→"排序"命令,打开"排序"对话框。

步骤 11 在"主要关键字"列表中选择排序的主要关键字为"总分",在"类型"列表中选择"数字",然后设定排序的方式为降序(参看图 3-101)。

步骤 12 单击"确定"按钮。

表 3-2 计算好结果的学生成绩表

学号	姓名	会计学	统计学	财政学	总分
1	张华	85	83	87	255
2	刘永	78	81	77	236
3	赵川	79	56	68	203
4	高海	87	85	82	254
5	王兰	84	81	93	258
平均分		82.6	77.2	81.4	241.2

学生成绩按总分降序排序后的效果如表 3-3 所示。

表 3-3 按降序排序后的效果

学号	姓名	会计学	统计学	财政学	总分
5	王兰	84	81	93	258
1	张华	85	83	87	255
4	高海	87	85	82	254
2	刘永	78	81	77	236
3	赵川	79	56	68	203
平均分		82.6	77.2	81.4	241.2

练一练:

创建如表 3-4 所示表格,并按要求进行操作,最后将文件以"南方公司电话费.doc"为名进行保存。

表 3-4　南方公司电话费汇总表

部门	办公室	3月份	4月份	5月份
经理室	401	89.00	120.00	87.0
办公室	402	68.00	70.50	58.00
技术科	301	89.00	120.00	73.50
生产科	302	100.00	87.00	89.00
财务科	303	120.00	67.50	67.00
资料室	304	112.00	112.00	112.00
总务科	201	65.00	117.00	67.50
销售科	202	117.00	120.00	117.00
工会	203	59.00	85.00	35.00
一车间	101	60.00	117.00	83.50
二车间	102	90.50	89.00	120.00

（1）在最后一列的右方再增加一列，在第一行新增加的单元格中输入文字"合计"，用公式计算出结果并按"合计"列降序排序。

（2）在表格的最后添加一行，行标题为"总计"跨第一、第二列居中，用公式计算出结果。

（3）将表格外边框设置为 3 磅粗线，内框线设置为 $1\frac{1}{2}$ 磅细线，第一行与第二行之间的横线设置为 3/4 磅双线，第一列与第二列之间的竖线也设置为 3/4 磅双线，所有内容水平、垂直居中（中部居中）。设置第一行文字为三号、加粗，其余各行字号为四号。为第一行添加 25% 的底纹。

最终效果如图 3-103 所示。

部门	办公室	3月份	4月份	5月份	合计
销售科	202	117.00	120.00	117.00	354.00
资料室	304	112.00	112.00	112.00	336.00
二车间	102	90.50	89.00	120.00	299.50
经理室	401	89.00	120.00	87.00	296.00
技术科	301	89.00	120.00	73.50	282.50
生产科	302	100.00	87.00	89.00	276.00
一车间	101	60.00	117.00	83.50	260.50
财务科	303	120.00	67.50	67.00	254.50
总务科	201	65.00	117.00	67.50	249.50
办公室	402	68.00	70.50	58.00	196.50
工会	203	59.00	85.00	35.00	179.00
总计		969.50	1105.00	909.50	2984.00

图 3-103　最终效果

任务5 设置文档页面和打印输出

文档需要打印输出，在打印之前对文档页面进行设置是十分重要的。设置好页面后，可以通过打印预览观察页面设置效果，直到满意后再打印输出。萌萌对自己编辑的文档十分满意，接下来他想把自己编辑的 Word 文档打印出来，向大家展示自己的学习成果。

3.5.1 页面设置

页面设置主要包括页边距、纸张、版式和文档网格设置。

步骤1 选择"文件"→"页面设置"命令，打开"页面设置"对话框，如图 3-104 所示。

步骤2 对页面的各项参数进行设置。

"页边距"选项卡：如图 3-104 所示。在"页边距"区域可设置正文的上、下、左、右边界与页边距的距离，还可以设置装订线与页边距的距离和装订线的位置；在"方向"区域可设定打印方向，即输入文档是纵向排列还是横向排列，通常使用"纵向"打印，如果打印行少列多的扁形表格时，则可采用横向方式；如果想在纸张正反两面设置页边距，使两面对称，可以在"页码范围"区域的"多页"下拉列表框中进行选择，选中"对称页边距"选项。

"纸张"选项卡：如图 3-105 所示。在"纸张大小"区域可选择纸张的大小。如果系统中没有所需要的纸张大小，可以选择"自定义大小"选项，然后在"高度"和"宽度"文本框中输入自定义纸张的尺寸即可。

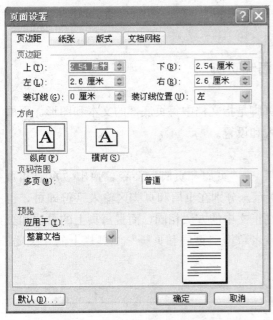

图 3-104 "页面设置"对话框

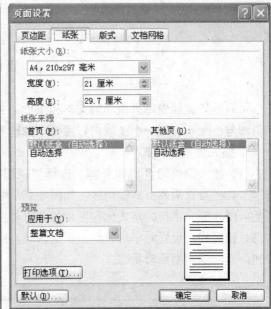

图 3-105 "纸张"选项卡

"版式"选项卡：如图 3-106 所示。用户可以在"节的起始位置"列表框中改变分节符类型；在"页眉和页脚"区域可以设置页眉、页脚的格式及其距边界的距离；在"垂直对齐

方式"列表框中可以选择文本在垂直方向的对齐方式；单击"行号"按钮可以为文档添加行号，以帮助读者阅读；单击"边框"按钮可以为文档添加页面边框。

"文档网格"选项卡：如图 3-107 所示。用户可以设置文字排列方式、分栏数、每行的字数、每页的行数、正文字体、应用范围以及字间距和行间距等。

步骤 3 设置完成后，单击"确定"按钮。

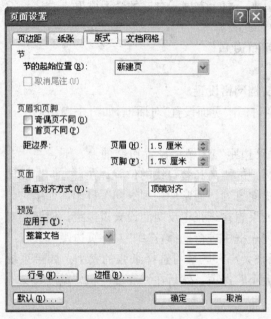

图 3-106 "版式"选项卡   图 3-107 "文档网格"选项卡

3.5.2 页眉和页脚

页眉是指文档中每页顶部的文本和图形，页脚是指文档中每页底部的文本和图形。页眉和页脚与正文不在同一个区域内，需要单独输入和设置。

1. 插入页眉和页脚

(1) 插入简单的页眉和页脚。选择"视图"→"页眉和页脚"命令，弹出"页眉和页脚"工具栏及页眉或页脚编辑区，如图 3-108 所示。分别在页眉和页脚区输入字符即可，也可插入图片等。字符的格式化和图片的编辑与在正文中的方法相同，而且每页上的页眉和页脚都是相同的。设置完毕后，双击正文区域，或者单击"页眉和页脚"工具栏上的"关闭"按钮，返回到文档编辑状态。

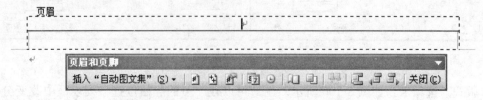

图 3-108 "页眉和页脚"工具栏及其编辑区

小贴士： 在普通视图和大纲视图方式下不能显示页眉和页脚，只有在页面视图下才能看到。创建页眉和页脚必须先切换到页面视图下。

（2）插入奇偶页不同和首页不同的页眉和页脚。

步骤 1　选择"视图"→"页眉和页脚"命令，弹出"页眉和页脚"工具栏及页眉或页脚编辑区，参见图 3-108。

步骤 2　单击"页眉和页脚"工具栏上的"页面设置"按钮，打开"页面设置"对话框，选定"版式"选项卡，参见图 3-106。

步骤 3　在"页眉和页脚"区有两个复选框。选中"首页不同"复选框，表示要在首页上创建不同的页眉或页脚；选中"奇偶页不同"复选框，表示要在奇偶页创建不同的页眉或页脚。

步骤 4　单击"确定"按钮，返回到"页眉和页脚"编辑区。

步骤 5　创建首页上的页眉和页脚。如果不想在首页上显示页眉和页脚，则不输入任何文本。

步骤 6　单击"页眉和页脚"工具栏中的"显示下一项"按钮，创建偶数页上的页眉和页脚。

步骤 7　再单击"页眉和页脚"工具栏中的"显示下一项"按钮，创建奇数页上的页眉和页脚。

步骤 8　设置完毕后，双击文档区域，或者单击"页眉和页脚"工具栏上"关闭"按钮，返回文档编辑状态。

小贴士： 创建页眉和页脚不需要为每一页都进行设置。对某一个奇数页或偶数页设置了页眉和页脚后，则该文档所有的奇数页或偶数页都将发生同样的变化。

2. 编辑页眉和页脚

（1）进入页眉和页脚编辑状态。双击页眉或页脚区域，便进入页眉和页脚编辑状态，即可以对页眉和页脚进行编辑。编辑完毕后，单击"页眉和页脚"工具栏上的"关闭"按钮，即可返回到文档编辑状态。

（2）设置页眉横线。

步骤 1　选择"视图"→"页眉和页脚"命令。

步骤 2　选择"格式"→"边框和底纹"命令，打开"边框和底纹"对话框，选择"边框"选项卡（参见图 3-96）。

步骤 3　在"应用于"下拉列表框中选择"段落"；在"设置"区域中选择选择一种样式，选择"无"可删除页眉横线；在"线型"列表框中选择一种线形；在"宽度"下拉列表框中选择线的宽度；在"预览"区域中单击"下框线"按钮（横线在页眉的下方）或者"上框线"按钮（横线在页眉的上方）。

步骤 4　单击"确定"按钮，页眉中的横线即设置完毕。

（3）删除页眉或页脚。双击页眉或页脚区域，选定页眉或页脚中的文字或图形，按 Backspace 或 Delete 键，即可删除页眉或页脚。

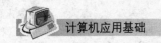

小贴士： 由于在页眉和页脚中已预先设置好制表位，所以可以迅速地将某项内容居中放置或对齐多项内容（例如，将文件名左对齐，将页码右对齐）。如要将某项内容居中放置，可按一次 Tab 键；要右对齐某项内容，按两次 Tab 键。

3.5.3　文档分页

Word 2003 有自动分页功能，当文档满一页时系统会自动插入一个自动分页符并开始新的一页。但自动分页可能会把一些标题放在页面底部，使文档版式不规范，所以 Word 2003 提供了人工分页功能，可使文档未满一页时强制进行分页。

图 3-109　"分隔符"对话框

步骤 1　将光标定位到要分页的位置。

步骤 2　选择"插入"→"分隔符"命令，打开"分隔符"对话框，如图 3-109 所示。

步骤 3　在分隔符类型区域选择"分页符"单选按钮。

步骤 4　单击"确定"按钮。

小贴士： 也可以按组合键 Ctrl＋Enter 开始新的一页。在普通视图下，人工分页符是一条中间带"分页符"字样的虚线，按 Delete 键可以删除人工分页符，而自动分页符是一条水平虚线，没有"分页符"字样，也不能人为删除。

知识链接：分节

节是独立的编辑单位，每一节都可以设置成不同的格式。使用分节符，可以把一个文档划分为若干个彼此独立且具有完全不同的页面格式、段落格式或字符格式的区域。

步骤 1　将光标定位到要分节的位置。

步骤 2　选择"插入"→"分隔符"命令，打开"分隔符"对话框（参见图 3-109）。

步骤 3　在"分节符类型"区域选择一种类型。

"下一页"：插入分节符并分页，新节从下一页开始。

"连续"：插入分节符，新节从同一页开始。

"偶数页"：插入分节符，新节从下一个偶数页开始。

"奇数页"：插入分节符，新节从下一个奇数页开始。

步骤 4　选择完毕后，单击"确定"按钮。

小贴士： 将光标定位到分节符前，按 Delete 键可删除分节符。删除分节符的同时，也删除了该分节符上文本的格式，该文本即成为上一节的一部分，其格式也变为上一节的格式。

3.5.4 设置页码

如果文档页数较多，为便于阅读和查找，或是需要将文章打印输出，以便按页码顺序装订时，就需要为文档设置页码。

步骤1 选择"插入"→"页码"命令，打开"页码"对话框，如图3-110所示。

步骤2 在"位置"下拉列表框中选择页码的位置；在"对齐方式"下拉列表框中选择页码的对齐方式；通过对"首页显示页码"复选框的选择与否来设置首页是否显示页码，如果取消对该复选框的选择，则文档的第一页不插入页码，但第二页的页码仍显示为2。

步骤3 单击"格式"按钮，打开"页码格式"对话框，如图3-111所示。

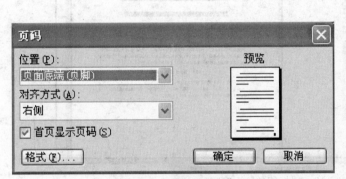

图3-110 "页码"对话框

图3-111 "页码格式"对话框

步骤4 在"数字格式"下拉列表框中选择页码的数字格式。如果页码要包含章节号，可选中"包含章节号"复选框。如果不想使页码从"1"开始，可在"起始页码"框中输入起始页码。

步骤5 单击图3-111中的"确定"按钮，再单击图3-110中的"确定"按钮，即可将页码插入到文档的相应位置。

> **小贴士**： 页码实际上是以图文框的形式插入到每一页中的，如果要删除它，可以在页面视图下双击任一页的页码，进入"页眉"或"页脚"编辑区，选定页码后按 Delete 键删除。

3.5.5 打印文档

打印通常是文档处理的最后一道工序，编辑好一篇文档后，一般都需要打印出来。Word 2003 提供了打印文档的多种方式，既可以打印整篇文档，也可以只打印文档的一部分，还可以双面打印等。

1. 打印预览 文档的排版工作完成后，在打印之前，首先应该通过"打印预览"功能

来查看一下页面的整体效果，以便在打印前进行调整。

步骤1 选择"文件"→"打印预览"命令，或者单击"常用"工具栏上的"打印预览"按钮，均可进入"打印预览"窗口，如图 3-112 所示。

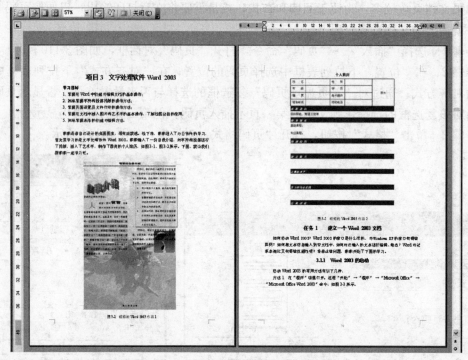

图 3-112 "打印预览"窗口

步骤2 单击"打印预览"工具栏上的"单页"按钮，在"打印预览"窗口中的文档即按单页来显示；单击"多页"按钮，拖动鼠标，选择一屏中显示的页数，如选择了"2×3 页"，则在窗口中显示二行、每行三页、共六页文档；单击"显示比例"下拉列表框，选择一个比例，如 75%，则可按此比例进行显示（也可直接在"显示比例"框中直接输入数字，如 86，按 Enter 键即可）；单击"放大镜"按钮，可以在打印预览窗口直接编辑文档；单击"缩小字体填充"按钮，可以避免文档最后一页只有少数文字的情况发生。

步骤3 预览完毕后，单击"关闭"按钮退出"打印预览"窗口，也可以直接单击"打印预览"工具栏上的"打印"按钮将文档打印出来。

2. 文档打印 文档页面设置完毕，如果对预览效果比较满意，即可以通过打印机将文档打印出来。打印文档时，可以直接单击"常用"工具栏上的"打印"按钮，此时打印机会以默认方式打印出一份完整的文档。如果需要有选择地进行文档打印，则需要使用菜单命令进行相关的打印设置。

步骤1 选择"文件"→"打印"命令，打开"打印"对话框，如图 3-113 所示。

步骤2 单击"打印机"区域内的"名称"下拉列表框，选择合适的打印机。

步骤3 在"页面范围"区域，有三个单选按钮，全部：可打印整篇文档；当前页：可打印插入点所在页的文档；页码范围：打印指定页码范围的文档。输入页码范围时，每两个页码之间加一个英文半角的逗号，连续的页码之间加一个英文半角的连字符即可，如：2，

图 3-113 "打印"对话框

5，12，15-20。

步骤 4 在"副本"区域，设置打印的份数。选中"逐份打印"复选框，则打印完整的一份后再打印另一份，否则将对逐张页码打印相应的份数。

步骤 5 选中"手动双面打印"复选框，则可以正反面打印。打印机先打印出奇数页，然后出现提示信息，按"确定"按钮后在纸张的另一面打印出偶数页。

步骤 6 单击"选项"按钮，弹出"打印"选项卡，如图 3-114 所示。

步骤 7 对图 3-114 所示的对话框中的参数设置完毕后，单击"确定"按钮，返回到如图 3-113 所示的"打印"对话框，单击"确定"按钮，开始打印。

图 3-114 "打印"选项卡

小贴士： 如果计算机没有安装打印机驱动程序，则无法执行"打印"命令，所以在打印文档前，要确认打印机是否与计算机连接，并且已经安装好打印机驱动程序。

任务实施：为"萌萌的自我介绍．doc"文档设置页面：上、下页边距分别为 4 厘米，页眉距边界 3.5 厘米，页脚距边界 3.75 厘米；添加页眉和页脚，页眉内容为"萌萌的自我介绍"，并设置为四号、加粗、隶书、居中显示；页脚内容为"第 X 页 共 Y 页"，最终效果如图 3-1 所示。

步骤 1 打开文档"萌萌的自我介绍．doc"。

步骤 2 选择"文件"→"页面设置"命令，打开"页面设置"对话框，在"页边距"

选项卡中设置正文上、下页边距为"4 厘米";单击"版式",打开"版式"选项卡,设置页眉距边界"3.5 厘米",页脚距边界"3.75 厘米",如图 3-115 所示。

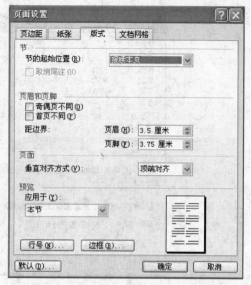

步骤 3 选择"视图"→"页眉和页脚"命令,切换到"页眉和页脚"视图下,在页眉编辑区内输入文字"萌萌的自我介绍";选中"萌萌的自我介绍",设置字体格式为隶书、四号、加粗,设置段落对齐方式为居中对齐,如图 3-116 所示。选择"格式"→"边框和底纹"命令,在"边框"选项卡的"线型"列表框中选择如图 3-116 所示的线型,在"预览"框中选择"下框线",在"应用于"列表框中选择"段落",单击"确定"按钮。

图 3-115 设置页眉、页脚的位置

步骤 4 创建完页眉后,单击"页眉和页

图 3-116 添加页眉

脚"工具栏上的"在页眉和页脚间切换"按钮，切换到页脚编辑区,单击"插入'自动图文集'"下拉列表框,选择"第 X 页 共 Y 页"选项(提示:如果"自动图文集"列表框中全是英文,可先输入一个汉字,再单击"插入'自动图文集'"下拉列表框,完成插入后把先输入的汉字删除即可。)

步骤 5 设置完毕后,双击正文区域,或者单击"页眉和页脚"工具栏上的"关闭"按钮,返回到文档编辑状态。

步骤 6 保存文档并退出 Word 2003。

练一练:

对任务 2 练习中的文字继续做以下操作:

(1) 设置页眉:"现代管理心理学",格式:五号,楷体,居中。在页脚居中位置插入页码,格式为"A,B,C..."；

(2) 为文档加入页码;

(3) 将文档打印三份。

综 合 练 习

1. 单项选择题

(1) 页面设置中不能进行的设置是( )。

A. 纸张大小　　　　B. 页面的颜色　　　　C. 页边距　　　　D. 页的方向

(2) 在 Word 2003 中，"文件"菜单的底部有若干个文件名，其含义是（　　　）。

　　　A. 这些文件目前均处于打开状态　　　　B. 这些文件正在排队等待打印

　　　C. 这些文件最近用 Word 处理过　　　　D. 这些文件在当前目录中，扩展名为 . doc

(3) 在 Word 2003 中，能使文档在屏幕上的显示与打印结果更为接近的视图是（　　　）。

　　　A. 主控文档视图　　B. 大纲视图　　　　C. 页面视图　　　　D. Web 版式视图

(4) 在 Word 2003 中设置打印页码为"3-5，10，12"，表示打印的页码是（　　　）。

　　　A. 3，4，5，10，12　　　　　　　　　　B. 5，5，5，10，12

　　　C. 3，3，3，10，12　　　　　　　　　　D. 10，10，10，12，12，12，12，12

(5) 如果想在 Word 2003 主窗口中显示"常用"工具按钮，应当使用的菜单是（　　　）。

　　　A. "工具"菜单　　　　　　　　　　　　B. "视图"菜单

　　　C. "格式"菜单　　　　　　　　　　　　D. "窗口"菜单

(6) 在 Word 2003 的编辑状态下进行"替换"操作时，应当使用（　　　）。

　　　A. "工具"菜单中的命令　　　　　　　　B. "视图"菜单中的命令

　　　C. "格式"菜单中的命令　　　　　　　　D. "编辑"菜单中的命令

(7) 在 Word 2003 的编辑状态下，执行"编辑"菜单中的"复制"命令后（　　　）。

　　　A. 被选择的内容被复制到插入点处　　　B. 被选择的内容被复制到剪贴板

　　　C. 插入点所在的段落被复制到剪贴板　　D. 插入点所在的段落内容被复制到剪贴板

(8) 在 Word 2003 中，设定打印纸张大小时，应当使用的命令是（　　　）。

　　　A. "文件"菜单中的"打印预览"命令　　B. "文件"菜单中的"页面设置"命令

　　　C. "视图"菜单中的"工具栏"命令　　　D. "视图"菜单中的"页面"命令

(9) 在 Word 2003 的编辑状态下，进行字体设置操作后，按新设置的字体显示的文字是（　　　）。

　　　A. 插入点所在段落中的文字　　　　　　B. 文档中被选定的文字

　　　C. 插入点所在行中的文字　　　　　　　D. 文档的全部文字

(10) 下面对 Word 2003 的叙述中，正确的是（　　　）。

　　　A. Word 2003 是一种电子表格　　　　　B. Word 2003 是一种字处理软件

　　　C. Word 2003 是一种数据库管理系统　　D. Word 2003 是一种操作系统

(11) 在 Word 2003 中，可以利用（　　　）很直观地改变段落的缩进方式，调整左右边界和改变表格的列宽。

　　　A. 菜单栏　　　　B. 工具栏　　　　C. 格式栏　　　　D. 标尺

(12) 在 Word 2003 中，文本的水平对齐方式包括（　　　）。

　　　A. 左对齐、右对齐、两端对齐、居中对齐四种对齐方式

　　　B. 左对齐、右对齐、两端对齐、分散对齐、居中对齐五种对齐方式

　　　C. 对齐方式只有两种方式

　　　D. 对齐方式只有三种方式

(13) 一个 Word 2003 文档的扩展名为（　　　）。

　　　A. txt　　　　　　B. doc　　　　　　C. exe　　　　　　D. com

(14) 在 Word 2003 中，当对文档中的某段文字进行移动时，应首先（　　　）。

A. 把光标移至该段任意位置　　　　　B. 把光标移至该段结尾

C. 把该段移至该段开头　　　　　　　D. 选中该段

(15) 在 Word 2003 的"字体"对话框中，不可设置的是（　　　）。

A. 字间距　　　　　B. 字号　　　　　　C. 删除线　　　　D. 行距

(16) Word 2003 具有分栏功能，下列关于分栏的说法中正确的是（　　　）。

A. 最多可以设四栏　　　　　　　　　B. 各栏的宽度必须相同

C. 各栏的宽度可以不同　　　　　　　D. 各栏之间的间距是固定的

(17) 下列关于 Word 2003 表格的操作说明中，不正确的是（　　　）。

A. 文本能转换成表格　　　　　　　　B. 表格能转换成文本

C. 文本与表格可以相互转换　　　　　D. 文本与表格不能相互转换

(18) 在 Word 2003 的编辑状态下，连续进行了两次"插入"操作，当单击一次"撤消"按钮后（　　　）。

A. 将两次插入的内容全部取消　　　　B. 将第一次插入的内容全部取消

C. 将第二次插入的内容全部取消　　　D. 两次插入的内容都不被取消

(19) 在 Word 2003 的编辑状态下，利用（　　　）菜单中的命令可以选定表格中的单元格。

A. "表格"　　　　B. "工具"　　　　　C. "格式"　　　D. "插入"

(20) 在 Word 2003 的编辑状态下，若需添加项目符号"●"，应使用下列选项中的（　　　）命令。

A. "文件"菜单　　　B. "编辑"菜单　　C. "格式"菜单　　D. "插入"菜单

2. 填空题

(1) Word 2003 文档窗口主要由以下几部分构成：标题栏、_____、各种工具栏、标尺、文档编辑区、滚动条和_____。

(2) 如果要把一篇文稿中的"computer"都替换成"计算机"，应选择"编辑"菜单中的_____命令，在出现的"查找和替换"对话框的"查找内容"栏中输入_____，在"替换为"框中输入_____，然后单击_____按钮。

(3) 用户初次启动 Word 2003 时，Word 2003 打开了一个空白的文档窗口，其对应的文档所具有的临时文件名为_____。

(4) Word 2003 允许用户选择不同的文档显示方式，如"普通"、"页面"、"大纲"、"联机版式"等视图，处理图形对象应在_____视图中进行。

(5) 为了保存文档，需要对输入的文档给定文档名并存盘保存。方法就是选择"文件"菜单的_____命令或_____命令，也可单击工具栏上的"保存"按钮。

(6) 在 Word 2003 中，设定行距和段间距，可在"格式"菜单中选择_____命令。

(7) 首先选定欲删除的文本，然后单击"常用"工具栏的_____按钮，即可删除选定文本。

(8) 当用户在对文档进行编辑操作时，如果对先前所操作的工作不满意，想恢复操作前的状态，可利用工具栏的_____按钮。

(9) 如输入时有错，可按_____键删除插入点右边的一个字符，按_____键删除插入点左边的一个字符，按_____键进行插入状态和改写状态的切换。

（10）表格由一个个小方框排列组成，这些小方框通常称为_____。

（11）关闭文档的方法有四种：单击菜单栏右侧的_____按钮，双击菜单栏左侧的"窗口控制"图标；选择_____菜单下的"关闭"命令，键入组合键_____。

3. 判断题

（1）Word 2003 的"页面设置"中能够设置页边距、纸张类型。　　　（　　）

（2）Word 2003 打印预览时，只能预览一页，不能多页同时预览。　（　　）

（3）在 Word 2003 文档中一个段只能设置一种段落格式。　　　　（　　）

（4）在 Word 2003 文档中一个段可以使用多种汉字字体和修饰。　（　　）

（5）在 Word 2003 中，文档的页面设置一般不是只指当前页面，而是指整个文档的所有页面。　　　　　　　　　　　　　　　　　　（　　）

（6）在 Word 2003 中，段落的首行缩进就是指段落的第一行向里缩进一定的距离。　　　　　　　　　　　　　　　　　　　　　　　　（　　）

（7）Word 2003 只用于文字处理，在文字中无法插入图形或表格。（　　）

（8）在 Word 2003 中进行文本的格式化时，段落的对齐方式可以是靠上、居中和靠下。　　　　　　　　　　　　　　　　　　　　　　（　　）

（9）在 Word 2003 保存新文件时默认路径是"My Documents"。（　　）

（10）比较而言，Word 2003 对艺术字的处理，更类似于对图形的处理，而不同于对字符的处理。　　　　　　　　　　　　　　　　　（　　）

（11）在使用 Word 2003 的查找功能查找文档中的字串时，可以使用通配符。　　　　　　　　　　　　　　　　　　　　　　　　　（　　）

（12）在 Word 2003 的"替换"对话框中，可以同时替换所有找到的字串。（　　）

（13）在 Word 2003 页面视图下显示或关闭页面标尺可以从"视图"菜单中选择"标尺"命令。　　　　　　　　　　　　　　　　　　（　　）

（14）在 Word 2003 文档页面上插入的页码，可以放在页面的页眉位置或页脚位置。　　　　　　　　　　　　　　　　　　　　　　（　　）

（15）Word 2003 中段落标记不仅标明一个段落的结束，同时还带有一个段落的格式编排。　　　　　　　　　　　　　　　　　　　（　　）

（16）在 Word 2003 中，文字分栏就是将一段文字分成并排的几栏，可以在第一栏没有填满时转移到下一栏。　　　　　　　　　　　　（　　）

（17）在 Word 2003 中，设置页面的页边距只能设置左右两边。　（　　）

（18）在 Word 2003 的字符格式化中，可以把选定的文本设置成上标或下标的效果。　　　　　　　　　　　　　　　　　　　　　　（　　）

（19）四号字比三号字大。　　　　　　　　　　　　　　　　　（　　）

（20）32 磅字比 30 磅字大。　　　　　　　　　　　　　　　　（　　）

4. 操作题

（1）录入以下文章，按要求进行操作，最终效果如图 3-117 所示，以"历史的沉思.doc"为名保存文件。

历史的沉思

中华民族，这个古老的民族，拥有五千年的灿烂文明史，长江的波涛黄河的浪，推出了

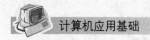

灿若群星的杰出人物，秦汉的日月唐宋的风云，孕育了举世瞩目的四大发明，谁不为之自豪、骄傲？但我们决不能因此而驻足不前！

曾几何时，当炎黄子孙津津乐道于先人的四大发明时，英吉利等国已开始了工业革命，开辟了人类历史的新时代；当华夏儿女正梦呓"天朝上国"时，却被帝国主义的坚船利炮撞开了国门，走进了吞血饮泪屈辱史。这个难道不令所有中国人为之痛心？为之沉思吗？火药、指南针本是咱中国人发明的，却被西洋人用来打开自己的国门，这真是莫大的讽刺啊！

中华民族，这个曾叱咤风云的民族，怎落得如此落后挨打下场？历史的教训让我们警醒：中华文明之所以历经五千年而不衰，是由于华夏先民辛勤劳作，不断探索，不懈进取，不辍创造。而中华民族之所以落伍，是因为陶醉于古人的成就而故步自封，夜郎自大，唯我独尊，以致裹足不前。

图 3-117　效果图

操作要求：

①设置页面：纸张大小：16 开；页边距：上、下各 3 厘米，左、右各 2.5 厘米；页眉距边界 2.25 厘米，页脚距边界 2.5 厘米。

②设置标题（历史的沉思）为：隶书，一号，红色，加粗，居中对齐。

③设置正文字号为小四，第一段宋体，第二段楷体，第三段仿宋、加粗。

④将第三段分为两栏。

⑤为第一、二段添加边框：阴影、双点画线、1 1/2 磅、蓝色，应用于段落；为第三段添加底纹：图案：样式为深色棚架，颜色为淡蓝色。

⑥插入图片，图片文件为"素材"文件夹中的"圆明园 .jpg"，环绕方式为四周型，按效果图调整位置和大小。

⑦在文章的下面插入艺术字"觉醒！"，艺术字样式第二行第五列，字体为华文行楷，加粗，环绕方式为四周型，按效果图调整位置和大小。

⑧添加页眉：左侧为页码，右侧为"警世醒言"，加粗，并添加如图 3-117 所示的下框线。

（2）制作贺年片。练习在 Word 2003 中综合使用文本框、图片、文字进行编辑和排版的技术，制作出如图 3-118 所示的贺年片。

图 3-118 贺年片

（3）练习绘制图形。用"绘图"工具栏上的"自选图形"绘制"十字星"及"二十四角星"。分别设置线条颜色为"浅橘黄"和"蓝色"，环绕方式为"嵌入型"和"四周型"，阴影样式为"阴影样式 20"和"阴影样式 7"，填充颜色为"酸橙色"和"黄色"。最终效果如图 3-119 所示。

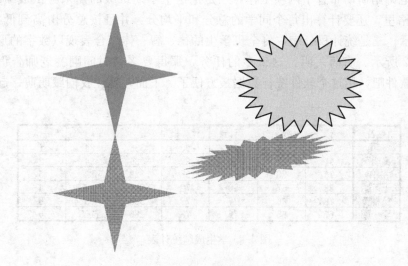

图 3-119 最终效果

项目 4

电子表格处理软件 Excel 2003

学习目标:

(1) 掌握 Excel 2003 的基本操作

(2) 掌握 Excel 2003 中公式与函数的使用方法

(3) 掌握 Excel 2003 中数据的管理方法

(4) 掌握 Excel 2003 中格式化工作表的方法

(5) 掌握 Excel 2003 中图表的使用方法

(6) 掌握 Excel 2003 中图表的预览及打印方法

今天,老师给萌萌布置了两项工作,一是把这个学期班级的期末考试成绩统计出来,放在一个表格里,还要计算出每个同学的总分和平均分,并且按总分由高到低排出名次,如图 4-1 所示;二是统计积分表,将全班学生的德、智、体综合表现以数字的形式统计出来,如图 4-2 所示。萌萌一听,这么多的任务,那得要多长时间啊?老师告诉萌萌,用 Excel 2003 软件吧,用这个软件统计数据最方便了。下面,就让我们跟萌萌一起来学习这个软件吧。

姓名	语文	数学	英语	计算机	总分	平均分	名次
蒋丽	78	87	81	90	336	84	1
冯明飞	91	87	69	89	336	84	2
洪伟	73	88	72	95	328	82	3
王万明	88	67	90	72	317	79.25	4
杨柳青	78	66	77	79	300	75	5
李小鹏	67	65	76	78	286	71.5	6

图 4-1 学生成绩统计表

积分表

姓名	德(30分)	智(平均分*60%)	体(10分)	积分	名次
蒋丽	29.0	50.4	9.0	88.4	1
冯明飞	30.0	50.4	7.0	87.4	2
洪伟	30.0	49.2	8.0	87.2	3
王万明	28.0	47.6	10.0	85.6	4
杨柳青	30.0	45.0	10.0	85.0	5
李小鹏	30.0	42.9	9.0	81.9	6

图 4-2 积分表

任务 1 新建 Excel 2003 工作簿

萌萌到机房启动计算机以后，要做的第一个操作是打开 Excel 2003 软件，这个萌萌有经验，从"开始"菜单启动最为简单，选择"开始"→"所有程序"→"Microsoft Office"→"Microsoft Excel 2003"菜单命令，即可启动 Excel 2003。萌萌一看 Excel 2003 的窗口，高兴极了，和 Word 2003 的操作界面太相似了，那就先熟悉熟悉 Excel 2003 的一些基本操作吧。

4.1.1 Excel 2003 的窗口组成

Excel 2003 窗口由下列区域组成：标题栏、菜单栏、工具栏、名称框、编辑栏、任务窗格、工作表区、状态栏，Excel 2003 的窗口如图 4-3 所示。

图 4-3 Excel 2003 窗口

1. 标题栏 位于窗口的顶端，显示当前正在运行的程序名称及工作簿名称等信息，右侧为"最小化"、"还原/最大化"、"关闭"按钮。

2. 菜单栏 菜单栏包括：文件、编辑、视图、插入、格式、工具、数据、窗口、帮助，共九个菜单。右侧为"最小化"、"还原/最大化"、"关闭"按钮。

3. 工具栏 在 Excel 2003 中，工具栏主要包括一些常用的命令，以方便用户操作。将鼠标放置在相应的按钮上，其下方会显示出该按钮的名称。最常用的工具栏是"常用"和"格式"工具栏。

4. 名称框 显示的是工作表中所选的一个或多个方格（单元格）的名称。我们可以在名称框里为一个或一组单元格定义一个名称，也可以从名称框中直接选择定义过的名称来选中相应的单元格。

5. 编辑栏 名称框的右边是编辑栏。选中单元格后可以在编辑栏中输入单元格的内容，如公式或文字及数据等。

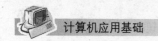

6. 任务窗格　任务窗格在默认情况下位于窗口的右侧。单击任务窗格右侧的下拉箭头，从弹出的下拉菜单中可以选择其他任务窗格。

7. 工作表区　在工作窗口中由多个单元格组成的区域就是工作表区，其中还包括行号（共 65536 行）、列标（共 256 列）、工作表标签、滚动条等。

8. 状态栏　状态栏位于 Excel 2003 窗口的底部，用来显示当前工作表的工作状态。

> **小贴士：** 通常不能看到工具栏的全部内容，此时单击工具栏右边的箭头，会弹出一个面板，从面板中可以选择所需要的功能按钮。
>
> 也可以移动菜单栏和工具栏的位置，将鼠标指向菜单栏或工具栏左端边缘，鼠标指针变为移动的形状时，拖动鼠标，菜单栏的位置就随鼠标移动，可以把它放在界面的任意位置。

4.1.2　Excel 2003 的基本概念

工作簿是 Excel 2003 用来运算和存储数据的文件，每个工作簿可以包含最多 255 个工作表，工作表中又包含众多单元格，因此在创建工作簿之前，先介绍一下工作簿和工作表的基本概念，以便于后面内容的学习。

1. 工作簿　Excel 2003 是以工作簿为单位处理和存储数据的。工作簿文件是 Excel 2003 存储在磁盘上的最小独立单位。它由多个工作表组成，系统默认有三个，分别为 sheet1、sheet2、sheet3。在 Excel 2003 中数据和图表都是以工作表的形式存储在工作簿文件中的。

2. 工作表　工作表是单元格的集合，是 Excel 2003 进行一次完整作业的基本单位，通常称作电子表格。若干工作表组成一个工作簿。在工作簿窗口中工作表是通过工作表标签来标识的，用户可以在工作簿中单击不同的工作表标签来进行工作表的切换。一个工作簿文件中只有一个工作表是当前活动的工作表。

3. 单元格　单元格是工作表中的小方格，是工作表的基本元素，也是可以独立操作的最小单位。单元格的位置由它所在的行号和列标来确定，如："E3"是第 E 列和第三行交汇处的小方格。如果表示一个单元格区域，则在两个单元格名称的中间用冒号分隔。如：A1：D5 表示从 A1 单元格到 D5 单元格的一个矩形区域。

4.1.3　创建工作簿

新建一个空白工作簿常用如下几种方法：

方法 1　启动 Excel 2003 后，系统会自动新建一个空白工作簿，工作簿默认名称为"Book1.xls"。

方法 2　若已经打开 Excel 2003 工作窗口，可以单击"常用"工作栏上的"新建"按钮；或使用快捷键 Ctrl＋N 新建工作簿。也可以选择"文件"→"新建"命令，在右边弹出的任务窗格中选择"新建空白工作簿"。

4.1.4　保存工作簿

当完成对一个工作簿文件的建立、编辑后，需要将其保存起来。文件的保存非常重要，虽然 Excel 2003 有自动恢复功能，但不能代替用户的存盘操作。为了更好地保存文件，用户一定要养成良好的操作习惯，在编辑过程中随时保存工作簿。

1. 保存新建工作簿　选择"文件"→"保存"命令或使用快捷键 Ctrl＋S，打开"另存为"对话框，如图 4-4 所示，在"保存位置"栏中指定保存工作簿的位置，在"文件名"栏中键入工作簿文件名，在"保存类型"栏中指定相应的文件类型。再单击"保存"按钮，即可完成新建工作簿文件的保存。

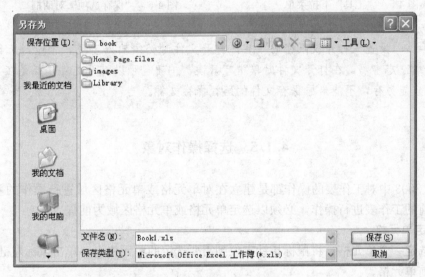

图 4-4　"另存为"对话框

小贴士：　新工作簿在保存时，如果不输入文件名称，会以默认的工作簿名称保存。默认名称为 Book1.xls。

2. 保存已有工作簿　对已有工作簿进行编辑修改后进行保存，方法同新建工作簿的保存，只是不再出现"另存为"对话框，系统会按照原来的工作簿的保存位置、文件名与文件类型进行保存。

3. "另存为"操作　新建工作簿选择"保存"和"另存为"是完全相同的操作。对于已有工作簿，选择"另存为"命令可以改变文件保存的位置，或者以新的工作簿名称保存。

4. 工作簿加密　为了防止其他用户浏览、修改或删除用户的工作簿，可以对工作簿进行保护。方法是通过在打开或保存工作簿时输入密码来实现，也可以建议他人以只读方式打开工作簿。为工作簿文件设置打开密码的方法如下：

选择"工具"→"选项"命令，打开"安全性"选项卡，或选择"另存为"对话框中的"工具"下拉菜单的"常规选项"命令，如图 4-5 所示，在打开的"保存选项"对话框中进

行设置，如图 4-6 所示。

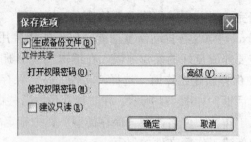

图 4-5　"工具"下拉菜单　　　　　图 4-6　"保存选项"对话框

小贴士： 设置"打开权限密码"后，打开文件时必须输入密码，才能对工作簿进行编辑。如果遗忘密码，在打开文件时单击"只读"按钮也可以打开文件，但是在文档中修改数据后只能另存，不能沿原保存文件的路径保存文件。

4.1.5　选择操作对象

Excel 2003 中对工作表的操作都是建立在对单元格或单元格区域进行操作的基础上的，所以对当前的工作表进行操作，必须以选定单元格或单元格区域为前提。

1. 选定单元格

（1）选定一个单元格。将鼠标指针定位到需要选定的单元格上，单击鼠标左键，该单元格即为当前单元格。

（2）选定一个单元格区域。先用鼠标单击该区域左上角的单元格，拖动鼠标到区域的右下角后释放鼠标左键即可。或用鼠标单击该区域左上角的单元格后，按住 Shift 键再单击右下角的单元格。要取消单元格区域的选择，只要单击任一单元格。

（3）选定多个不相邻的单元格区域。选定第一个单元格区域，接着按住 Ctrl 键，用鼠标选定其他单元格区域。

2. 选择整行　单击工作表中的行号。

3. 选择整列　单击工作表中的列标。

4. 选择相邻的行或列　在工作表行号或列标上按鼠标左键，拖动选定要选择的所有行或列。

5. 选择不相邻的行或列　单击第一个行号或列标，按住 Ctrl 键，再单击其他行号或列标。

6. 选择整个工作表　单击工作表行号和列标交叉处的矩形块，即全选按钮。

4.1.6　建立并编辑工作表

在默认情况下，启动 Excel 2003 之后就自动打开了一个工作簿 Book1，其内最多可保存

255 张工作表。但在默认情况下，它只包含三张工作表。根据个人需要，可以设定工作簿内默认工作表的个数：选择"工具"→"选项"命令，在打开的"选项"对话框的"常规"选项卡中设定。

1. 工作表的移动　在工作表标签上单击鼠标右键，在弹出的菜单中选择"移动或复制工作表"命令，打开"移动或复制工作表"对话框，选择要移动到的位置，单击"确定"按钮即可，如图 4-7 所示。

2. 工作表的复制　在工作表标签上单击鼠标右键，在弹出的菜单中选择"移动或复制工作表"命令，打开"移动或复制工作表"对话框，勾选下面的"建立副本"，选择要复制到的位置，单击"确定"按钮即可，如图 4-8 所示。

3. 工作表的删除、插入、重命名　在工作表标签上单击鼠标右键，在弹出的菜单中选择"插入"、"删除"或"重命名"命令，即可完成相应操作，如图 4-9 所示。

　　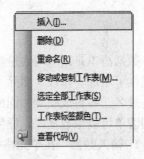

图 4-7　移动工作表　　　　图 4-8　复制工作表　　　　图 4-9　工作表的操作

小贴士：　在图 4-9 中选择"工作表标签颜色"命令，可以改变工作表的标签颜色，更方便区分不同的工作表。

练一练：

（1）练习创建工作簿的各种不同方法。

（2）启动 Excel 2003，熟悉 Excel 2003 的窗口构成，熟练操作工作栏的显示与隐藏。

（3）新建工作簿，将工作簿保存到 D 盘"我的作业"文件夹中，文件名为"练习 1. xls"，为"练习 1. xls"设置打开密码。关闭文件后，重新打开该文件。

（4）在工作表中进行选定操作练习。

①选定 H4 单元格。

②选定 A3：E12 单元格区域。

③选定第二行。

④选定 C 列。

⑤选定 2～6 行。

⑥选定 B 列、E 列和 F 列。

⑦选择整个工作表。

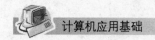

（5）启动 Excel 2003，进行以下操作：

①设定工作簿内默认工作表的个数为六个（提示：使用"工具"→"选项"命令，在"选项"对话框的"常规"选项卡中设定。）

②将六个工作表的名字改为"表1"～"表6"。

③将"表6"移到"表1"之前。

④删除"表2"。

⑤将六个工作表标签改为不同的颜色。

任务2　使用公式与函数

萌萌很快就熟悉了 Excel 2003 的窗口及工作簿的基本操作，可是如何对数据进行计算呢？萌萌想，先从简单的计算开始学习吧。

4.2.1　使用数据清单

数据清单是用来对大量数据进行管理的。它展示出一个数据记录中所有字段的内容，并且提供了增加、修改、删除及检索记录的功能。例如学生成绩数据库，每个数据行均包含学号、姓名、各科成绩等相同的数据，由这些数据行组成的数据区域，就可以叫做数据清单。数据清单可以像数据库一样使用，其中行表示记录，列表示字段。

1. 输入数据　在单元格中输入文本和数字即可建立数据清单。输入的数据分为文本型、数值型、逻辑型等。其中数值型数据是最常见、最重要的数据类型。

（1）文本数据。在 Excel 2003 中的文本通常是指字符或者是任何数字和字符的组合，输入到单元格内的任何字符，只要不被系统解释成数字、公式、日期、时间或者逻辑值，Excel 2003 一律将其视为文本。文本数据可以包含汉字、英文字母、数字、空格及其他可以从键盘输入的符号。默认情况下，文本数据沿单元格水平方向左对齐。如果需要改变对齐方式，可以单击"格式"工具栏中的对齐按钮。

如果在输入的数字前面加一个英文半角单引号"'"，它将以左对齐方式显示并被视为文本。

输入文本时，如果需要在单元格中换行，可按 Alt＋Enter。

（2）数值数据。数值类型数据主要用于各种数学计算。数值数据可以分为普通数值数据和日期时间数值数据。

①普通数值数据：Excel 2003 的普通数值数据只能含有以下字符：0、1、2、3、4、5、6、7、8、9、＋、－、（）、/、$、%、E、e。默认情况下，普通数值数据沿单元格水平方向右对齐。

如果要输入分数，比如 3/4，应先输入一个 0 及一个空格，然后再输入 3/4，以避免系统将输入的分数作为日期数据处理。对于能够化简的分数，系统自动进行化简，如输入 2/4，则系统自动化简为 1/2。对于假分数，系统自动化为带分数，如输入 5/4，则系统自动化为 1 1/4。

输入正数时，可以省略数字前面的正号"＋"。如果要输入一个负数，需要在数值前加上一个减号"一"或将数值置于括号（）中。如"（90）"表示"一90"。

②日期和时间：在 Excel 2003 中，当在单元格中输入系统可识别的时间和日期型数据时，单元格的格式就会自动转换为相应的"时间"或者"日期"格式，而不需要专门设置。在单元格中输入的日期采取右对齐的方式。如果系统不能识别输入的日期或时间格式，则输入的内容将被视为文本，并在单元格中左对齐。

> **小贴士：**　当输入一个超过列宽的数字时，Excel 2003 会自动采用科学计数法表示（如 4.2E－10）或者给出数据溢出标记"＃＃＃＃"。同时，系统记忆了该单元格的全部内容，当选中该单元格时，在编辑栏的编辑区会显示其全部内容。
>
> 　　使用 Excel 2003 录入数据时，经常会需要输入一系列具有相同特征的数据，如序列号、周一到周日等。在"编辑"菜单的"填充"命令组中，可以实现数据的填充、产生数据序列等。

　　任务实施：快速输入学号一列的数据，数据为：2011001～2011216。

　　步骤 1　在"学号"单元格的下面单元格中输入"2011001"，并选定该单元格使之成为活动单元格。

　　步骤 2　选择"编辑"→"填充"→"序列"命令，在"序列"对话框中进行如下设置，如图 4-10 所示。

　　步骤 3　单击"确定"按钮，可以看到自动生成学号序列。

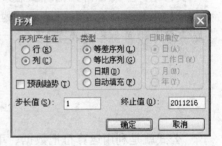

图 4-10　"序列"对话框

2. 编辑数据清单

（1）修改记录。在编辑工作表时，如果需要修改单元格中的内容，只需单击单元格使其成为当前单元格，单元格中的内容将会自动选取，重新输入数据，单元格中原来的内容就会被新输入的内容替换。

如果需要移动或复制单元格数据。则选中要移动或复制数据的单元格，通过"剪切"（复制）→"粘贴"命令来实现。

（2）增加记录。

①插入行：在需要插入新行的位置右键单击任意单元格，然后选择"插入"→"行"命令，即可在当前位置插入一行，原有的行自动下移。

②插入列：在需要插入新列的位置右键单击任意单元格，然后选择"插入"→"列"命令，即可在当前位置插入一整列，原有的列自动右移。

③插入多行或多列：选定与需要插入的新行或列下侧或右侧相邻的若干行或列（选定的行或列数应与要插入的行或列数相等），在右键弹出的快捷菜单中选择"插入"→"行"或"列"命令，即可插入新行或列，原有的行或列自动下移或右移。

④插入单元格或单元格区域：在要插入单元格的位置选定单元格或单元格区域，在右键弹出的快捷菜单中选择"插入"→"单元格"命令，将打开"插入"对话框，选中相应的按钮，单击"确定"即可。

（3）删除记录。当工作表的某些数据及位置不再需要时，可以将它们删除，使用命令与按 Delete 键删除的内容不一样。按 Delete 键仅清除单元格中的内容，其空白单元格仍保留在工作表中，而使用"删除"命令则其内容和单元格将一起从工作表中清除，空出的位置由周围的单元格补充。方法如下：

①选定要删除的行、列和单元格。

②选择"编辑"→"删除"命令，将打开"删除"对话框，如图 4-11 所示。

③清除单元格内容。要清除单元格中的内容，可以先选定该单元格再按 Delete 键。要清除多个单元格中的内容，先选定这些单元格，然后按 Delete 键。

图 4-11 "删除"对话框

> **小贴士：** 当按 Delete 键清除单元格（或一组单元格）时，只有其中的内容从单元格中被清除，单元格的其他属性（如格式、注释等）仍然保留。
>
> 如果想精确地控制对单元格的清除操作，需要单击"编辑"→"清除"命令，在弹出的子菜单中单击相应的命令。

4.2.2 公　式

公式就是利用运算符把数据、单元格和函数等连接在一起的有一定意义的式子。公式的共同特点是以"＝"开头，它可以是简单的数学公式，也可以是包含各种 Excel 2003 函数的式子。Excel 2003 允许在单元格中直接输入公式来处理数据，结果显示在单元格中。当选中该单元格时，编辑栏中显示该公式的表达式，可以在编辑栏对公式进行编辑。

1. 运算符　Excel 2003 中的运算符包括算术运算符、比较运算符、文本运算符和引用运算符。

（1）算术运算符。主要有＋（加）、－（减）、＊（乘）、／（除）、％（百分比）、^（乘方）。

（2）比较运算符。主要有＝（等于）、＞（大于）、＜（小于）、＞＝（大于等于）、＜＝（小于等于）、＜＞（不等于）。比较运算符用来对两个数值进行比较，产生的结果为逻辑值 True（真）或 False（假）。

（3）文本运算符。用来将一个或多个文本连接成为一个组合文本。例如：""努力"＆"学习""的结果为"努力学习"。

（4）引用运算符。包括冒号、空格和逗号。

冒号：区域运算符，表示对两个引用之间，包括两个引用在内的所有区域的单元格进行引用，例如"SUM（B1：D5）"为引用 B1 到 D5 区域的所有单元格。

空格：交叉运算符，表示将多个引用合并为一个引用，例如"SUM（B5：B15，D5：D15）"为同时属于两个区域的引用。

逗号：联合运算符，例如"SUM（B5：B15，D5：D15）"表示将两个区域合并引用。

2. 输入公式　输入公式的方法是：首先在所选的单元格中输入等号"＝"，然后再输入公式内容。如果单击了"编辑公式"按钮或"插入函数"按钮，这时将自动插入一个等号。

例如，要在 G4 中建立一个公式来计算 E4＋F4 的值，则在 G4 中输入"＝E4＋F4"。输入公式后按回车键，或单击编辑栏左侧的"输入"按钮✔，结果将显示在 G4 单元格中。

3. 自动填充公式　在一个单元格中输入公式后，如果相邻的单元格中需要进行同类型的计算（如数据行合计），可以利用公式的自动填充功能。方法如下：

步骤 1　在一新工作表中输入如图 4-12 所示的内容（不包括总分一列中的计算结果）。

步骤 2　在 F2 单元格中输入公式计算"＝B2＋C2＋D2＋E2"，然后按回车键。

步骤 3　将鼠标移至 F2 单元格的右下角填充柄上。

步骤 4　向下拖动填充柄至 F7 单元格后松开鼠标，即实现公式的自动填充，如图 4-12 所示。

	A	B	C	D	E	F
1	姓名	语文	数学	英语	计算机	总分
2	王万明	88	67	90	72	317
3	李小鹏	67	65	76	78	286
4	蒋丽	78	87	81	90	336
5	洪伟	73	88	72	95	328
6	冯明飞	91	87	69	89	336
7	杨柳青	78	66	77	79	300

图 4-12　公式的自动填充

小贴士：　（1）在拖动填充柄之前，只能选中有计算公式的单元格。

（2）在输入公式的时候，不仅可以直接从键盘输入，也可以用鼠标单击选择的方法，如上例中可以在等号后先单击 B2 单元格，再输入"＋"，然后单击 C2，再输入"＋"，依此类推，得到"＝B2＋C2＋D2＋E2"。输入的公式在没有确认前，可以单击编辑栏中的"取消"按钮✖或键盘上的 Esc 键取消输入的公式。

4.2.3　函　　数

Excel 2003 提供了多种功能强大的函数，如统计函数、财务函数、数学函数等，利用这些函数，可以提高数据处理的能力。函数作为预定义的内置公式，具有一定的语法格式。

1. 常用函数　见表 4-1。

表 4-1　常用函数

函数名	功　　能	用途实例
AVERAGE	求出所有参数的算术平均值	数据计算
COUNTIF	统计某个单元格区域中符合指定的单元格数目	条件统计
IF	判断一个条件是否满足。如果满足返回一个值,如果不满足,则返回另一个值	条件计算
INT	将数值向下取整为最接近的整数	数据计算
LEFT	从一个文本字符串的第一个字符开始，截取指定数目的字符	截取字符
MAX	求出一组数中的最大值	数据计算
MIN	求出一组数中的最小值	数据计算
NOW	给出当前系统日期和时间	显示日期时间
RIGHT	从一个文本字符串的最后一个字符开始，截取指定数目的字符	字符截取

（续）

函数名	功　　能	用途实例
SUBTOTAL	返回列表或数据库中的分类汇总	分类汇总
SUM	求出一组数值的和	数据计算
SUMIF	计算符合指定条件的单元格区域内的数值和	条件数据计算
TEXT	根据指定的数值格式将相应的数字转换为文本形式	数值文本转换
TODAY	给出系统日期	显示日期
WEEKDAY	给出指定日期的对应星期数	星期计算

2. 直接输入函数　用在单元格中输入数据的方法直接输入函数。

3. 在函数列表中选择函数　选中要输入函数的单元格，选择"插入"菜单中的"函数"命令，出现"插入函数"对话框，从"类别"下拉列表选择函数类别。根据需要，从"选择函数"列表框中选中要使用的函数。选好函数之后，单击"确定"按钮，则出现"函数参数"对话框，用鼠标选择所要处理的单元格区域，或者是在该对话框中直接输入需要处理区域，在输入完毕后单击"确定"按钮。

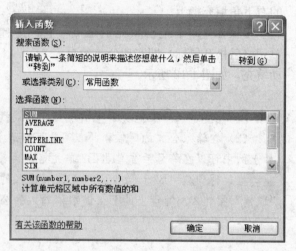

图 4-13　选择"插入函数"对话框中的 SUM 函数

任务实施：重新计算图 4-12 所示工作表中的总分一列。

步骤 1　在一新工作表中输入如图 4-12 所示的内容（不包括总分一列中的计算结果）。

步骤 2　选中 F2 单元格，选择"插入"菜单中的"函数"命令，出现"插入函数"对话框，从"选择函数"列表框中选择"SUM"求和函数，如图 4-13 所示。

步骤 3　单击"确定"按钮，打开"函数参数"对话框，如图 4-14 所示，用鼠标拖动选

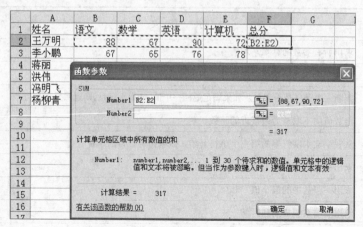

图 4-14　"函数参数"对话框

中 B2：E2 区域，再单击"确定"按钮。

步骤 4　向下拖动 F2 单元格的填充柄至 F7 单元格后松开鼠标，计算出所有学生的总分。

4.2.4　单元格的引用

1. 相对引用　相对引用中引用的单元格地址是单元格的相对位置，它表示 Excel 2003 从公式单元格出发找到引用单元格的路径。例如一个工作表中单元格 E6 中的公式为"＝B6＋C6"，它是相对引用，当把它复制到 E8 时，该公式自动变为"＝B8＋C8"，如上例中的计算总分。

2. 绝对引用　不论包含公式的单元格处在什么位置，公式中所引用的单元格位置都是其工作表的确切位置，不随公式单元格的位置变化而变化。单元格的绝对引用通过在单元格地址前加美元符号"＄"来表示，如"＄A＄1"。

3. 混合引用　混合引用是指包含一个绝对引用坐标和一个相对引用坐标的单元格引用。可以绝对引用行相对引用列，如"B＄5"；也可以绝对引用列相对引用行，如"＄B5"。

> **小贴士：**　将公式计算得到的数据复制到其他区域或工作表时，得到的结果很可能是数据错误。这时可以利用"选择性粘贴"命令得到想要的结果。选择要复制的单元格，单击"复制"按钮，再选择目的单元格区域，选择"编辑"菜单中的"选择性粘贴"命令，在打开的对话框中选择相应的选项即可。

练一练：

（1）新建工作簿"学生成绩表.xls"，并按要求进行操作：

①输入如图 4-15 所示的内容，并将工作表命名为"学生成绩统计表"。

②在"平均分"一列前增加"总分"一列。

③在"李小鹏"一行的下面增加一行，输入"张子健、78、88、67、83"。

④将 D7 单元格中的数据修改为 96。

⑤最终结果如图 4-16 所示。

（2）打开"学生成绩表.xls"，并按要求进行操作：

①用公式计算总分，如图 4-12 所示。

②在 G2 单元格中输入公式：

	A	B	C	D	E	F
1	姓名	语文	数学	英语	计算机	平均分
2	王万明	88	67	90	72	
3	李小鹏	67	65	76	78	
4	蒋丽	78	87	81	90	
5	洪伟	73	88	72	95	
6	冯明飞	91	87	69	89	
7	杨柳青	78	66	77	79	

图 4-15　工作表样文

A	B	C	D	E	F	G
姓名	语文	数学	英语	计算机	总分	平均分
王万明	88	67	90	72		
李小鹏	67	65	76	78		
张子健	78	88	67	83		
蒋丽	78	87	81	90		
洪伟	73	88	72	95		
冯明飞	91	87	96	89		
杨柳青	78	66	77	79		

图 4-16　修改后的工作表

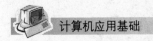
"=F2/4",然后按回车键。

③将鼠标移至 G2 单元格的右下角,向下拖动填充柄至 G7 单元格后松开鼠标。

(3)在"学生成绩表.xls"中利用插入函数的方法计算平均分。

(4)在新工作表中输入如下数据,并计算"授课总人数"及"总课时",如图 4-17 所示。

	A	B	C	D	E	F	G	H
1	姓名	课程名称	一班人数	二班人数	三班人数	课时(每班)	授课总人数	总课时
2	李红	英语	24	45	32	26		
3	张爱明	语文	34	36	21	30		
4	江春华	德育	25	34	23	28		
5	刘艳	政经	31	41	20	30		
6	马克俭	离散数学	12	20	17	40		

图 4-17 计算"授课总人数"及"总课时"

提示:总课时＝课时(每班)＊班级数。例如:李红总课时＝3＊F2

任务 3 管理数据

萌萌现在已经学会对工作表中的数据进行计算了,可是怎么能将成绩表按平均分由高到低的顺序进行排列呢?怎么修改输入的数据呢?能不能将满足一定条件的数据挑选出来呢?带着这些疑问,萌萌又开始了新的学习征途。

4.3.1 记录排序

数据记录排序是将工作表的数据记录按某一数据值(关键字段)由小到大(升序或递增)或由大到小(降序或递减)进行重新排列的过程。

1. 简单排序 如果只是对某一列数据进行排序,可以使用"常用"工具栏中的"升序"或"降序"按钮,迅速地对数据记录按某一关键字段进行排序。

2. 多重排序 使用"常用"工具栏中的排序按钮,只能对一个关键字段进行排序,如果需要按多个关键字段进行排序,就需要利用"数据"→"排序"命令来完成了。

默认情况下 Excel 2003 会根据"主要关键字"列的内容以升序顺序进行排序,当选择多个排序关键字段时(最多三个),首先按"主要关键字"(必须指定)进行排序,当两条以上记录的主要关键字段相同时,再根据"次要关键字"进行排序,以此类推,若所有关键字段都相同,则原来行号小的记录排列在前面。

任务实施:对学生成绩表按平均分由高到低的顺序排序。

步骤 1 单击工作表数据区域的任一单元格。

步骤 2 选择"数据"菜单中的"排序"命令,打开"排序"对话框,如图 4-18 所示,在"排序"对话框中进行如下设置,"主要关键字"选择"平均分",右侧选择

图 4-18 "排序"对话框

"降序"。

步骤 3 单击"确定"按钮,则学生成绩表按平均分进行降序排序完成,如图 4-19 所示。

	A	B	C	D	E	F	G
1	姓名	语文	数学	英语	计算机	总分	平均分
2	蒋丽	78	87	81	90	336	84
3	冯明飞	91	87	69	89	336	84
4	洪伟	73	88	72	95	328	82
5	王万明	88	67	90	72	317	79.25
6	张子健	78	88	67	83	316	79
7	杨柳青	78	66	77	79	300	75
8	李小鹏	67	65	76	78	286	71.5

图 4-19 按平均分降序排序的结果

小贴士： 对数据排序时，Excel 2003 会遵循以下基本原则：

(1) 被隐藏的记录不参加排序。

(2) 关键字段相同的行将保持它们的原始次序。

(3) 对于数值型字段，按数值大小进行升序或降序排序。

(4) 对于字符型字段，按第一字母（汉字以汉字拼音的第一字母）从 A 到 Z 次序排序称为升序，反之，称为降序；若第一个字母相同，再按第二个字母排序，以此类推。

(5) 关键字段中有空白单元格的行被放置在排序数据的最后。

4.3.2 自动筛选数据

筛选是从数据记录中查找和分析符合特定条件的记录数据的快捷方法。要在一个较大的数据中一次找到多条符合条件的记录并把结果显示出来，必须采用数据筛选功能。筛选的条件由用户针对某列指定。

1. 自动筛选数据 自动筛选适用于简单条件的筛选，通常是在一个工作表的一列中查找相同条件的数据。利用自动筛选功能，用户可从大量记录中迅速查找出符合多重条件的记录。

任务实施：将学生成绩表中"语文"成绩大于 90 的记录筛选出来；将"李小鹏"的记录筛选出来。

步骤 1 打开"学生成绩表.xls"工作簿，单击工作表中的有数据的任一单元格。

步骤 2 选择"数据"→"筛选"→"自动筛选"命令，这时在每一个字段名的右侧都会出现一个筛选箭头，如图 4-20 所示，它列出了该字段中的所有项目，可用于选择筛选的条件。

步骤 3 单击"语文"字段右侧的筛选按钮，在下拉菜单中选择"自定义"命令，打开"自定义自动筛选方式"对话框，在该对话框中进行设置，如图 4-21 所示。

步骤 4 单击"确定"按钮，则显示出筛选结果，如图 4-22 所示。

步骤 5 单击"语文"字段右侧的筛选按钮，在下拉菜单中执行"全部"命令，恢复原来状态。

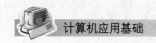

	A	B	C	D	E	F	G
1	姓名	语文	数学	英语	计算机	总分	平均分
2	王万明	88	67	90	72	317	79.25
3	李小鹏	67	65	76	78	286	71.5
4	张子健	78	88	67	83	316	79
5	蒋丽	78	87	81	90	336	84
6	洪伟	73	88	72	95	328	82
7	冯明飞	91	87	69	89	336	84
8	杨柳青	78	66	77	79	300	75

图 4-20 自动筛选

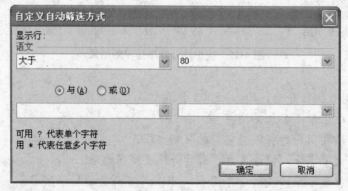

图 4-21 选择筛选条件

	A	B	C	D	E	F	G
1	姓名	语文	数学	英语	计算机	总分	平均分
2	王万明	88	67	90	72	317	79.25
7	冯明飞	91	87	69	89	336	84

图 4-22 筛选结果

步骤 6 单击"姓名"字段右侧的筛选按钮,在下拉菜单中选择"李小鹏",则姓名为"李小鹏"的记录被筛选出来,如图 4-23 所示。

	A	B	C	D	E	F	G
1	姓名	语文	数学	英语	计算机	总分	平均分
3	李小鹏	67	65	76	78	286	71.5

图 4-23 筛选出姓名为"李小鹏"的记录

2. 多项筛选条件的使用 自动筛选功能可以实现多个条件的筛选,同单一条件的筛选方法相似,只要对每个条件分别进行筛选即可。

任务实施: 在"学生成绩表.xls"中筛选出"数学"成绩大于 80,并且"平均分"也大于 80 的记录。

步骤 1 首先按上述方法筛选出"数学"成绩大于 80 的记录,如图 4-24 所示。

	A	B	C	D	E	F	G
1	姓名	语文	数学	英语	计算机	总分	平均分
4	张子健	78	88	67	83	316	79
5	蒋丽	78	87	81	90	336	84
6	洪伟	73	88	72	95	328	82
7	冯明飞	91	87	69	89	336	84

图 4-24 筛选出"数学"大于 80 的记录

步骤 2 再用相同的方法筛选出"平均分"大于 80 的记录,如图 4-25 所示。

	A	B	C	D	E	F	G
1	姓名 ▾	语文 ▾	数学 ▾	英语 ▾	计算机 ▾	总分 ▾	平均分 ▾
5	蒋丽	78	87	81	90	336	84
6	洪伟	73	88	72	95	328	82
7	冯明飞	91	87	69	89	336	84

图 4-25 筛选出"平均分"大于 80 的记录

小贴士: 如果要取消自动筛选,则再次执行"数据"→"筛选"→"自动筛选"命令。

4.3.3 分类汇总

"分类汇总"就是将经过排序后的已具有一定规律的数据进行汇总,生成各种类型的汇总报表。Excel 2003 提供的分类汇总功能将使这项工作变得简单易行,它会自动地插入汇总信息行,不需要人工进行操作。

进行分类汇总前,首先要对数据按照要汇总的关键字段进行排序,以使同类型的记录集中在一起,然后选择"数据"→"分类汇总"命令进行汇总。

任务实施: 在"学生成绩表.xls"中按"性别"分类汇总各科平均成绩。

步骤 1 增加"性别"一列内容,如图 4-26 所示。

	A	B	C	D	E	F	G	H
1	姓名	性别	语文	数学	英语	计算机	总分	平均分
2	王万明	男	88	67	90	72	317	79.25
3	李小鹏	男	67	65	76	78	286	71.5
4	张子健	男	78	88	67	83	316	79
5	蒋丽	女	78	87	81	90	336	84
6	洪伟	女	73	88	72	95	328	82
7	冯明飞	男	91	87	69	89	336	84
8	杨柳青	女	78	66	77	79	300	75

图 4-26 增加"性别"列

步骤 2 按"性别"排序,如图 4-27 所示。

	A	B	C	D	E	F	G	H
1	姓名	性别	语文	数学	英语	计算机	总分	平均分
2	王万明	男	88	67	90	72	317	79.25
3	李小鹏	男	67	65	76	78	286	71.5
4	张子健	男	78	88	67	83	316	79
5	冯明飞	男	91	87	69	89	336	84
6	蒋丽	女	78	87	81	90	336	84
7	洪伟	女	73	88	72	95	328	82
8	杨柳青	女	78	66	77	79	300	75

图 4-27 按"性别"排序

步骤 3 选择"数据"→"分类汇总"命令,打开"分类汇总"对话框,如图 4-28 所示,进行设置。

步骤 4 单击"确定"按钮,显示汇总结果,如图 4-29 所示。

图 4-28 "分类汇总"对话框

1 2 3		A	B	C	D	E	F
	1	姓名	性别	语文	数学	英语	计算机
	2	王万明	男	88	67	90	72
	3	李小鹏	男	67	65	76	78
	4	张子健	男	78	88	67	83
	5	冯明飞	男	91	87	69	89
	6		男 平均值	81	76.75	75.5	80.5
	7	蒋丽	女	78	87	81	90
	8	洪伟	女	73	88	72	95
	9	杨柳青	女	78	66	77	79
	10		女 平均值	76.33333	80.33333	76.66667	88
	11		总计平均值	79	78.28571	76	83.71429

图 4-29 按"性别"汇总结果

小贴士： 分类汇总有三种显示级别，单击窗口左侧的 1、2、3 按钮，可以以不同的方式显示分类汇总结果。第一种显示级别只显示"总计"一行的数据，第二种显示级别只显示各类别汇总及总计的数据，第三种为显示所有数据。图 4-29 所示为第三种显示级别，图 4-30 所示为第二种显示级别。

1 2 3		A	B	C	D	E	F
	1	姓名	性别	语文	数学	英语	计算机
	6		男 平均值	81	76.75	75.5	80.5
	10		女 平均值	76.33333	80.33333	76.66667	88
	11		总计平均值	79	78.28571	76	83.71429

图 4-30 第二种显示级别效果图

4.3.4 数据透视表

数据透视表是包含汇总数据的交互式工作表，它根据所选择的格式和计算方法，汇总大量的数据，特别是还可以访问外部数据库管理系统（如 Access、FoxPro 或 SQL Server 等）所建立的数据库文件或表。所谓"交互"，就是可以通过旋转行号列标，能以不同的方式来显示数据。当源数据更新时，可以方便地更新或重新计算数据透视表中的数据。数据透视表能帮助用户分析、组织数据。利用它可以很快地从不同方面对数据进行分类汇总。

使用"数据透视表向导"来建立数据透视表。

任务实施：以"学生成绩表.xls"为例，建立数据透视表。

步骤1　选取数据清单中的任一单元格，使用"数据"菜单中的"数据透视表和数据透视图"命令，打开"数据透视表和数据透视图向导—3 步骤之 1"对话框，"数据源类型"选择"Microsoft Office Excel 数据列表或数据库"，"报表类型"选择"数据透视表"，如图 4-31 所示。

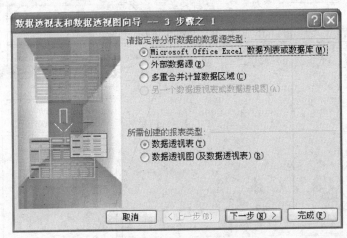

图 4-31　创建数据透视表步骤 1

步骤2　单击"下一步"按钮，打开"数据透视表和数据透视图向导—3 步骤之 2"对话框，用鼠标选择在数据透视表中需要的数据区域，如图 4-32 所示。

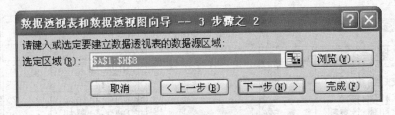

图 4-32　创建数据透视表步骤 2

步骤3　单击"下一步"按钮，打开"数据透视表和数据透视图向导—3 步骤之 3"对话框，选择数据透视表的显示位置，如图 4-33 所示。

步骤4　单击"完成"按钮，设置数据透视表的页面布局，如图 4-34 所示。

步骤5　根据需要将字段拖至相应位置。此处将姓名拖至页字段，各科成绩拖至数据项位置，如图 4-35 所示。

步骤6　在建立好的数据透视表中可以筛选显示指定的数据，如图 4-36 所示，显示"洪伟"的各科成绩。

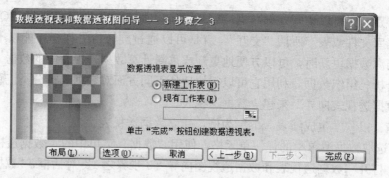

图 4-33　创建数据透视表步骤 3

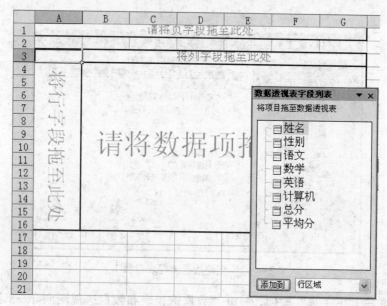

图 4-34　设置数据透视表的页面布局

姓名	(全部) ▼
数据 ▼	汇总
求和项:语文	553
求和项:数学	548
求和项:英语	532
求和项:计算机	586

图 4-35　设置完成的数据透视表

姓名	洪伟 ▼
数据 ▼	汇总
求和项:语文	73
求和项:数学	88
求和项:英语	72
求和项:计算机	95

图 4-36　筛选数据

小贴士： 在数据透视表区域单击鼠标右键，在弹出的快捷菜单中可以修改汇总方式等。

练一练：

（1）在"学生成绩表．xls"中对工作表"学生成绩统计表"按平均分降序排序，若平均分相同则按姓名升序排序。

（2）在"学生成绩表.xls"中筛选出"英语"成绩在70~80之间的记录。

（3）在"学生成绩表.xls"中按性别分类，汇总男生和女生的总分和平均分。

（4）建立"学生成绩"数据透视表，显示所有学生的各科成绩的平均值，如图4-37所示。

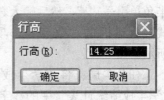

姓名	（全部）	▼
数据	▼汇总	
平均值项:语文	79	
平均值项:数学	78.28571429	
平均值项:英语	76	
平均值项:计算机	83.71428571	

图4-37 显示数据

任务4 格式化工作表

萌萌现在可高兴了，通过前一段时间的学习，他可以灵活使用 Excel 2003 对数据进行计算、排序、分类汇总等多种操作。现在萌萌想要把工作表打印出来，但发现直接打印的效果并不美观。怎样对工作表进行格式化呢？带着疑问，萌萌又继续探索 Excel 2003 的奥秘。

4.4.1 调整行高、列宽

Excel 2003 默认的行高是略大于默认汉字的高度，当文字变大时行高会自动调节。如果设置了自动换行，行高会随着单元格中输入文本内容的自动换行而相应增高。

1. 调整单行（列）行高（列宽） 若要改变一行的高度，将鼠标指针指向行号间的分隔线，鼠标指针变为"十"形状；按住鼠标左键向上或向下拖动即可改变行高。改变列宽与改变行高的方法类似。

2. 调整多行（列）行高（列宽） 若要改变多行的行高或多列的列宽，则首先选中多行或多列，然后将鼠标指向最后一行或最后一列的分隔线，向下或向右拖动即可。

3. 精确设置行高（列宽） 使用菜单命令可以精确设置行高。首先选定该行中的任意一个单元格或整行，如果要改变多行行高，选择单元格区域或多行；然后选择"格式"→"行"→"行高"命令或在选中整行对象后，在右键快捷菜单中选择"行高"命令，打开"行高"对话框，键入新的行高值，单击"确定"按钮完成行高调整，如图4-38所示。设置列宽与设置行高方法相同。

行高	☒
行高(R):	14.25
确定	取消

图4-38 设置行高

> **小贴士：** 要使行高自适应单元格中的内容，可以用鼠标双击行号框的下画线。

4.4.2 数据的格式化

1. 设置字符格式 在 Excel 2003 中，可以使用"格式"工具栏或者"格式"→"单元格"命令来设置文本的字体、颜色、大小、字形等，从而使工作表更加美观、大方、实用。"单元格格式"对话框如图4-39所示。

2. 设置数字格式　在工作表的单元格中输入的数字，通常按常规格式显示，但这种格式无法满足用户的特别要求，如保留三位小数、采用科学计数法、百分比和货币格式等。为了解决这些问题，Excel 2003 针对常用的数字格式，进行了设置并加以分类，它包含了常规、数值、货币、会计专用、日期、时间、百分比、分数、科学记数、文本、特殊以及自定义等数字格式。

（1）使用"格式"工具栏设置数字格式。"格式"工具栏中有五个数字格式按钮。先选定单元格或单元格区域，然后单击"格式"工具栏中的数字格式按钮，则选定单元格区域中的数字格式将按相应格式表示。

（2）利用菜单命令设置数字格式。Excel 2003 中内置了多种数字格式，可以使用这些内置格式来设置单元格中的数字格式。

（3）将数字格式变成文本格式。用户在工作表中经常会遇到不需进行数值运算的数字，如邮编、电话号码等，若要将这种类似编号的数字按文本处理，可先将空白单元格设置成"文本"格式，或先输入半角单引号"'"，然后输入数字。"单元格格式"对话框的"数字"选项卡如图 4-40 所示。

任务实施：将"学生成绩表.xls"的"学生成绩统计表"中的数字设置为保留小数点后 1 位。

步骤 1　选择数据区域 C2：H8。

步骤 2　选择"格式"→"单元格"命令，打开如图 4-40 所示的"单元格格式"对话框的"数字"选项卡，选择"分类"中的"数值"，在窗口右侧设置小数位数为"1"，如图 4-41 所示。

步骤 3　单击"确定"按钮，则选定的数据设置为保留 1 位小数，结果如图 4-42 所示。

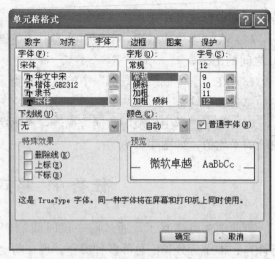

图 4-39　"单元格格式"对话框

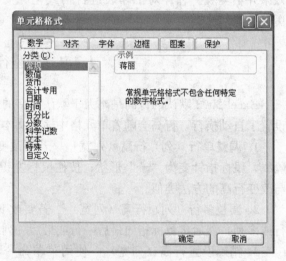

图 4-40　"单元格格式"对话框的"数字"选项卡

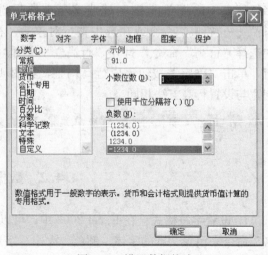

图 4-41　设置数据格式

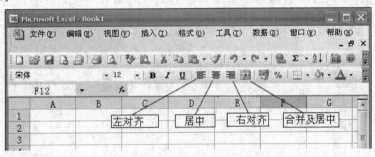

姓名	性别	语文	数学	英语	计算机	总分	平均分
冯明飞	男	91.0	88.0	69.0	89.0	337.0	84.3
洪伟	女	73.0	89.0	72.0	95.0	329.0	82.3
蒋丽	女	78.0	87.0	81.0	90.0	336.0	84.0
李小鹏	男	67.0	65.0	76.0	78.0	286.0	71.5
王万明	男	88.0	67.0	90.0	72.0	317.0	79.3
杨柳青	女	78.0	66.0	77.0	79.0	300.0	75.0
张子健	男	78.0	88.0	67.0	83.0	316.0	79.0

图 4-42　设置小数位数后的效果

4.4.3　对齐方式的设置

对齐方式分为两大类，即水平对齐方式和垂直对齐方式。系统默认的水平对齐方式是：文本数据左对齐、数值数据右对齐。系统默认的垂直对齐方式文本数据和数值数据都是靠下的。

使用"格式"工具栏上的对齐按钮可以对数据进行简单的水平对齐方式设置，它们分别是："左对齐"按钮、"居中"按钮、"右对齐"按钮和"合并及居中"按钮，如图 4-43 所示。

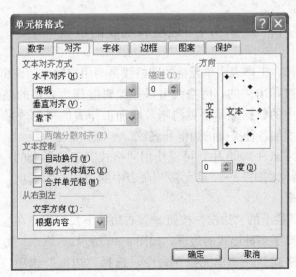

图 4-43　工具栏中的对齐方式按钮

如果要精确地设置对齐方式，必须使用"单元格格式"对话框中的"对齐"选项卡，如图 4-44 所示。

图 4-44　"对齐"选项卡

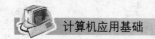

任务实施：在"学生成绩表．xls"工作簿的"学生成绩统计表"工作表的第一行增加标题行"学生成绩统计表"，设置 A1：H1 区域合并居中，第一行的行高为 28，并设置文字垂直居中；将其余文字设为居中对齐，数据右对齐。

步骤 1　在第一行上单击鼠标右键，在弹出的快捷菜单中选择"插入"命令，插入一行。

步骤 2　在 A1 单元格中输入标题文字"学生成绩统计表"。

步骤 3　用鼠标选择 A1：H1 区域，单击工具栏上的"合并及居中"按钮，使标题文字在 A1：H1 区域居中。

步骤 4　在第一行上单击鼠标右键，在弹出的快捷菜单中选择"行高"，将行高设置为 28。

步骤 5　选择 A1 单元格，在"单元格格式"对话框中的"对齐"选项卡中，将"垂直对齐"设置为"居中"。

步骤 6　选择 A2：H2，单击工具栏上的"居中"按钮，将该行文字内容居中对齐。

步骤 7　同样的方法将 A3：B9 单元格中的文字设置为居中。

步骤 8　选择 C3：H9 区域，单击工具栏上的"右对齐"按钮，将该行文字内容右对齐，最终效果如图 4-45 所示。

学生成绩统计表							
姓名	性别	语文	数学	英语	计算机	总分	平均分
冯明飞	男	91.0	88.0	69.0	89.0	337.0	84.3
洪伟	女	73.0	89.0	72.0	95.0	329.0	82.3
蒋丽	女	78.0	87.0	81.0	90.0	336.0	84.0
李小鹏	男	67.0	65.0	76.0	78.0	286.0	71.5
王万明	男	88.0	67.0	90.0	72.0	317.0	79.3
杨柳青	女	78.0	66.0	77.0	79.0	300.0	75.0
张子健	男	78.0	88.0	67.0	83.0	316.0	79.0

图 4-45　工作表格式化后的最终效果

4.4.4　边框和底纹的设置

为方便用户的操作，工作表中单元格的网格线是为用户输入、编辑而预设的，但这些网格线在打印时是不会打印出来的，网格线可以在编辑时作为表格的格线，也可以全部取消它。如果要使单元格中的数据显示得更清晰，增加工作表的视觉效果，在打印时显示出表格，就需要为单元格添加各种类型的边框和底纹。

1. 设置边框　在 Excel 2003 中，可以使用"格式"工具栏上的"边框"工具按钮或者"格式"→"单元格"命令中的"边框"选项卡来设置单元格的边框。

方法 1　单击工具栏上的"边框"按钮 右边的下拉按钮，在弹出的下拉列表中给出了多种形式的边框，如图 4-46 所示。

方法 2　选择"格式"→"单元格"命令，选择"边框"选项卡，如图 4-47 所示。在窗口右侧"线条"栏的"样式"和"颜色"

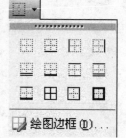

图 4-46　"边框"按钮

列表中，可以设置线条样式和颜色；在窗口左侧的"预置"栏单击单元格边框样式，在"边框"预览图中可以看到设置的边框效果。选择第一个按钮 ▦（无边框），即可清除单元格边框。另外也可以通过"边框"预览图左侧和下方的按钮添加单元格边框，如 ▦ 按钮添加上边框，▦ 按钮添加右边框。

2. 设置底纹　设置底纹是指为单元格添加背景色和修饰图案，目的是要突出某些单元格或单元格区域的显示效果。

（1）利用"格式"工具栏设置单元格底纹。选择需要设置底纹的单元格或单元格区域，单击"格式"工具栏上"填充颜色"按钮 ◇▾ 右边的下拉按钮，然后单击颜色列表中任意一种颜色即可，如图 4-48 所示。

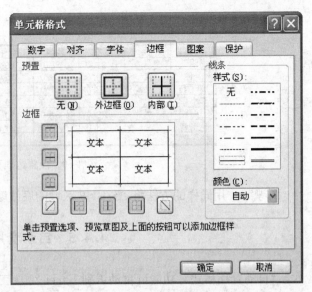

图 4-47　"边框"选项卡

（2）使用菜单命令设置底纹。选择"格式"→"单元格"命令，选择"图案"选项卡，如图 4-49 所示。

图 4-48　"填充颜色"按钮

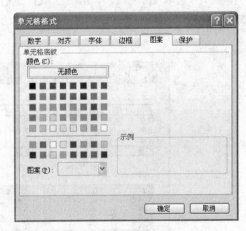

图 4-49　"图案"选项卡

在"颜色"框中，单击所需的颜色可为选定单元格添加底纹。单击"图案"下拉按钮，弹出图案及颜色列表，可以选择所需的图案样式和图案颜色。单击"无填充颜色"将删除单元格底纹。

任务实施：为学生成绩表设置边框和底纹，最终效果如图 4-50 所示。

步骤 1　设置边框。选取 A2：H9 区域，选择"格式"→"单元格"命令，在"边框"选项卡中将外边框设置为粗线条，内边框设置为细线条。

步骤 2　设置底纹。选取 A2：A9 区域，选择"格式"→"单元格"命令，在"底纹"选项卡中将底纹颜色设置为淡蓝色。

学生成绩统计表						
姓名	性别	语文	数学	英语	计算机	总分	平均分
冯明飞	男	91.0	88.0	69.0	89.0	337.0	84.3
洪伟	女	73.0	89.0	72.0	95.0	329.0	82.3
蒋丽	女	78.0	87.0	81.0	90.0	336.0	84.0
李小鹏	男	67.0	65.0	76.0	78.0	286.0	71.5
王万明	男	88.0	67.0	90.0	72.0	317.0	79.3
杨柳青	女	78.0	66.0	77.0	79.0	300.0	75.0
张子健	男	78.0	88.0	67.0	83.0	316.0	79.0

图 4-50　设置边框和底纹

步骤 3　用同样的方法将 A3：H9 区域的底纹颜色设置为"灰-40％"。

4.4.5　自动套用格式

"自动套用格式"功能可自动识别 Excel 2003 工作表中的汇总层次以及明细数据的具体情况，然后统一对它们的格式进行修改。Excel 2003 通过"自动套用格式"功能向用户提供了简单、经典、会计、彩色、应用和三维格式六大类、20 余种不同的内置格式集合，每种格式集合都包括有不同的字体、字号、数字、图案、边框、对齐方式、行高、列宽等设置项目，完全可满足在各种不同条件下设置工作表格式的要求。

任务实施：为"学生成绩表.xls"应用自动套用格式"三维效果 1"。

步骤 1　选取 A2：H9 单元格区域，选择"格式"菜单的"自动套用格式"命令，打开"自动套用格式"对话框，如图 4-51 所示。

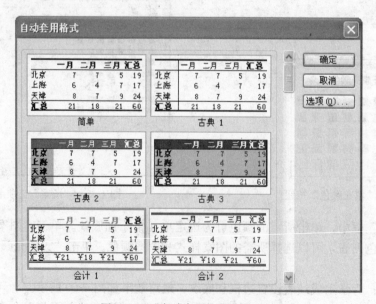

图 4-51　"自动套用格式"对话框

步骤 2　在示例框中选择"三维效果 1"，单击"确定"按钮，则所选区域应用了"三维效果 1"的自动套用格式，如图 4-52 所示。

学生成绩统计表

姓名	性别	语文	数学	英语	计算机	总分	平均分
冯明飞	男	91.0	88.0	69.0	89.0	337.0	84.3
洪伟	女	73.0	89.0	72.0	95.0	329.0	82.3
蒋丽	女	78.0	87.0	81.0	90.0	336.0	84.0
李小鹏	男	67.0	65.0	76.0	78.0	286.0	71.5
王万明	男	88.0	67.0	90.0	72.0	317.0	79.3
杨柳青	女	78.0	66.0	77.0	79.0	300.0	75.0
张子健	男	78.0	88.0	67.0	83.0	316.0	79.0

图 4-52　应用自动套用格式"三维效果 1"的效果

小贴士： (1) 若不事先选择套用范围，则 Excel 2003 将自动对整个工作表的格式进行设置。

(2) 自动套用格式之后，仍可按照正常方法对这些工作表的格式进行修改。

(3) 若对 Excel 2003 自动套用的格式不满意，则可将工作表的格式恢复到"自动套用格式"之前的状态。选择含有要删除自动套用格式的区域，执行"格式"菜单的"自动套用格式"命令，从打开的"自动套用格式"对话框的"样式"栏中选择"无"选项，单击"确定"按钮即可。

练一练：

(1) 将"学生成绩表.xls"进行如下操作，效果如图 4-53 所示。

①设置 A1 单元格的底纹为"灰-80％"，字体颜色为白色；设置 A2：H2、A3：B9 区域的底纹为"灰-40％"。

②设置如图 4-53 所示边框。

学生成绩统计表

姓名	性别	语文	数学	英语	计算机	总分	平均分
冯明飞	男	91.0	88.0	69.0	89.0	337.0	84.3
洪伟	女	73.0	89.0	72.0	95.0	329.0	82.3
蒋丽	女	78.0	87.0	81.0	90.0	336.0	84.0
李小鹏	男	67.0	65.0	76.0	78.0	286.0	71.5
王万明	男	88.0	67.0	90.0	72.0	317.0	79.3
杨柳青	女	78.0	66.0	77.0	79.0	300.0	75.0
张子健	男	78.0	88.0	67.0	83.0	316.0	79.0

图 4-53　设置边框和底纹

(2) 为"学生成绩表.xls"应用自动套用格式"序列 1"，如图 4-54 所示。

学生成绩统计表

姓名	性别	语文	数学	英语	计算机	总分	平均分
冯明飞	男	91.0	88.0	69.0	89.0	337.0	84.3
洪伟	女	73.0	89.0	72.0	95.0	329.0	82.3
蒋丽	女	78.0	87.0	81.0	90.0	336.0	84.0
李小鹏	男	67.0	65.0	76.0	78.0	286.0	71.5
王万明	男	88.0	67.0	90.0	72.0	317.0	79.3
杨柳青	女	78.0	66.0	77.0	79.0	300.0	75.0
张子健	男	78.0	88.0	67.0	83.0	316.0	79.0

图 4-54　应用自动套用格式"序列 1"

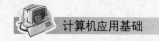

任务5　创建并美化图表

萌萌听说利用 Excel 2003 强大的图表功能将工作表中的数据制作成图表，可以使原本枯燥无味的数据信息更加清楚、直观和生动地表现出来，有时用许多文字无法表达的问题，用图表可以轻松解决，并能够做到层次分明、条理清晰、易于理解。再加上用户的适当美化，将使图表更加赏心悦目。萌萌高兴极了，跃跃欲试地马上开始学习起来。

4.5.1　建立图表

要创建图表，可以使用"图表"工具栏和"图表向导"两种方法。

1. 使用"图表"工具栏创建图表　选择"视图"→"工具栏"→"图表"命令，弹出"图表"工具栏，如图 4-55 所示。选择工作表中要制作图表的数据区域，然后单击"图表"工具栏中的"图表类型"下拉按钮，在弹出的下拉列表中选择图表类型即可创建图表。

图 4-55　"图表"工具栏

2. 使用"图表向导"创建图表　使用 Excel 2003 提供的图表向导，可以方便、快速地为用户创建一个标准类型或自定义类型的图表，而且在图表创建完成后可以继续修改，以使整个图表趋于完美。使用"常用"工具栏上的"图表向导"按钮，或者选择"插入"→"图表"命令，利用图表向导给定的四个步骤，依次选择相应的图表类型、数据源数据、图表选项以及图表位置，即可完成图表的创建。

任务实施：利用"学生成绩表 . xls"中的数据创建一个簇状柱形图，如图 4-56 所示。

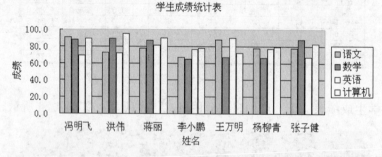

图 4-56　簇状柱形图

步骤1　打开"学生成绩工作表 . xls"，使用"常用"工具栏上的"图表向导"按钮，或者选择"插入"→"图表"命令，打开"图表向导—4 步骤之 1—图表类型"对话框。

步骤2　在窗口左侧"图表类型"中选择"柱形图"，右侧"子图表类型"中选择"簇状柱形图"，如图 4-57 所示。

步骤3　单击"下一步"按钮，打开"图表向导—4 步骤之 2—数据源数据"对话框，

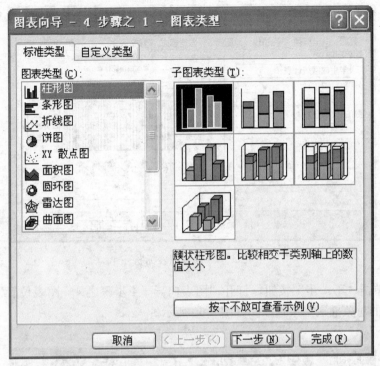

图 4-57　选择图表类型

单击"数据区域"编辑框，然后用鼠标在工作表中拖曳选定数据 A2：A9 和 C2：F9，如图 4-58 所示。

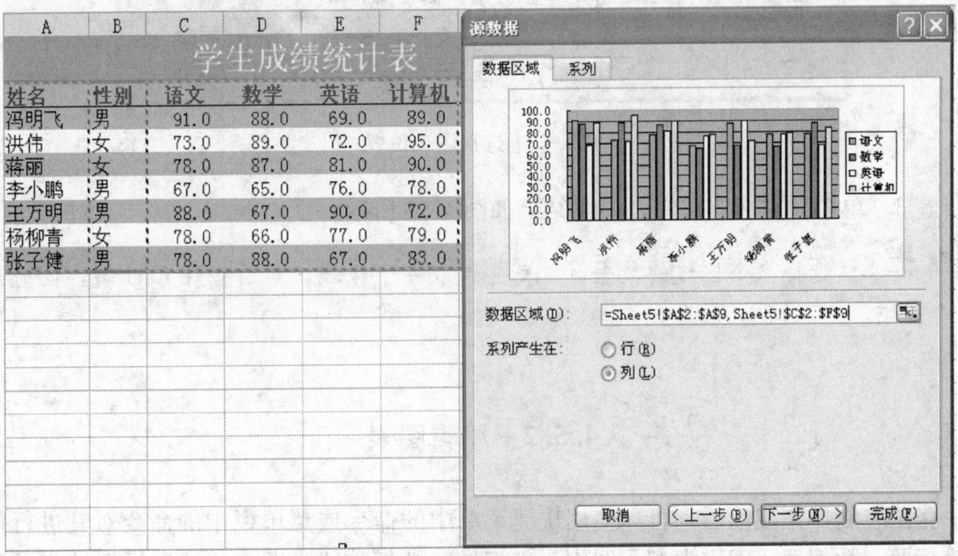

图 4-58　选定数据区域

步骤 4　单击"下一步"按钮，打开"图表向导—4 步骤之 3—图表选项"对话框，设置图表标题，如图 4-59 所示。

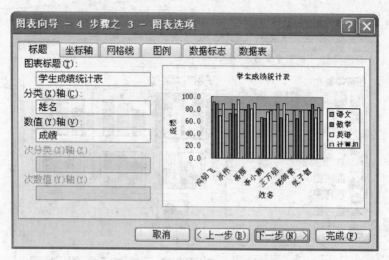

图 4-59　设置图表标题

步骤 5　单击"下一步"按钮，打开"图表向导－4 步骤之 4－图表位置"对话框，选中"作为其中的对象插入"单选项，如图 4-60 所示。

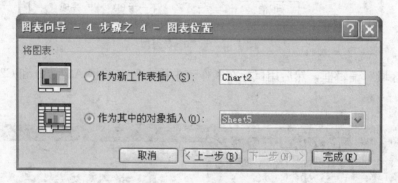

图 4-60　选择图表位置

步骤 6　单击"完成"按钮，最终结果如图 4-56 所示。

小贴士：　选择多个区域的数据时，需先选取一个区域，然后按住 Ctrl 键，同时选取另一个区域。

4.5.2　编辑图表

一张图表制作完成以后，可以使用快捷菜单中的命令或菜单栏中的命令对其进行修改，如图表标题、数据源、图表类型、图例、坐标轴、数据格式，图表格式和设置填充效果等。首先认识一下图表各部分名称，如图 4-61 所示。

1. 在工作表单元格中修改数值　图表中有大量的文字，如分类轴刻度和刻度线标志、数据系列名称、图例文字和数据标志等，这些文字和当初创建该图表的工作表中的单元格相

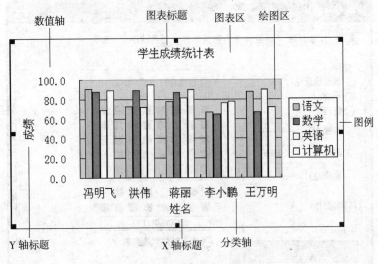

图 4-61 图表各部分名称

链接，如果直接在图表中编辑这些文字，它们将失去与工作表的链接；如果要保持与工作表中单元格的联系，则应当编辑工作表中的源数据。

2. 向图表中添加数据 如果需要向图表中添加数据，则首先在工作表中选取要添加的数据区域，复制，然后在图表区粘贴即可。

3. 从图表中删除数据 如果需要从图表中删除数据，则在图表的数据系列上单击鼠标右键，在弹出的快捷菜单中选择"清除"命令，则该系列的数据在图表中将被删除。

4.5.3 格式化图表

1. 更改图表类型 如果需要更改图表类型，则在图表区空白位置单击鼠标右键，在弹出的快捷菜单中选择"图表类型"命令，在弹出的窗口中重新选择图表类型即可。

2. 设置图表选项 在图表区空白位置单击鼠标右键，在弹出的快捷菜单中选择"图表选项"命令，可以修改图表标题、数据标志等。

3. 设置图表元素的格式 还可以对图表进行格式化操作，如修改数据格式、设置图表填充效果、修改文本格式、设置坐标轴格式及设置三维格式等。

双击需要修改的图表项的数据系列，在打开的如图 4-62 所示的"数据系列格式"对话框中单击"图案"选项卡，在"边框"选项区中选中"自定义"单选按钮，然后设置"样式"、"颜色"及"粗细"；在"内部"选项区中设置内部颜色和填充效果等，如图 4-62 所示。

小贴士： 双击图表的不同位置，如图表区、绘图区、数值轴、分类轴、图例等，均会打开相应的对话框，在该对话框中可对不同的图表元素进行格式设置。

任务实施：将图 4-54 的"簇状柱形图"更改为"数据点折线图"，不显示图例，并设置

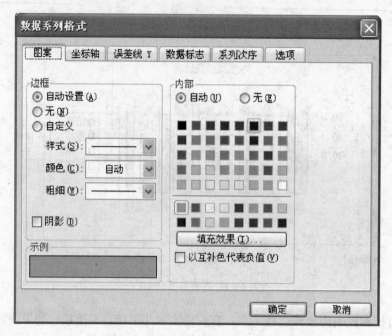

图 4-62 "数据系列格式"对话框

图表标题的格式，修改后效果如图 4-63 所示。

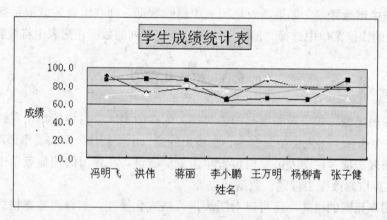

图 4-63 图表效果

步骤 1　在图 4-61 所示的图表区空白位置单击鼠标右键，在弹出的快捷菜单中选择"图表类型"命令，在打开的对话框中选择"数据点折线图"，则图表类型改变为数据点折线图。

步骤 2　在图 4-61 所示的图表区空白位置单击鼠标右键，在弹出的快捷菜单中选择"图表选项"命令，在打开的"图表选项"对话框"图例"选项卡中选择"不显示图例"。

步骤 3　双击图表标题，打开"图表标题格式"对话框，如图 4-64 所示。在"图案"选项卡中，边框选择"自动"，区域选择"灰色"；在字体选项卡中，将字号设置为 18。

步骤 4　单击"确定"按钮，最终效果如图 4-63 所示。

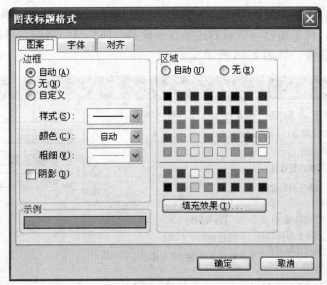

图 4-64　"图表标题格式"对话框

练一练：

（1）利用"学生成绩表.xls"中的数据创建三维饼图，如图 4-65 所示。

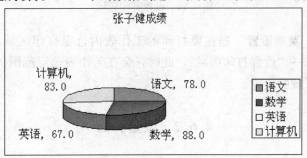

图 4-65　创建三维饼图

（2）在"学生成绩表.xls"中创建簇状柱形图，如图 4-56 所示。修改学生成绩表中某一学生的成绩，观察图表是否也发生了变化。在图表中删除"王万明"一行的数据，观察图表变化重新在图表中添加"王万明"一行的数据，观察图表变化。

任务 6　打印工作表

萌萌还有最后一项任务，把做好的工作表打印出来。这项任务对萌萌来说太简单了，因为以前在 Word 2003 中学习过，估计操作方法会很相似。萌萌真是太聪明了，下面就和萌萌一起来学习吧。

4.6.1　设置打印区域

1. 通过"页面设置"对话框进行打印区域的设置　选择"文件"菜单中的"页面设置"

命令，打开"页面设置"对话框，在"工作表"选项卡中选择"打印区域"，在工作表上用鼠标选择打印范围，再单击打印区域右边的按钮使其返回到对话框内，单击"确定"按钮后即完成打印区域的设置，如图4-66所示。

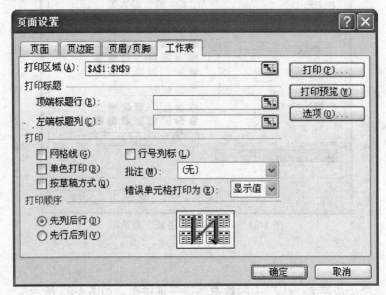

图 4-66　设置打印区域

2. 通过"文件"菜单设置　先在要打印的工作表内选定打印区域，然后选择"文件"菜单→"打印区域"→"设置打印区域"，此时，会在工作表选定范围的边沿上自动加上虚线标志，完成打印区域的设置。

4.6.2　设置页面

使用"页面设置"对话框可以设置页面布局和打印选项。

选择"文件"→"页面设置"按钮，可以打开"页面设置"对话框，如图4-67所示，在对话框的"页面"选项卡中可以对需打印工作表的纸张大小、纸张方向、比例大小等进行详细设置，在"页边距"选项卡中设置打印的边距及对齐方式等，以满足打印工作表的要求。

1. "页面"选项卡　可以设置打印方向、缩放比例、纸张大小、打印质量、起始页码等。

2. "页边距"选项卡　如图4-68所示，用于输入页边距数字并在"预览"框中查看结果。调整"上"、"下"、"左"、"右"框中的尺寸可指定数据与打印页面边缘的距离。在"页眉"或"页脚"框中输入数字可调整页眉与页面顶端或页脚与页面底端之间的距离。该距离应小于页边距设置以避免页眉或页脚与数据重叠。

3. "页眉/页脚"选项卡　"页眉/页脚"选项卡如图4-69所示。在"页眉"框中单击一个内置的页眉，再单击"自定义页眉"可为工作表创建自定义页眉。内置的页眉将被复制到"页眉"框中，在该框中可设置所选页眉的格式或编辑该页眉。在"页脚"框中单击一个

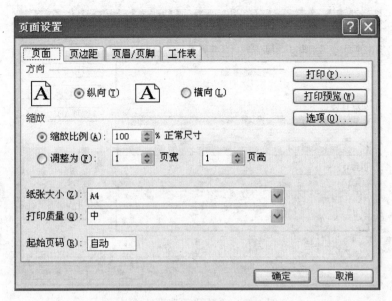

图 4-67　"页面设置"对话框

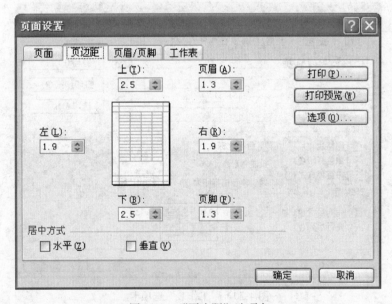

图 4-68　"页边距"选项卡

内置的页脚，再单击"自定义页脚"按钮可为工作表创建自定义页脚。内置的页脚将被复制到"页脚"框中，在该框中可设置所选页脚的格式或编辑该页脚。

4. "工作表"选项卡　"工作表"选项卡如图 4-70 所示，单击"打印区域"框以选择要打印的工作表区域，再拖动鼠标选择要打印的工作表区域。选择"打印标题"下的选项以将相同的列或行作为打印工作表每一页上的列标题或行标题打印。若要将某些行指定为每一页上的水平标题，则选择"顶端标题行"；若要指定每一页上的垂直标题，则选择"左端标题列"。然后在工作表上选择要指定为标题列或标题行中的某一或某些单元格。

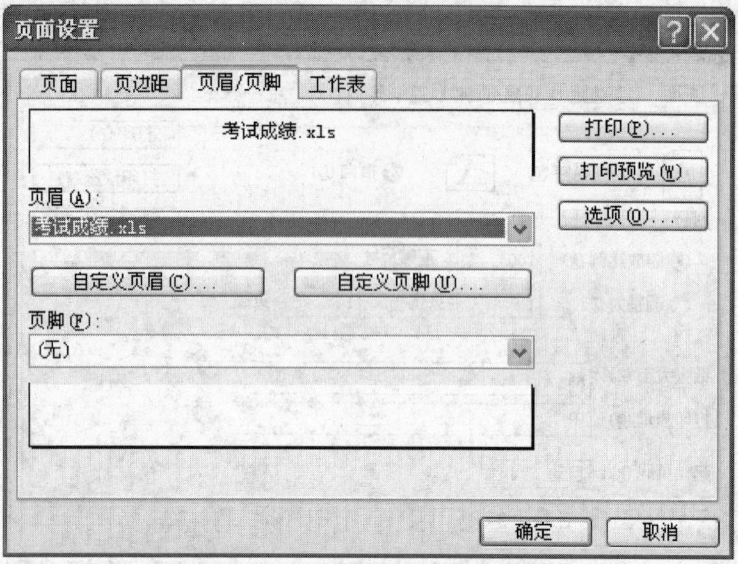

图 4-69　"页眉/页脚"选项卡

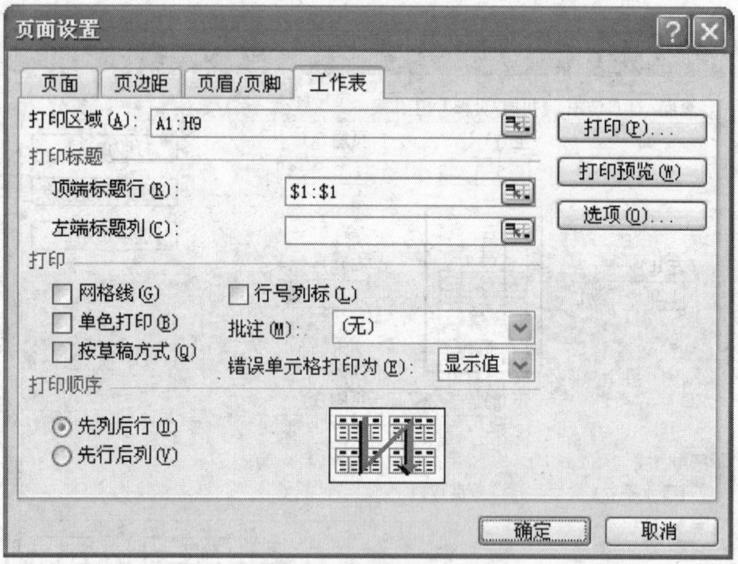

图 4-70　"工作表"选项卡

在此选项卡中还可以指定要打印的工作表中的内容、是以彩色还是以黑白方式打印，以及指定打印质量，也可以指定打印顺序。

4.6.3　打印预览

一般在打印工作表之前都会先预览一下，这样可以防止打印出来的工作表不符合要求。单击"常用"工具栏上的"打印预览"按钮，就可以切换到"打印预览"窗口，它的作用就是先观察打印出来的效果。

在该窗口中有"下一页"、"上一页"、"缩放"、"打印"、"设置"、"页边距"、"分页预览"、"关闭"、"帮助"等九个按钮,通过这些命令按钮,可以用不同的方式查看版面效果或调整版面的编排。预览效果图如图 4-71 所示。

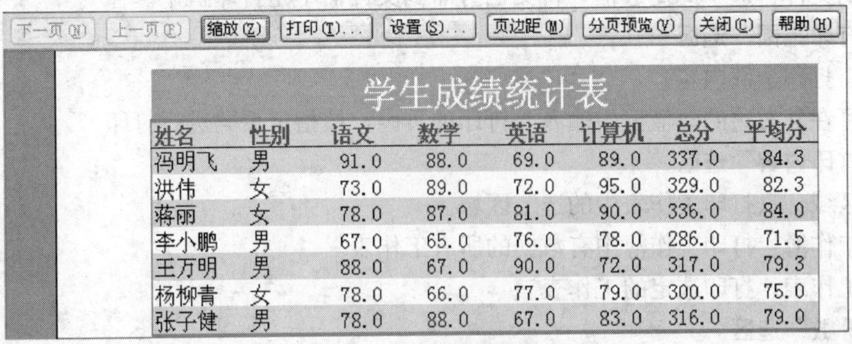

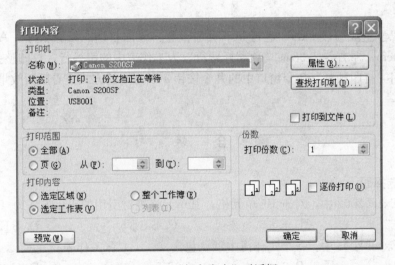

图 4-71 预览效果图

4.6.4 打 印

用户在对预览窗口中显示的效果满意后就可以打印了。选择"文件"→"打印"命令,可以打开"打印内容"对话框,如图 4-72 所示。

图 4-72 "打印内容"对话框

1. "打印机"选区

名称:在下拉列表中选择打印机。

状态:显示打印机的工作状态。

类型:标示所选打印机的类型。

位置:若是网络打印机,将标识网络打印机的位置;若是本地打印机,则标示本地打印机的连接端口。

备注：显示打印机的特殊说明。

属性：单击该按钮，在打开的对话框中可更改所选打印机。

查找打印机：单击该按钮，可查找未列出的网络打印机。

打印到文件：选中此复选框，将文档打印到文件而不是打印机中。

2. "打印范围"选区

全部：打印全部内容。

页：可在其右边的数值框中输入要打印的页码，按指定页码进行打印。

3. "打印内容"选区

选定区域：只打印工作表中的选定区域。

整个工作簿：打印工作簿中有数据的所有工作表。

选定工作表：打印选定的工作表。

4. "份数"选区

打印份数：在数值框中输入要打印的份数，按要求的份数打印。

逐份打印：打印完成一份完整的文档后再打印下一份。

5. "预览"按钮 切换到打印预览窗口中进行打印预览。

以上内容全部设定完成后，单击"确定"按钮就可以进行打印了。用户除按照上面的过程进行打印外，也可以直接单击工具栏中的"打印"按钮进行打印。只是单击后打印过程按默认状态进行，不能进行设定，每次打印一份。

练一练：

(1) 对"学生成绩表.xls"进行如下页面设置：纵向打印；纸张大小：A4；页边距：上、下各 3.0cm，左右各 2.0cm；"顶端标题行"为工作表中的第一行，打印整张工作表。

(2) 使用"打印预览"命令窗口中的九个按钮，以不同的方式查看版面效果，并调整版面设置。

综　合　练　习

1. 单项选择题

(1) 在 Excel 2003 中，对于 E5 单元格，其单元格绝对引用的表示方法为（　　）。

  A. E5   B. E＄5   C. ＄E＄5   D. ＄ED5

(2) 在 Excel 2003 中，一个工作簿中默认包含（　　）张工作表。

  A. 3   B. 2   C. 5   D. 4

(3) 在 Excel 2003 中，C7 单元格中有绝对引用"＝AVERAGE(＄C＄3：＄C.＄6)"，把它复制到 C8 单元格后，双击它，单元格中显示（　　）。

  A. ＝AVERAGE(C3：C6)   B. ＝AVERAGE(＄C＄3：＄C＄6)

  C. ＝AVERAGE（＄C＄4：＄C＄7)   D. ＝AVERAGE(C4：C7)

(4) 在 Excel 2003 中，当 C7 单元格中有相对引用"＝SUM(C3：C6)"，把它复制到 E7 单元格后，双击它，单元格显示出（　　）。

  A. ＝SUM(C3：C6)   B. ＝SUM(C4：C7)

C. ＝SUM(E3：E6)　　　　　　　　　D. ＝SUM(E3：E7)

（5）在 Excel 2003 中，（　　）是正确的区域表示法。

　　A. A1≠D4　　　　B. A1..D5　　　　C. A1：D4　　　　D. A1＞D4

（6）在 Excel 2003 中，选择不连续的单元格，只要按住（　　）的同时选择所要的单元格。

　　A. Ctrl　　　　　　B. Shift　　　　　　C. Alt　　　　　　D. Esc

（7）关于 Excel 2003，描述正确的是 Excel 2003 是（　　）。

　　A. 数据库管理软件　　　　　　　　B. 电子数据表格软件

　　C. 文字处理软件　　　　　　　　　D. 幻灯制作软件

（8）在 Excel 2003 工作表中执行插入一行命令时，将在活动单元格的（　　）插入一整行单元格。

　　A. 下边　　　　　B. 上边　　　　　C. 左边　　　　　D. 右边

（9）下面有关 Excel 2003 工作表、工作簿的说法中，正确的是（　　）。

　　A. 一个工作簿可包含多个工作表，默认工作表名为 Sheet1/Sheet2/Sheet3

　　B. 一个工作簿可包含多个工作表，默认工作表名为 Book1/Book2/Book3

　　C. 一个工作表可包含多个工作簿，默认工作表名为 Sheet1/Sheet2/Sheet3

　　D. 一个工作表可包含多个工作簿，默认工作表名为 Book1/Book2/Book3

（10）在 Excel 2003 中，不能在一个已打开的工作簿中增加新工作表的操作是（　　）。

　　A. 右击工作表标签条中某个工作表名，从弹出菜单中选择"插入"菜单项

　　B. 单击工作表标签条中某工作表名，从"插入"菜单中选择"工作表"菜单项

　　C. 单击任意单元格，从"插入"菜单中选择"工作表"菜单项

　　D. 单击工作表标签条中某个工作表名，从弹出菜单中选择"插入"菜单项

（11）已在 Excel 2003 某工作表的 F10 单元格中输入了"八月"，再拖动该单元格的填充柄往上移动，在 F9、F8、F7 单元格出现的内容是（　　）。

　　A. 九月、十月、十一月　　　　　　B. 七月、六月、五月

　　C. 五月、六月、七月　　　　　　　D. 八月、八月、八月

（12）在 Excel 2003 中进行排序操作时，最多可按（　　）关键字进行排序。

　　A. 1 个　　　　　B. 2 个　　　　　C. 3 个

　　D. 要根据选择的排序方式来确定排序项目的个数

（13）已知 Excel 2003 某张工作表有"单位"与"销售额"等项目，现已对该工作表建立了"自动筛选"，下列说法中，错误的是（　　）。

　　A. 可以筛选出"销售额"前 5 名或者后 5 名

　　B. 可以筛选出"单位"名字的第二个字为"州"的所有单位

　　C. 可以同时筛选出"销售额"在 10 000 元以上或在 5 000 元以下的所有单位

　　D. 不可以筛选出"单位"名的第一个字为"湖"字，并且"销售额"在 10 000 元以上的数据

（14）为 Excel 2003 工作表改名的正确操作是（　　）。

　　A. 右击工作表标签条中某个工作表名，从弹出菜单中选择"重命名"

　　B. 单击工作表标签条中某个工作表名，从弹出菜单中选择"插入"

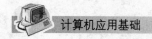

C. 右击工作表标签条中某个工作表名，从弹出菜单中选择"插入"

D. 单击工作表标签条中的某个工作表名，从弹出菜单中选择"重命名"

（15）若需计算 Excel 2003 某工作表中 A1、B1、C1 单元格的数据之和，需使用（　　）计算公式。

A. ＝count（A1：C1）　　　　　　　　B. ＝sum（A1：C1）

C. ＝sum（A1，C1）　　　　　　　　　D. ＝max（A1：C1）

（16）Excel 2003 基本数据单元是（　　）。

A. 工作簿　　　　B. 单元格　　　　C. 工作表　　　　D. 数据值

（17）在 Excel 2003 中，数字项前若加（　　），则会被视为文字。

A. '　　　　　　B. ，　　　　　　C. ♯　　　　　　D. %

（18）在 Excel 2003 中，一个工作簿最多可包含（　　）个工作表。

A. 255　　　　　B. 3　　　　　　C. 16　　　　　　D. 128

（19）在 Excel 2003 中，选定一个单元格区域的方法是（　　）。

A. 选择左上角单元格后，拖动鼠标到右下角单元格

B. 按住 Ctrl 键单击区域的左上角单元格和右下角单元格

C. 按住 Alt 键单击区域的左上角单元格和右下角单元格

D. 按 Ctrl＋A 键

（20）在 Excel 2003 中，文字的默认对齐方式为（　　）。

A. 左对齐　　　　B. 居中　　　　C. 右对齐　　　　D. 两端对齐

2. 填空题

（1）Excel 2003 的工作表最大行可达_____。

（2）一个 Excel 2003 文件就是一个_____，它由若干个工作表组成。

（3）在 Excel 2003 中，单元格的引用（地址）有相对引用、_____引用和混合引用三种形式。

（4）在 Excel 2003 中，建立内嵌式图表最简单的方法是使用"常用"工具栏中的"_____"按钮。

（5）在 Excel 2003 中，一般在单元格中输入公式确定后，在单元格显示_____，而在编辑栏则显示公式。

（6）在 Excel 2003 中，表示 Sheet2 中的第二行第五列的绝对地址是_____。

（7）在 Excel 2003 中，如果 A1：A5 包含数字 8、11、15、32 和 4，MAX（A1：A5）＝_____。

（8）Excel 2003 中，填充柄在活动单元格的_____下角。

（9）Excel 2003 工作簿的扩展名为_____。

（10）在 Excel 2003 中，向单元格中输入公式时，输入的第一个符号是_____。

3. 判断题

（1）在 Excel 2003 中，单元格是由行与列交汇形成的，并且每一个单元格的地址是唯一的。　　　　　　　　　　　　　　　　　　　　　　　　　　　　　　（　　）

（2）在 Excel 2003 中，向单元格中输入数据时，必须事先激活它。　　　　（　　）

（3）在 Excel 2003 中，单击某个工作表的标签，可以打开该工作表。　　　（　　）

（4）在 Excel 2003 中，数据的移动与复制可以在不同工作簿中进行。　　（　　）

（5）在 Excel 2003 中，复杂运算可使用公式与函数完成。　　（　　）

（6）在 Excel 2003 中，工作表中的数据以图表的形式表示是为了便于对数据进行快速的分析比较。　　（　　）

（7）Excel 2003 只能进行常用的公式运算。　　（　　）

（8）在 Excel 2003 中，工作表的数量是固定的，不能再次添加。　　（　　）

（9）Excel 2003 中的数据可以根据升序或降序来进行排序。　　（　　）

（10）在 Excel 2003 工作表中，可以按条件进行记录个数的统计。　　（　　）

（11）Excel 2003 工作簿文件的扩展名是 ".xls"。　　（　　）

（12）在 Excel 2003 中，图表一旦建立，其标题的字体、字形是不可改变的。　　（　　）

（13）Excel 2003 中一个工作簿文件的工作表的数量是没有限制的。　　（　　）

（14）在 Excel 2003 中对数据清单排序时，只能对列进行排序。　　（　　）

（15）在 Excel 2003 中复制或移动工作表使用同一个对话框。　　（　　）

（16）在 Excel 2003 中页眉或页脚属于工作表中的单元格。　　（　　）

（17）在 Excel 2003 中默认情况下，输入数字将是数值型数据，靠左对齐。（　　）

（18）在 Excel 2003 中使用分类汇总之前，最好将数据排序，使同一字段值记录集中在一起。　　（　　）

（19）在 Excel 2003 中，对于已经建立好的图表，如果源工作表数据发生改变，图表中的图形相应更新。　　（　　）

（20）在 Excel 2003 中使用菜单命令进行删除时，删除功能与清除功能的作用相同。　　（　　）

4. 操作题

（1）利用学生成绩表，统计学生积分表。

①新建工作表，如图 4-73 所示。

	A	B	C	D	E	F
1			积分表			
2	姓名	德（30分）	智（平均分*60%）	体（10分）	积分	名次
3	王万明	28	47.55	10		
4	李小鹏	30	42.9	9		
5	蒋丽	29	50.4	9		
6	洪伟	30	49.2	8		
7	冯明飞	30	50.4	7		
8	杨柳青	30	45	10		

图 4-73　积分表

小贴士：　智育分＝平均分＊60％，在学生成绩表中计算出智育分，复制，在积分表中"选择性粘贴"，只粘贴数值。

②计算积分，并按积分降序排序，如图 4-74 所示。

③填入名次。首先在 F3 中输入"1"，按住 Ctrl 键，拖动 F3 单元格的填充柄到 F8 单元格，如图 4-75 所示。

	A	B	C	D	E	F
1			积分表			
2	姓名	德（30分）	智（平均分*60%）	体（10分）	积分	名次
3	蒋丽	29	50.4	9	88.4	
4	冯明飞	30	50.4	7	87.4	
5	洪伟	30	49.2	8	87.2	
6	王万明	28	47.55	10	85.55	
7	杨柳青	30	45	10	85	
8	李小鹏	30	42.9	9	81.9	

图 4-74　按积分降序排序

	A	B	C	D	E	F
1			积分表			
2	姓名	德（30分）	智（平均分*60%）	体（10分）	积分	名次
3	蒋丽	29	50.4	9	88.4	1
4	冯明飞	30	50.4	7	87.4	2
5	洪伟	30	49.2	8	87.2	3
6	王万明	28	47.55	10	85.55	4
7	杨柳青	30	45	10	85	5
8	李小鹏	30	42.9	9	81.9	6

图 4-75　按积分排序

④格式化工作表，结果如图 4-76 所示。

积分表

姓名	德（30分）	智（平均分*60%）	体（10分）	积分	名次
蒋丽	29.0	50.4	9.0	88.4	1
冯明飞	30.0	50.4	7.0	87.4	2
洪伟	30.0	49.2	8.0	87.2	3
王万明	28.0	47.6	10.0	85.6	4
杨柳青	30.0	45.0	10.0	85.0	5
李小鹏	30.0	42.9	9.0	81.9	6

图 4-76　工作表格式化

⑤创建图表，结果如图 4-77 所示。

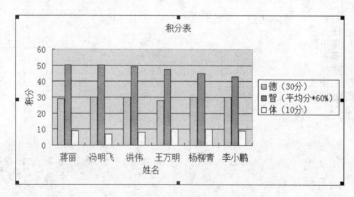

图 4-77　创建图表

（2）统计职工工资表。

①创建如图 4-78 所示"职工工资"工作表，并按样文进行格式化。

职工工资表

序号	姓名	岗位工资	工龄工资	副食补贴	书报费	住房补贴	住房货款	总工资	实发工资
1	马灵	¥1,800.00	¥220.00	¥134.00	¥200.00	¥210.00	¥300.00		
2	董依存	¥2,490.00	¥240.00	¥120.00	¥180.00	¥210.00	¥320.00		
3	李晓依	¥2,699.00	¥210.00	¥120.00	¥180.00	¥210.00	¥320.00		
4	张伟伟	¥2,090.00	¥250.00	¥120.00	¥200.00	¥210.00	¥340.00		
5	黄明明	¥1,678.00	¥210.00	¥134.00	¥200.00	¥210.00	¥280.00		
6	夏玉静	¥3,280.00	¥230.00	¥165.00	¥170.00	¥210.00	¥320.00		
7	冷艳红	¥1,545.00	¥489.00	¥120.00	¥200.00	¥210.00	¥290.00		
8	王觉	¥2,657.00	¥324.00	¥165.00	¥180.00	¥210.00	¥340.00		
9	李冬晓	¥1,800.00	¥411.00	¥132.00	¥220.00	¥210.00	¥380.00		
10	费爱诗	¥3,660.00	¥379.00	¥143.00	¥200.00	¥210.00	¥280.00		

图 4-78　职工工资表

②按样文计算"总工资"和"实发工资"，如图 4-79 所示。

职工工资表

序号	姓名	岗位工资	工龄工资	副食补贴	书报费	住房补贴	住房货款	总工资	实发工资
1	马灵	¥1,800.00	¥220.00	¥134.00	¥200.00	¥210.00	¥300.00	¥2,564.00	¥2,264.00
2	董依存	¥2,490.00	¥240.00	¥120.00	¥180.00	¥210.00	¥320.00	¥3,240.00	¥2,920.00
3	李晓依	¥2,699.00	¥210.00	¥120.00	¥180.00	¥210.00	¥320.00	¥3,419.00	¥3,099.00
4	张伟伟	¥2,090.00	¥250.00	¥120.00	¥200.00	¥210.00	¥340.00	¥2,870.00	¥2,530.00
5	黄明明	¥1,678.00	¥210.00	¥134.00	¥200.00	¥210.00	¥280.00	¥2,432.00	¥2,152.00
6	夏玉静	¥3,280.00	¥230.00	¥165.00	¥170.00	¥210.00	¥320.00	¥4,055.00	¥3,735.00
7	冷艳红	¥1,545.00	¥489.00	¥120.00	¥200.00	¥210.00	¥290.00	¥2,564.00	¥2,274.00
8	王觉	¥2,657.00	¥324.00	¥165.00	¥180.00	¥210.00	¥340.00	¥3,536.00	¥3,196.00
9	李冬晓	¥1,800.00	¥411.00	¥132.00	¥220.00	¥210.00	¥380.00	¥2,773.00	¥2,393.00
10	费爱诗	¥3,660.00	¥379.00	¥143.00	¥200.00	¥210.00	¥280.00	¥4,592.00	¥4,312.00

图 4-79　计算"总工资"和"实发工资"

③按样文以"总工资"为关键字降序排序，如图 4-80 所示。

职工工资表

序号	姓名	岗位工资	工龄工资	副食补贴	书报费	住房补贴	住房货款	总工资	实发工资
10	费爱诗	¥3,660.00	¥379.00	¥143.00	¥200.00	¥210.00	¥280.00	¥4,592.00	¥4,312.00
6	夏玉静	¥3,280.00	¥230.00	¥165.00	¥170.00	¥210.00	¥320.00	¥4,055.00	¥3,735.00
8	王觉	¥2,657.00	¥324.00	¥165.00	¥180.00	¥210.00	¥340.00	¥3,536.00	¥3,196.00
3	李晓依	¥2,699.00	¥210.00	¥120.00	¥180.00	¥210.00	¥320.00	¥3,419.00	¥3,099.00
2	董依存	¥2,490.00	¥240.00	¥120.00	¥180.00	¥210.00	¥320.00	¥3,240.00	¥2,920.00
4	张伟伟	¥2,090.00	¥250.00	¥120.00	¥200.00	¥210.00	¥340.00	¥2,870.00	¥2,530.00
9	李冬晓	¥1,800.00	¥411.00	¥132.00	¥220.00	¥210.00	¥380.00	¥2,773.00	¥2,393.00
1	马灵	¥1,800.00	¥220.00	¥134.00	¥200.00	¥210.00	¥300.00	¥2,564.00	¥2,264.00
7	冷艳红	¥1,545.00	¥489.00	¥120.00	¥200.00	¥210.00	¥290.00	¥2,564.00	¥2,274.00
5	黄明明	¥1,678.00	¥210.00	¥134.00	¥200.00	¥210.00	¥280.00	¥2,432.00	¥2,152.00

图 4-80　按"总工资"降序排序

④使用"姓名"和"实发工资"两列的数据创建一个簇状柱形图，如图 4-81 所示。

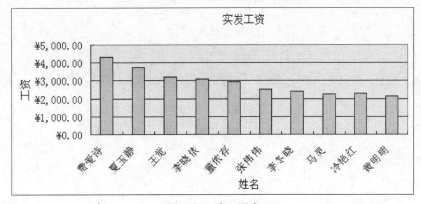

图 4-81　建立图表

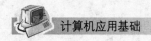

⑤按样文筛选出"实发工资"大于3 000的记录，如图 4-82 所示。

职工工资表

序号	姓名	岗位工资	工龄工资	副食补贴	书报费	住房补贴	住房贷款	总工资	实发工资
10	费爱诗	¥3,660.00	¥379.00	¥143.00	¥200.00	¥210.00	¥280.00	¥4,592.00	¥4,312.00
6	夏玉静	¥3,280.00	¥230.00	¥165.00	¥170.00	¥210.00	¥320.00	¥4,055.00	¥3,735.00
8	王觉	¥2,657.00	¥324.00	¥165.00	¥180.00	¥210.00	¥340.00	¥3,536.00	¥3,196.00
3	李晓依	¥2,699.00	¥210.00	¥120.00	¥180.00	¥210.00	¥320.00	¥3,419.00	¥3,099.00

图 4-82　数据筛选

项目 5

演示文稿制作软件 PowerPoint 2003

学习目标：

(1) 了解 PowerPoint 2003 窗口组成
(2) 掌握演示文稿的建立方法
(3) 掌握编辑幻灯片的基本操作
(4) 掌握美化幻灯片的方法
(5) 掌握幻灯片的放映方法

在学习了前面课程的知识后，萌萌又一次来到了机房，打开了 Office 2003 家族中的另一位成员——PowerPoint 2003。"咦？这个软件跟 Word 2003 似孪生兄弟一样"，于是他按照 Word 2003 软件的操作方法，打开了一个机器上已经编辑好的 PowerPoint 2003 文件并放映。萌萌高兴地拍手说道："真是太有意思了，跟看电影一样。"他也想设计一个介绍自己的演示文稿，效果如图 5-1 所示。

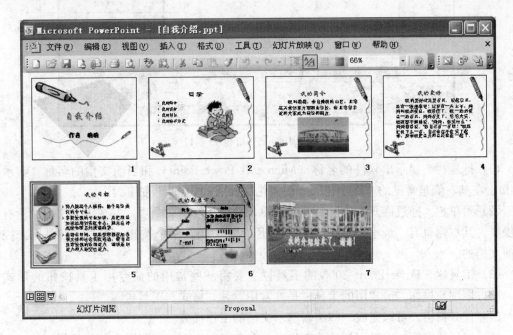

图 5-1　制作完成后的电子演示文稿

任务1 建立 PowerPoint 2003 演示文稿

萌萌打开 PowerPoint 2003 后，一个同 Word 2003 很接近的窗口映入眼帘。大部分菜单和工具栏上的图标跟萌萌已经成了老朋友，当然，也有一些新面孔。下面，让我们跟萌萌一同来认识它们吧。

5.1.1 PowerPoint 2003 窗口组成

单击"开始"→"程序"→"Microsoft Office"→"Microsoft Office PowerPoint 2003"命令，或双击桌面上的"Microsoft Office PowerPoint 2003"快捷图标，即可启动 PowerPoint 2003。启动后的 PowerPoint 2003 窗口如图 5-2 所示。

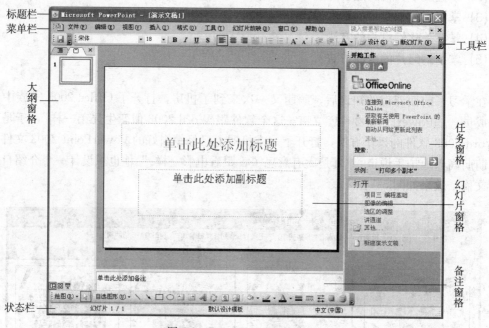

图 5-2 PowerPoint 2003 窗口

（1）标题栏。显示出软件的名称（Microsoft PowerPoint）和当前文档的名称（演示文稿1）；在其右侧是常见的"最小化"、"最大化/还原"、"关闭"按钮。

（2）菜单栏。通过展开其中的每一条菜单，选择相应的命令项，完成演示文稿的所有编辑操作。其右侧也有"最小化"、"最大化/还原"、"关闭"三个按钮，不过它们是用来控制当前文档的。

（3）工具栏。PowerPoint 2003 的工具栏主要将一些常用的命令用工具按钮的形式列出，以方便用户操作。最常用的工具栏是"常用"和"格式"工具栏。

（4）任务窗格。可以完成一些编辑演示文稿的工作任务。

（5）幻灯片窗格。编辑幻灯片的工作区，在此可制作出一张张图文并茂的幻灯片。

（6）备注窗格。用来编辑幻灯片的一些备注文本。

（7）大纲窗格。在本窗格中，通过"大纲视图"或"幻灯片视图"可以快速查看整个演示文稿中的任意一张幻灯片。

（8）状态栏。在此处显示出当前文档相应的某些状态要素。

> **小贴士**：　单击"视图"→"工具栏"，打开级联菜单，选定相应选项，即可为在相应的选项前面添加或清除"√"号，从而让相应的工具条显示在 PowerPoint 2003 窗口中，方便随机调用其中的命令按钮。

5.1.2　创建演示文稿

启动了 PowerPoint 2003 后，单击文件菜单下的"新建"命令，则在右侧打开"新建演示文稿"任务窗格，如图 5-3 所示。创建演示文稿的方法主要有以下四种：

1. 创建空演示文稿　利用 PowerPoint 2003 软件制作的文件称为演示文稿，文件扩展名为 .ppt。演示文稿的每一页都是一张幻灯片，它是组成演示文稿的基本单位。使用此方法创建演示文稿的方法是：

步骤 1　用鼠标单击"新建演示文稿"任务窗格中的"空演示文稿"命令，即可创建一个空白的演示文稿，如图 5-4 所示。

图 5-3　"新建演示文稿"
任务窗格

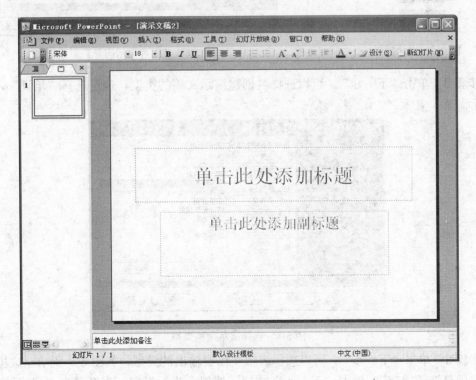

图 5-4　空白的演示文稿

步骤2　在空白演示文稿中，单击"单击此处添加标题"，就可以向幻灯片中输入文本了。

2. 利用设计模板

步骤1　用鼠标单击"新建演示文稿"任务窗格中的"根据设计模板"命令，在下面就出现了各式各样的设计模板，如图5-5所示。

步骤2　单击任意一个设计模板，就可以将模板应用到现有的幻灯片中。

3. 利用"内容提示向导"

步骤1　用鼠标单击"新建演示文稿"任务窗格中的"根据内容提示向导"命令，出现"内容提示向导"对话框，如图5-6所示。

图5-5　设计模板

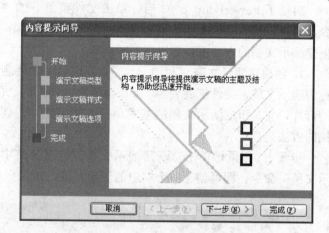

图5-6　"内容提示向导"对话框

步骤2　单击"下一步"，可以选择要创建演示文稿的类型，这里选择"培训"，如图5-7所示。

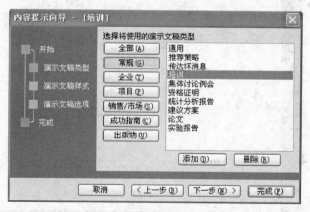

图5-7　选择演示文稿类型

步骤3　单击"下一步"，可以选择演示文稿要输出的类型，如图5-8所示。这里选择的是"屏幕演示文稿"。单击"下一步"按钮，按提示进行设置，直至单击"完成"按钮，就成功利用"内容提示向导"创建了一个实用演示文稿。

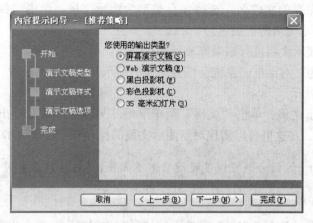

图 5-8   选择演示文稿输出类型

4. 利用演示文稿模板   新建演示文稿时，也可以利用已经存在的演示文稿作为模板，生成一个和模板相似的演示文稿。

5.1.3   保存和打开演示文稿

1. 保存演示文稿   演示文稿的保存与 Word 文档的保存基本相同，有"保存"、"另存为"、"另存为网页"和"打包成 CD"四种，如图 5-9 所示。

（1）保存演示文稿。单击"文件"菜单下的"保存"命令，如果是第一次保存演示文稿，将出现"另存为"对话框，如图 5-10 所示。选择保

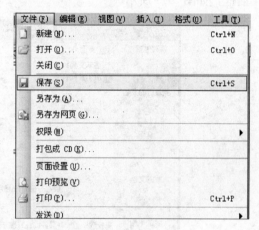

图 5-9   保存演示文稿

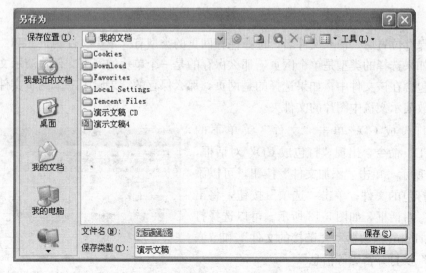

图 5-10   "另存为"对话框

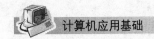

存的位置后，输入保存的文件名，选择保存类型为演示文稿，单击"保存"按钮。默认的 PowerPoint 2003 演示文稿的扩展名为 .ppt。

如果是对已有演示文稿进行编辑修改后进行保存，单击"文件"菜单下的"保存"命令后不再出现"另存为"对话框。系统会按照原来的演示文稿的保存位置、文件名与文件类型进行保存。

(2) 另存为演示文稿。单击"文件"菜单下的"另存为"命令，出现"另存为"对话框，如图 5-10 所示。在这里可以实现对新演示文稿的保存和对已有演示文稿的备份等操作。

小贴士： Ctrl＋N 组合键可以快速建立演示文稿；Ctrl＋S 组合键可以快速保存演示文稿 。

(3) 保存为网页。单击"文件"菜单下的"另存为网页"命令，出现"另存为"网页对话框，如图 5-11 所示。

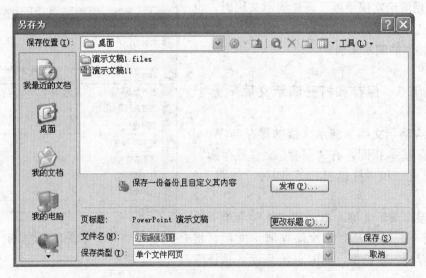

图 5-11　"另存为"网页对话框

选择保存位置后，输入文件名，选择保存网页的类型有"单个文件网页"和"网页"两种类型。如果选择的类型是单个网页，那么保存的是一个单一的网页文件，演示文稿中所有的信息都包含在该文件中；如果选择的是网页，那么保存的结果除了一个网页文件外还有一个专门存放演示文稿中图片的文件夹。

(4) 打包成 CD。单击"文件"菜单下的"打包成 CD"命令，出现"打包成 CD"对话框，如图 5-12 所示。单击"添加文件"按钮，可以添加要同时打包的文件；单击"选项"按钮，将出现"选项"对话框，如图 5-13 所示。可以选择打包"PowerPoint 播放器"、"链接的文件"和"嵌入的字体"及打开密码等信息。

2. 打开文档　用户已创建并存盘的演示文稿

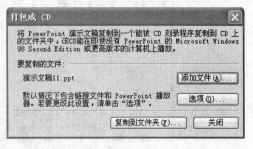

图 5-12　"打包成 CD"对话框

再次使用时，需要先将它打开。打开演示文稿
的方法与打开 Word 文档的方法相同。

方法 1　直接打开演示文稿。

在"我的电脑"中依次打开演示文稿所在
的驱动器、文件夹，并用鼠标双击需要打开的
演示文稿，则系统会先打开 PowerPoint 2003
应用程序，然后把该演示文稿调入内存，并使
它处于编辑状态。

方法 2　在 PowerPoint 2003 环境下打开
文档。

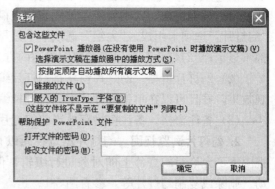

图 5-13　"选项"对话框

步骤 1　单击"常用"工具栏上的"打开"工具按钮，也可选择"文件"→"打开"命
令，或者使用 Ctrl+O 快捷键，都会打开"打开"对话框。

步骤 2　在"打开"对话框的"查找范围"栏内，选择文档所在的文件夹。

步骤 3　在"文件名"文本框中输入需要打开的文件名，或者在对话框中用鼠标直接选
择某个 PowerPoint 文件，单击"打开"按钮。也可用鼠标双击对话框中的某个 PowerPoint
文件名打开该演示文稿。

5.1.4　PowerPoint 2003 的四种视图

PowerPoint 2003 提供了多种工作视图，如普通视图、幻灯片浏览视图、幻灯片放映、
备注页视图等。每种视图方式都可以在"视图"菜单中选择，也可以单击文档窗口左下方的
相应按钮。

1. 普通视图　普通视图如图 5-14 所示，是用户编辑幻灯片的主要工作视图，它包括幻
灯片窗格、大纲窗格和备注窗格三部分。

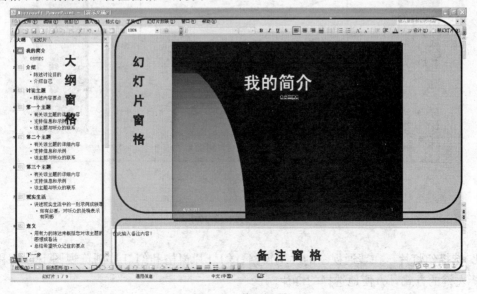

图 5-14　普通视图

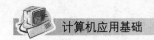

（1）大纲窗格。大纲窗格是放置演示文稿中所有幻灯片文本内容的区域，由"大纲"和"幻灯片"选项卡组成。"大纲"选项卡中只显示每张幻灯片的大纲和文本内容，其他的对象都不显示；"幻灯片"选项卡按照缩略图的方式显示演示文稿中的幻灯片。

（2）幻灯片窗格。幻灯片窗格是幻灯片编辑的主要窗口，在该窗口可以看到幻灯片的外观效果，并且可以在单张幻灯片中进行各种编辑操作。

（3）备注窗格。备注窗格存放当前幻灯片的备注。

2. 幻灯片浏览视图　幻灯片浏览视图以整体方式浏览演示文稿中的所有幻灯片。在该视图下不允许对幻灯片上的对象进行编辑，但允许在各个幻灯片之间进行编辑操作，如移动、删除或复制幻灯片等，参看图 5-1。

3. 幻灯片放映视图　幻灯片放映视图是演示文稿进行放映时的展示舞台，幻灯片在这个舞台上按照设定的顺序进行放映，包括动画效果、文字效果、幻灯片间的切换效果等。在放映的过程中用户可以设置画笔加入批注，或切换到指定的幻灯片进行放映。按 Ese 键可以退出幻灯片放映，还可以单击鼠标右键结束放映。

4. 备注页视图　备注页视图主要用来编辑和显示当前幻灯片和该幻灯片的备注信息，如图 5-15 所示。

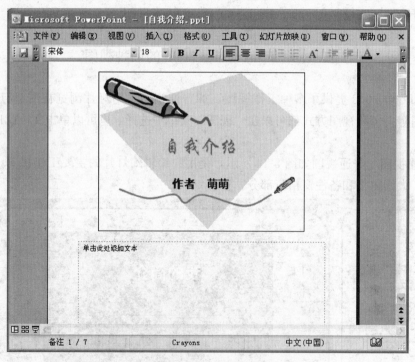

图 5-15　备注页视图

5.1.5　编辑幻灯片

1. 选择幻灯片　在普通视图的大纲窗格、幻灯片窗格和幻灯片浏览视图下可以利用单击鼠标左键的方式，方便地选择幻灯片。

2. 删除幻灯片　在普通视图的大纲窗格、幻灯片窗格和幻灯片浏览视图下，先选择要删除的幻灯片，然后按 Del 键即可进行删除。也可将鼠标移到要删除的幻灯片上，单击鼠标右键，在快捷菜单中选择"删除幻灯片"命令。

3. 复制幻灯片　在普通视图的大纲窗格、幻灯片窗格和幻灯片浏览视图下，先选择要复制的幻灯片，选择"编辑"→"复制"命令或按 Ctrl＋C 组合键，或在要复制的幻灯片上单击鼠标右键，在快捷菜单中选择"复制"命令，然后将插入点定位在要插入幻灯片的位置，选择"编辑"→"粘贴"命令或按 Ctrl＋V 组合键进行粘贴，或单击鼠标右键，在快捷菜单中选择"粘贴"命令。也可在按住 Ctrl 键的同时拖动要复制的幻灯片到目的位置。

4. 移动幻灯片　在普通视图的大纲窗格、幻灯片窗格和幻灯片浏览视图下，选择要移动的幻灯片后，拖动鼠标到指定的位置，释放鼠标即可。

5. 插入幻灯片　将插入点定位到要插入幻灯片的位置，选择"插入"→"新幻灯片"命令或单击"格式"工具栏上的"新幻灯片"按钮，就可以在指定位置插入新幻灯片。

> **小贴士：**　在普通视图的大纲窗格和幻灯片窗格里，选择幻灯片后按回车键，可在此幻灯片后插入新的幻灯片。

任务实施：利用项目 3 中创建的"萌萌的自我介绍 . doc"中的文本，制作一个名为"自我介绍 . ppt"的演示文稿。

步骤 1　选择"开始"→"程序"→"Microsoft Office"→"Microsoft Office Power-Point 2003"命令，或双击桌面上的"Microsoft Office PowerPoint 2003"快捷图标，启动 PowerPoint 2003，参看图 5-4。

步骤 2　单击"单击此处添加标题"占位符，输入"自我介绍"，单击"单击此处添加副标题"占位符，输入"作者　萌萌"，如图 5-16 所示。

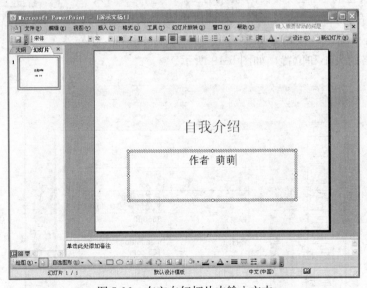

图 5-16　在空白幻灯片中输入文本

步骤 3　单击"格式"工具栏上的"新幻灯片"按钮，添加一张新幻灯片，单击"单击此处添加标题"占位符，输入"目录"，单击"单击此处添加文本"占位符，依次输入"我的简介"，"我的爱好"，"我的目标"，"我的联系方式"，如图 5-17 所示。

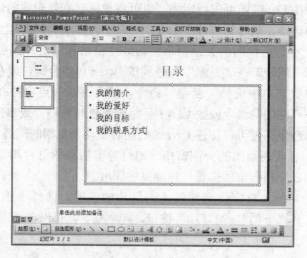

图 5-17　第二张幻灯片

　　步骤 4　单击"格式"工具栏上的"新幻灯片"按钮，在新幻灯片中，单击"单击此处添加标题"占位符，输入"我的简介"，单击"单击此处添加文本"占位符，输入"我叫萌萌，来自美丽的山区，非常高兴来到东方市职业学校，也非常荣幸能和大家成为同学和朋友。"

　　步骤 5　按照步骤 4，依次添加"我的爱好"、"我的目标"等幻灯片。

图 5-18　设置列数和行数

　　步骤 6　单击"格式"工具栏上的"新幻灯片"按钮，在新幻灯片中的标题占位符中输入"我的联系方式"，选择"插入"→"表格"命令，在打开的"插入表格"对话框中设置表格列数为 2，行数为 4，单击"确定"按钮，如图 5-18 所示。在表格中输入文字，并调整表格的大小和位置，如图 5-19 所示。

图 5-19　第五张幻灯片

步骤 7　单击"文件"→"保存"命令，在打开的"另存为"对话框中选择"保存位置"为 E 盘的"萌萌的文件夹"，文件名为"自我介绍 . ppt"。

练一练：

（1）利用"内容提示向导"制作一个介绍自我的演示文稿。

（2）对第 1 题中创建的演示文稿进行选择、插入、复制、删除等操作。

（3）将幻灯片打包保存到指定文件夹。

任务 2　美化演示文稿

在老师的帮助下，萌萌顺利地完成了创建演示文稿的任务，对 PowerPoint 2003 的使用有了初步的认识。但萌萌是个要求进步、追求完美的学生，他发现自己做的演示文稿没有老师做得漂亮，于是他主动提出要学习如何来美化演示文稿。下面就让我们和他一起来美化自己的演示文稿吧。

5.2.1　格式化幻灯片

1. 幻灯片版式　选择"格式"→"幻灯片版式"命令，在任务窗格中将显示出已设计好的幻灯片版式，共有文字版式、内容版式、文字和内容版式及其他版式四类，用户可根据需要进行选择，各占位符都有操作提示，用户使用起来非常方便。

> **小贴士：**　幻灯片版式与幻灯片设计模板结合使用，可以制作出既美观又实用的演示文稿。

2. 设置字符格式　选定要设置格式的字符后，单击右键，在弹出的快捷菜单中选择"字体"命令，或选择"格式"→"字体"命令，打开"字体"对话框，如图 5-20 所示。在此对话框中可以设置字体、字号、字形、字体颜色、效果等。

3. 设置段落格式　幻灯片中的段落格式包括段落缩进、段落间距、行距及对齐方式等。

要设置段落缩进，可通过拖动幻灯片窗格的标尺来进行。段落缩进分为首行缩进和左缩进两种。如果幻灯片中没有显示出标尺，可选择"视图"→"标尺"使之显示。

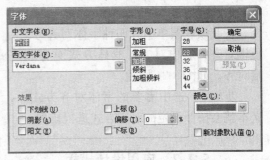

图 5-20　"字体"对话框

要设置段落间距和行距，选择"格式"→"行距"命令，出现"行距"对话框，如图 5-21 所示。在"行距"对话框里可以设置行间距、段前距离、段后距离等。

要设置段落的对齐方式，选择"格式"→"对齐方式"命令，出现段落对齐的各种方式，有左对齐、居中对齐、右对齐、两端对齐、分散对齐五种，如图 5-22 所示。

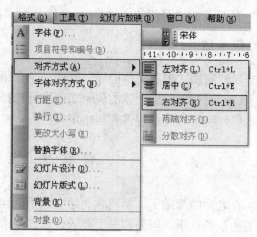

图 5-21　"行距"对话框

图 5-22　对齐方式

4. 设置项目符号或编号

步骤 1　先选中要进行项目符号或编号设置的段落，然后选择"格式"→"项目符号和编号"命令，出现"项目符号和编号"对话框，如图 5-23 所示。

步骤 2　选择需要的项目符号或编号样式，设置大小和颜色，单击"确定"按钮，即完成项目符号和编号的设置。如果对现有的项目符号和编号都不满意，可以单击"图片"按钮或"自定义"按钮，选择合适的图片和符号样式。

5. 设置字体对齐方式

步骤 1　选中要设置字体对齐方式的文本，选择"格式"→"字体对齐方式"命令，在其级联菜单中有四种字体对齐方式：顶端对齐、居中对齐、罗马方式对齐和底端对齐。如图 5-24 所示。

步骤 2　选中需要的字体对齐方式后，文本就会按照设定的对齐方式进行排列。

5.2.2　应用设计模板

设计模板包含演示文稿样式的文件，包括项目符号和字体的类型和大小、占位符大小和位置、背景设计和填充、配色方

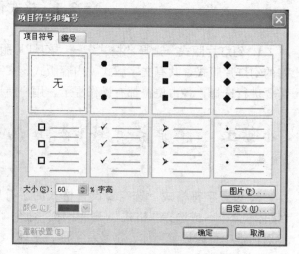

图 5-23　"项目符号和编号"对话框

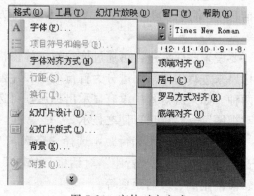

图 5-24　字体对齐方式

案以及幻灯片母版和可选的标题母版，可为演示文稿提供设计完整、专业的外观。

步骤 1　选择"格式"→"幻灯片设计"命令，出现"幻灯片设计"任务窗格，单击设计模板，在下面会列出软件中已经安装的模板，参看图 5-5。

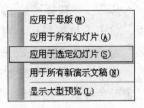

步骤 2　单击选定的模板，整个演示文稿都应用了这种模板样式。如果只想让当前幻灯片应用这个模板，则在该模板上单击右键，出现快捷菜单，如图 5-25 所示。

图 5-25　应用设计模板快捷菜单

步骤 3　在快捷菜单中单击"应用于选定幻灯片"，这样就完成对当前幻灯片应用设计模板的设置，效果图如图 5-26 所示。

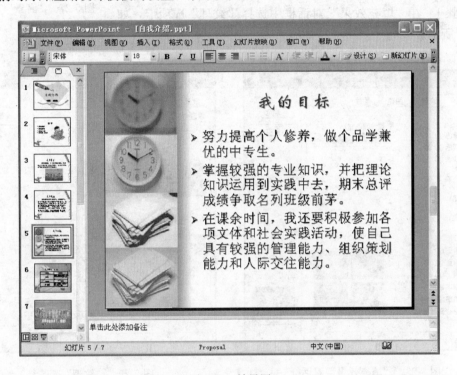

图 5-26　效果图

> **小贴士**：　如果想使用更多的应用设计模板，那么在安装 PowerPoint 2003 时，选择自定义安装，可以到安装组件里去选择安装全部的应用设计模板。

5.2.3　设置背景

1. 设置背景颜色

步骤 1　选择"格式"→"背景"命令，出现"背景"对话框，如图 5-27 所示。

步骤 2　在"背景"对话框中，单击下拉按钮，可以选择背景颜色。

步骤 3　单击"应用"按钮，则当前幻灯片的背景将会改变；如果单击"全部应用"按钮，则所有幻灯片的背景将会改变。

2. 设置过渡背景

步骤 1　选择"格式"→"背景"命令，出现"背景"对话框，单击下拉按钮后，再单击"填充效果"命令，出现"填充效果"对话框，如图 5-28 所示。

步骤 2　在"填充效果"对话框的"渐变"选项卡中，可以设置颜色样式、透明度、底纹样式和变形等。

步骤 3　单击"确定"按钮，返回"背景"对话框，再单击"应用"或"全部应用"按钮即可。

3. 设置纹理背景

步骤 1　在"填充效果"对话框中选择"纹理"选项卡，如图 5-29 所示。

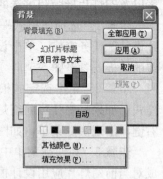

图 5-27　"背景"对话框

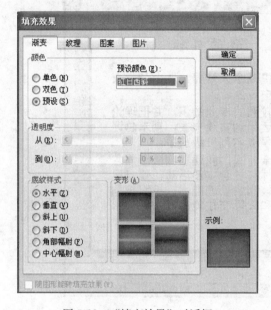

图 5-28　"填充效果"对话框

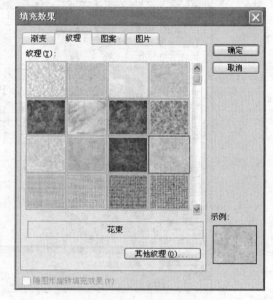

图 5-29　"纹理"选项卡

步骤 2　选择纹理样式，单击"确定"返回"背景"对话框，再单击"应用"或"全部应用"按钮。

4. 设置图案背景

步骤 1　在"填充效果"对话框中选择"图案"选项卡，如图 5-30 所示。

步骤 2　选择图案样式，单击"确定"按钮返回"背景"对话框，再单击"应用"或"全部应用"按钮。

5. 设置图片背景

步骤 1　在"填充效果"对话框中选择"图片"选项卡，如图 5-31 所示。

步骤 2　单击"选择图片"按钮，在打开的"选择图片"对话框中选择好图片后，单击"确定"按钮返回"背景"对话框，再单击"应用"或"全部应用"按钮，效果如图 5-32 所示。

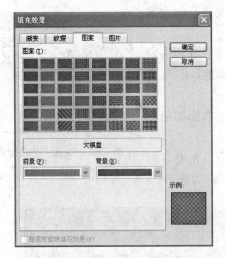

图 5-30　"图案"选项卡

图 5-31　"图片"选项卡

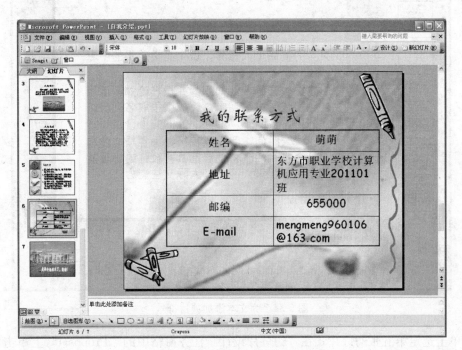

图 5-32　背景使用图片的效果图

小贴士：　在使用图片作为背景时，如果不希望原设计模板中的图案出现，可在"背景"对话框中勾选"忽略母板的背景图形"，如图 5-33 所示。

任务实施：打开演示文稿"自我介绍.ppt"，对其进行美化。

步骤 1　打开演示文稿"自我介绍.ppt"。

步骤 2　在第一张幻灯片中选定标题文本，设置字体为华文行楷，字号为 66；选定副标题文本，设置字体为黑体，字号为 40。

步骤 3 在第二张幻灯片中选定标题文本，设置字体为隶书，字号为 54。

步骤 4 在第三、第四、第五、第六张幻灯片中分别选定标题文本，设置字体为华文新魏，字体颜色为蓝色，字号为 44。

步骤 5 为第五张幻灯片"我的目标"下的文本添加项目符号"➢"，如图 5-34 所示。

步骤 6 选择"格式"→"幻灯片设计"命令，在窗口右侧的"幻灯片设计"任务窗格中选择"Crayons"，如图 5-35

图 5-33 勾选"忽略母板的背景图形"

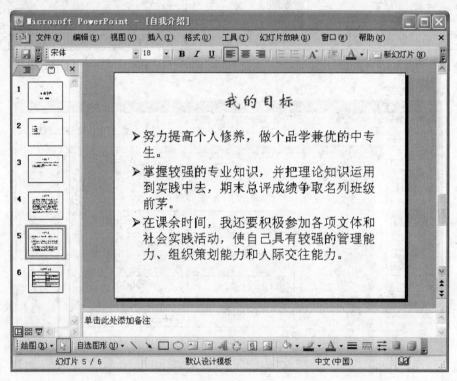

图 5-34 为文本添加项目符号

所示。单击选定第五张幻灯片，在"幻灯片设计"任务窗格中的"Proposal"上单击鼠标右键，在快捷菜单中选择"应用于选定幻灯片"，调整标题文本的对齐方式为居中，参看图 5-25、图 5-26。

步骤 7 单击选定第六张幻灯片，选择"格式"→"背景"命令，在打开的"背景"对话框中单击下拉按钮，在下拉列表框中选择"填充效果"，参看图 5-27。在打开的"填充效果"对话框中选择"图片"选项卡，单击"选择图片"按钮，在打开的"选择图片"对话框中选择图片，图片为"素材"文件夹中的文件"小花.gif"，单击"确定"按钮返回"背景"对话框，再单击"应用"按钮，参看图 5-31、图 5-32。

步骤 8 单击"格式"工具栏上的"新幻灯片"按钮，在最后添加一张幻灯片，用步骤 7 的操作将"萌萌的文件夹"中的文件"学校图片 2.jpg"设置为背景，在返回"背景"对

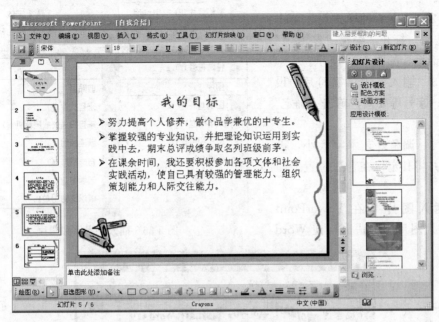

图 5-35 应用幻灯片设计后的效果图

话框时勾选"忽略母板的背景图形",再单击"应用"按钮,参看图 5-33。

步骤 9 保存演示文稿并退出 PowerPoint 2003。

练一练:

(1) 创建一个介绍自我的演示文稿,要求包含三张以上幻灯片,设置标题的字体格式为黑体、小三号、加粗;行距为 1 行,段前、段后为 0.5 行。

(2) 为该演示文稿应用统一的设计模板。

(3) 单独设置最后一张幻灯片的背景颜色和纹理。

任务 3 编辑演示文稿

萌萌顺利地完成了美化演示文稿的任务,他一边欣赏着自己的作品,一边在想:演示文稿上除了文本信息外,还能放哪些媒体信息呢? 能不能像 Word 2003 一样,灵活地插入图片、表格、艺术字等信息呢? 顺着萌萌的思路,我们一起去学习吧!

5.3.1 插入艺术字和图片

选择"插入"→"图片"命令,如图 5-36 所示,在其级联菜单中可以插入艺术字、剪贴画、自选图形和来自文件的图片等。

1. 插入艺术字 在 PowerPoint 2003 中插入艺术字的方法与在 Word 2003 中的操作是完全相同的。

步骤 1 选择"插入"→"图片"→"艺术字"命令,打开"艺术字库"对话框,如图

5-37 所示。

步骤2 选中一种样式后，单击"确定"按钮，打开"编辑'艺术字'文字"对话框，如图 5-38 所示。

步骤3 输入艺术字字符后，设置好字体、字号等要素，单击"确定"按钮。

步骤4 调整好艺术字大小，设置版式，并将其定位在合适位置上即可。

2. 插入图片 在 PowerPoint 2003 中插入图片的方法也与在 Word

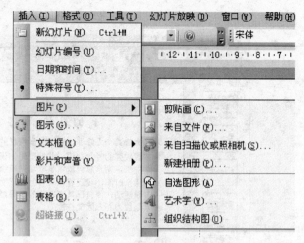

图 5-36 插入艺术字和图片

图 5-37 "艺术字库"对话框

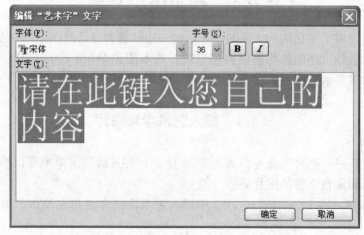

图 5-38 "编辑'艺术字'文字"对话框

2003 中的操作完全相同。

（1）插入剪贴画。

步骤 1 选择"插入"→"图片"→"剪贴画"命令，打开"剪贴画"任务窗格，如图 5-39 所示。

步骤 2 在"搜索文字"框中输入要查找的图片的类别，如"风景"，单击"搜索"按钮，该类别的图片将显示在任务窗格中。单击要插入的图片，则图片将插入到幻灯片中。

步骤 3 调整好图片的大小，设置版式，并将其定位在幻灯片的合适位置上即可。

（2）插入图片文件。

步骤 1 选择"插入"→"图片"→"来自文件"命令，打开"插入图片"对话框，如图 5-40 所示。

步骤 2 打开需要插入图片所在的文件夹，选定相应的文件，然后单击"插入"按钮，将图片插入到幻灯片中。

步骤 3 调整好图片的大小，设置版式，并将其定位在幻灯片的合适位置上即可。

图 5-39 "剪贴画"任务窗格

图 5-40 "插入图片"对话框

小贴士： 如果在"幻灯片版式"中选择了带有"内容"的版式，则会出现插入内容的图标，如图 5-41 所示。在此图标中单击"插入剪贴画"或"插入图片"按钮，也可插入图片。

图 5-41 插入内容图标

5.3.2 插入表格和图表

1. 插入表格

步骤 1 选择"插入"→"表格"命令，出现"插入表格"对话框，参见图 5-18。

步骤 2 输入列数和行数后，单击"确定"按钮即完成插入表格的操作。

2. 插入 Excel 2003 表格

由于 PowerPoint 2003 自带表格功能不太强，如果需要添加表格时，可先在 Excel 2003 中制作好，然后将其插入到幻灯片中。

步骤 1 单击"插入"菜单下的"对象"命令，打开"插入对象"对话框，如图 5-42 所示。

图 5-42　"插入对象"对话框

步骤 2 单击"由文件创建"选项，然后单击"浏览"按钮，定位到 Excel 2003 表格文件所在的文件夹，选中相应的文件，单击"确定"按钮返回，即可将表格插入到幻灯片中。

步骤 3 调整好表格的大小，并将其定位在合适位置上即可。

3. 插入图表

步骤 1 选择"插入"→"图表"命令，进入图表编辑状态，如图 5-43 所示。

步骤 2 在数据表中输入相应的数据，然后在幻灯片空白处单击鼠标，即可退出图表编辑状态。

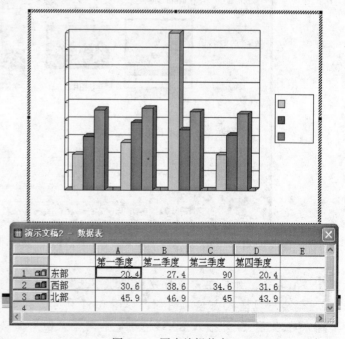

图 5-43　图表编辑状态

步骤 3　调整好图表的大小，并将其定位在合适位置上。

5.3.3　插入图示

PowerPoint 2003 的图示用来说明各种概念性的资料，使文档和演示文稿更生动。图示类型包括组织结构图、循环图、射线图、棱锥图、维恩图和目标图。组织结构图用来说明层级关系，如公司内部的部门经理和员工之间的关系。循环图用来显示具有连续循环过程的图表。射线图用于显示元素与核心元素的关系。棱锥图用于显示基于基础的关系。维恩图用于显示元素之间重叠区域的图示。目标图用于说明为实现目标而采取的步骤的图表。其中，最常用的是组织结构图。本教材以在幻灯片中插入和编辑组织结构图为例。

步骤 1　选择"插入"→"图示"命令，出现"图示库"对话框，如图 5-44 所示。

步骤 2　在"图示库"对话框中选择一种类型后，单击"确定"按钮，图示就插入到幻灯片中了。这里选择"组织结构图"。

步骤3　在插入的图示中单击"单击此处添加文本"占位符，输入文本，如图5-45所示。如果要改变图示的形状和版式，或添加某一级别的数量等，可选中某一级别图标，单击鼠标右键，在快捷菜单中进行选择，如图 5-46 所示。

图 5-44　"图示库"对话框

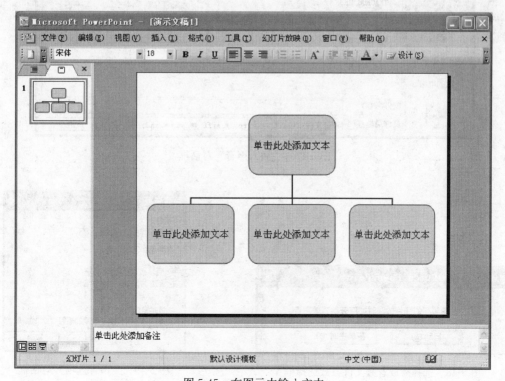

图 5-45　在图示中输入文本

5.3.4　插入多媒体对象

1. 插入声音文件　在演示文稿中插入声音，可以增强演示文稿的展示效果。演示文稿支持 mp3、wma、wav、mid 等格式的声音文件。

步骤 1　选择"插入"→"影片和声音"命令，选择"文件中的声音"命令，打开"插入声音"对话框，如图 5-47 所示。

步骤 2　选择需要插入声音文件所在的文件夹，选定声音文件，然后单击"确定"按钮，弹出选择播放音频文件方式的选择框，如图 5-48 所示。

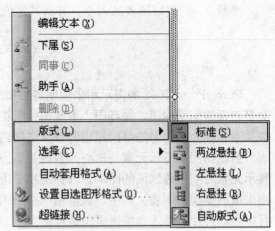

图 5-46　图示快捷菜单

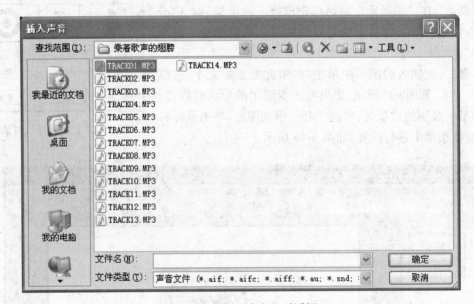

图 5-47　"插入声音"对话框

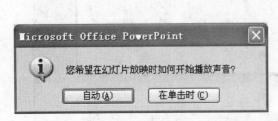

图 5-48　选择播放音频文件方式选择框

图 5-49　"声音选项"对话框

步骤 3　在选择播放音频文件方式的选择框中选择其中一个选项即可。此时幻灯片中会出现一个小喇叭的图像，如果选择的是"在单击时"，则鼠标单击该图像时将播放音乐。

如果要对已插入的音频文件进行编辑，选中小喇叭图像后，选择"编辑"菜单中的"声音对象"命令或单击鼠标右键，在弹出的快捷菜单中选择"编辑声音对象"命令，将打开"声音选项"对话框，如图 5-49 所示，在此对话框中进行设置即可。

2. 录制语音旁白　录制语音旁白就是为幻灯片配音，可以让演示文稿一边放映一边用语音解说，增强幻灯片的效果。

步骤 1　选择"幻灯片放映"→"录制旁白"命令，出现"录制旁白"对话框，如图 5-50 所示。

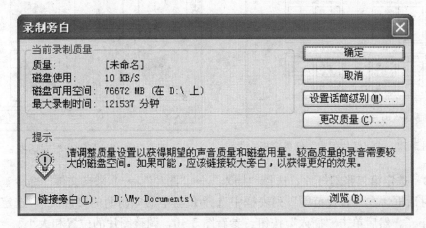

图 5-50　"录制旁白"对话框

步骤 2　在"录制旁白"对话框中设置好话筒级别后，单击"确定"按钮就可以开始录制旁白了。录制好后，在幻灯片上单击鼠标，出现如图 5-51 提示框。

图 5-51　是否保存提示框

步骤 3　单击"保存"按钮，完成旁白的录制。以后再放映该幻灯片时，就能听到配音了。

任务实施：为演示文稿"自我介绍.ppt"插入图片、艺术字及音乐。

步骤 1　打开演示文稿"自我介绍.ppt"。

步骤 2　选定第二张幻灯片，选择"格式"→"幻灯片版式"，在"幻灯片版式"任务窗格中选择"文字和内容版式"中的"标题，文本与内容"，如图 5-52 所示。单击幻灯片右侧"插入内容"图标中的"插入剪贴画"按钮，在如图 5-53 所示的"选择图片"对话框中选择一张图片，单击"确定"按钮。

图 5-52　"幻灯片版式"任务窗格

图 5-53　"选择图片"对话框

　　步骤 3　选定第三张幻灯片，选择"插入"→"图片"→"来自文件"命令，打开"插入图片"对话框。在"查找范围"列表框中选择 E 盘中的"萌萌的文件夹"，选定文件"学校图片 1.jpg"，然后单击"插入"按钮，参看图 5-40，调整图片的位置和大小。

　　步骤 4　选定第七张幻灯片，选择"插入"→"图片"→"艺术字"命令，在"艺术字库"对话框中选择第三行第四列的样式，单击"确定"按钮。在"编辑'艺术字'文字"对话框的"文字"框中输入字符"我的介绍结束了，谢谢！"并设置字体为华文楷体。调整艺术字的位置和大小。

　　步骤 5　选定第一张幻灯片，选择"插入"→"影片和声音"命令，选择"文件中的声音"命令，打开"插入声音"对话框。在"查找范围"列表框中选择 E 盘中的"素材"，选定文件"我相信.mp3"，然后单击"插入"按钮，在选择播放音频文件方式选择框中单击"自动"按钮。

　　步骤 6　选中小喇叭图像后，选择"编辑"→"声音对象"命令或单击鼠标右键，在弹出的快捷菜单中选择"编辑声音对象"命令，在打开"声音选项"对话框中勾选"循环播放，直到停止"和"幻灯片放映时隐藏声音图标"两个复选框，单击"确定"按钮，参看图 5-49。

　　步骤 7　保存演示文稿并退出 PowerPoint 2003。

练一练：

（1）在前面练习中制作的演示文稿中插入艺术字、图片、图表等信息。

（2）插入一首 MP3 歌曲到演示文稿中并试听。

任务 4　放映演示文稿

　　萌萌又一次在老师的帮助下完成了编辑演示文稿的任务，学会了在幻灯片中插入图片、声音、动画等多种媒体。那么这些媒体对象应该如何设置出场顺序呢？出场和退出时如何设置动画效果呢？幻灯片放映时如何切换呢？带着种种疑问，萌萌又要开始学习新的知识了。

5.4.1 设置动画效果

1. 设置片内动画　片内动画是指在一个幻灯片内各个对象出场和退出时的动画效果。有两种方式：预设动画和自定义动画。

（1）使用预设动画。动画方案是 PowerPoint 2003 将一些典型的动画效果预先设计好的方案，以方便用户使用。使用了某种方案后，该幻灯片的全部对象将使用此动画方案。

步骤 1　先选中要设置动画效果的幻灯片。

步骤 2　选择"幻灯片放映"→"动画方案"命令，幻灯片右侧出现"动画方案"任务窗格，如图 5-54 所示。

步骤 3　在动画方案里有预先设计好的各种动画效果，单击其中一种，就应用到了选定的幻灯片中。

（2）使用自定义动画。由于动画方案里的动画效果是系统预先定义好的，用户不能进行更改，所以为了达到更好的动画效果，可以使用自定义动画来设置幻灯片内各个对象的动画效果，它可以像拍电影设置每个人的出场顺序及方式一样来设置幻灯片内对象的动画效果。

步骤 1　先选定要自定义动画的对象。

步骤 2　选择"幻灯片放映"→"自定义动画"命令，出现"自定义动画"任务窗格，如图 5-55 所示。

图 5-54　"动画方案"任务窗格

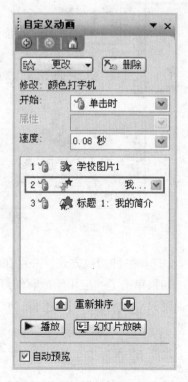

图 5-55　"自定义动画"任务窗格

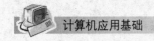

步骤 3 单击"添加效果"按钮,在弹出的菜单中可以设置进入、强调、退出、动作路径四种不同行为时的动画效果,如图 5-56 所示。

步骤 4 选择一种动画效果,并对其方向、速度等动画参数进行设置。

步骤 5 用同样的方法分别设置其他对象的动画效果。

如果要对已经设置好的动画顺序进行重新排序,可单击任务窗格下部"重新排序"两旁的向上、向下按钮对各个对象进入场景的顺序进行排列。

单击"播放"按钮,可在普通视图下查看动画效果。单击"幻灯片放映"按钮,则变为幻灯片放映视图,并从当前页播放。

2. 设置片间动画 片间动画是指幻灯片在放映时幻灯片切换的动画效果。具体的操作步骤如下:

步骤 1 选定要设置幻灯片切换方式的一张或多张幻灯片。

步骤 2 选择"幻灯片放映"→"幻灯片切换"命令,出现"幻灯片切换"任务窗格,如图 5-57 所示。

图 5-56 "添加效果"菜单

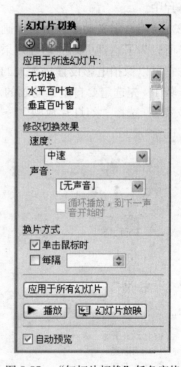

图 5-57 "幻灯片切换"任务窗格

步骤 3 选择一种切换方式,并可在任务窗格中修改切换的效果(速度、声音)及换片的方式等。如果单击了"应用于所有幻灯片",则此演示文稿中所有幻灯片的切换方式都是同样的,否则只对选定的幻灯片有效。

5.4.2 设置超链接

超级链接可以实现播放幻灯片时各幻灯片之间的链接和跳转。

1. 使用"超链接"命令创建超链接

步骤 1　先选定要创建超链接的对象（文本、图片、动作按钮等），然后选择"插入"→"超链接"命令，出现"插入超链接"对话框，如图 5-58 所示。

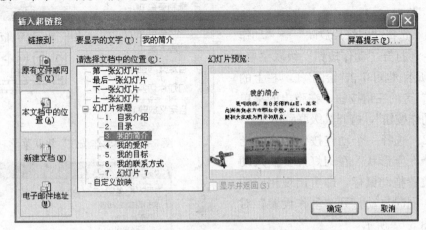

图 5-58　"插入超链接"对话框

步骤 2　在"插入超链接"对话框中选择要链接的幻灯片或文件，单击"确定"按钮。设置超链接时除了可以链接到幻灯片、演示文稿、文档外，还可以选择链接到网页、书签、电子邮件等。

插入超链接后，返回到普通视图中，设置了超链接的文字颜色改变，并添加了下画线，如图 5-59 所示。

图 5-59　插入了超链接的幻灯片

2. 使用动作按钮创建超链接　插入动作按钮其实也就是插入超链接，只是把链接的起点改变为一些特定的按钮，使版面更加简洁、美观。

步骤1　选择"幻灯片放映"→"动作按钮"命令，打开"动作按钮"级联菜单，如图5-60所示。也可单击"绘图"工具栏上的"自选图形"旁的三角按钮，在弹出的菜单中选择"动作按钮"，打开其级联菜单。

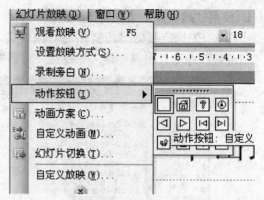

图5-60　"动作按钮"级联菜单

步骤2　选择一个动作按钮，这时光标变为"十"字形状。在幻灯片要插入动作按钮的位置拖动鼠标，即可出现相应的动作按钮，同时自动打开"动作设置"对话框，如图5-61所示。

步骤3　在"动作设置"对话框中选择"超链接到"，在其下方的下拉列表框中选择要跳转的位置，单击"确定"按钮，返回到普通视图中。

在设置了动作按钮的幻灯片放映过程中，单击此动作按钮即可跳转到放映链接所指定的位置。

3. 编辑超链接　对已经存在的超链接可以进行重新编辑、修改、删除等操作，具体的方法是：

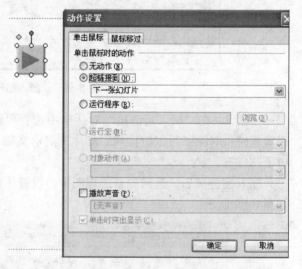

图5-61　动作按钮及"动作设置"对话框

选定已经设置好超链接的对象，选择"插入"→"超链接"命令，或在对象上单击右键，在快捷菜单中选择"编辑超链接"，打开"编辑超链接"对话框，如图5-62所示。在此

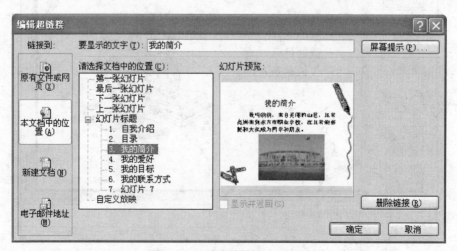

图5-62　"编辑超链接"对话框

对话框中可对超链接进行修改或删除。

5.4.3　播放幻灯片

1. 隐藏幻灯片　对于制作好的 PowerPoint 2003 演示文稿，如果不希望其中的部分幻灯片在放映的时候显示出来，可以将其隐藏起来。

步骤 1　在普通视图下，在左侧的大纲窗格中选定要隐藏的幻灯片。

步骤 2　选择"幻灯片放映"→"隐藏幻灯片"命令，也可单击鼠标右键，在弹出的快捷菜单中选择"隐藏幻灯片"命令。

2. 设置放映方式　演示文稿制作完成后，可以选择设置幻灯片的放映方式：演讲者放映、观众自行浏览和在展台浏览。

步骤 1　选择"幻灯片放映"→"设置放映方式"命令，打开"设置放映方式"对话框，如图 5-63 所示。

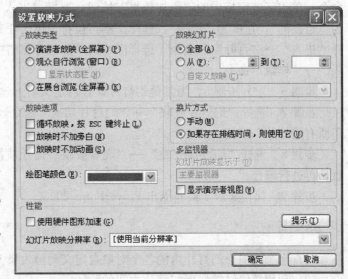

图 5-63　"设置放映方式"对话框

步骤 2　在对话框中对各种参数进行设置。如：选择一种放映类型（如"观众自行浏览"），确定放映幻灯片的范围（如第一至第五张），设置好放映选项（如"自动放映，按 ESC 键终止"）等。

步骤 3　单击"确定"按钮完成设置。

3. 放映幻灯片　选择"幻灯片放映"→"观看放映"命令或按 F5 键，将从第一张幻灯片开始放映演示文稿。按 Esc 键可终止幻灯片的放映。

如果单击"幻灯片放映"按钮 � 则从当前幻灯片开始放映演示文稿。

在演示文稿放映过程中，可单击鼠标右键，打开快捷菜单，控制幻灯片的放映，如图 5-64 所示。

任务实施：为演示文稿"自我介绍.ppt"设置超链接及动画效果。

步骤 1　打开"自我介绍.ppt"。

步骤 2　单击第二张幻灯片，选择文本"我的简介"，选择"插入"→"超链接"命令，在"插入超链接"对话框中选择链接到本文档中的

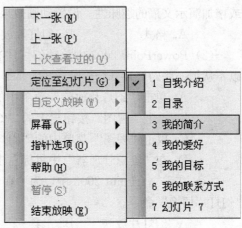

图 5-64　幻灯片放映控制菜单

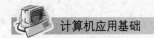

第三张幻灯片，单击"确定"按钮，参看图 5-58。

步骤 3　重复步骤 2 的操作，为"我的爱好"、"我的目标"和"我的联系方式"分别插入超链接。

步骤 4　单击第一张幻灯片，选择"幻灯片放映"→"动画方案"命令，在动画方案列表中选择"缩放"。

步骤 5　单击第二张幻灯片，选择标题占位符，选择"幻灯片放映"→"自定义动画"命令，单击任务窗格中的"添加效果"按钮，选择"进入"→"飞入"命令，设置"方向"为"自顶部"，速度为"快速"。选择文本占位符，单击任务窗格中的"添加效果"按钮，选择"进入"→"百叶窗"命令。选择图片，单击任务窗格中的"添加效果"按钮，选择"进入"→"棋盘"命令。

步骤 6　重复步骤 5，为其他幻灯片设置自定义动画效果。

步骤 7　选择"幻灯片放映"→"幻灯片切换"命令，选择"随机"选项，单击"应用于所有幻灯片"按钮。

步骤 8　选择"幻灯片放映"→"观看放映"命令或按 F5 键，观看演示效果。如不满意，再进行修改。

步骤 9　保存演示文稿并退出 PowerPoint 2003。

练一练：

(1) 为个人简介幻灯片内的各个对象自定义动画效果。

(2) 利用超级链接实现幻灯片之间的跳转。

(3) 添加动作按钮，实现链接效果。

(4) 设置幻灯片的放映方式为"演讲者放映"，并且选择"循环放映，按 ESC 键终止"。

综 合 练 习

1. 选择填空题

(1) 在 PowerPoint 2003 软件中，可以为文本、图形等对象设置动画效果，以突出重点或增加演示文稿的趣味性。设置动画效果可采用（　）菜单的"自定义动画"命令。

  A. 格式　　　　　B. 幻灯片放映　　　　C. 工具　　　D. 视图

(2) PowerPoint 2003 中放映幻灯片有多种方法，在默认状态下，以下（　）操作可以不从第一张幻灯片开始放映。

  A. 单击"幻灯片放映"菜单中的"观看放映"命令

  B. 单击"视图"按钮栏上的"幻灯片放映"按钮

  C. 单击"视图"菜单中的"幻灯片放映"命令

  D. 在"资源管理器"中鼠标右击演示文稿文件，在快捷菜单中选择"显示"命令

(3) 在 PowerPoint 2003 中，为了在切换幻灯片时添加声音，可以使用（　）菜单的"幻灯片切换"命令。

  A. 幻灯片放映　　B. 工具　　　　　　C. 插入　　　D. 编辑

(4) 在 PowerPoint 2003 中，如果有超出文本占位符的文本，PowerPoint 2003 会

（　　）。

    A. 不调整文本的大小，也不显示超出部分

    B. 自动调整文本的大小使其适合占位符

    C. 不调整文本的大小，超出部分自动移至下一张幻灯片

    D. 不调整文本的大小，但可以在幻灯片放映时用滚动条显示文本

（5）在 PowerPoint 2003 中，超链接一般不可以链接到（　　）。

    A. 文本文件的某一行　　　　　　　　B. 幻灯片

    C. 因特网上的某个文件　　　　　　　D. 图像文件

（6）PowerPoint 2003 中，"幻灯片设计"命令在（　　）中。

    A. "编辑"菜单　　　　　　　　　　B. "视图"菜单

    C. "格式"菜单　　　　　　　　　　D. "工具"菜单

（7）在 PowerPoint 2003 中，"背景"命令在（　　）中。

    A. "编辑"菜单　　　　　　　　　　B. "视图"菜单

    C. "格式"菜单　　　　　　　　　　D. "工具"菜单

（8）PowerPoint 2003 是（　　）。

    A. Windows 98 的组件之一　　　　　B. Windows NT 的组件之一

    C. Microsoft Office 2003 的组件之一　D. 一个独立的应用软件

（9）PowerPoint 2003 主要是用来制作（　　）的软件。

    A. 多媒体动画　　　B. 网页站点　　　C. 电子表格　　　D. 电子演示文稿

（10）在 PowerPoint 2003 中可以插入的内容有（　　）。

    A. 图表、图像　　　B. 声音、影片　　　C. 幻灯片、超链接　　　D. 以上都可以

（11）下列选项中，（　　）是正确的。

    A. PowerPoint 2003 在网络方面的主要功能有：保存网页、保存动画和多媒体、

        自动调整在 Internet Explorer 中演示时大小，用浏览器演示文稿

    B. 退出 PowerPoint 2003 前，如果文件没有保存，将会出现对话框提示存盘

    C. PowerPoint 2003 有友好的界面，实现了大纲、幻灯片和备注内容的同步编辑

    D. 以上三个全对

（12）下列关于 PowerPoint 2003 窗口中布局情况，符合一般情况的是（　　）。

    A. 菜单栏在工具栏的下方　　　　　　B. 状态栏在最上方

    C. 幻灯片窗格在大纲窗格的左边　　　D. 标题栏在窗口的最上方

（13）利用 PowerPoint 2003 制作幻灯片时，幻灯片在（　　）中制作。

    A. 状态栏　　　　B. 幻灯片窗格　　　C. 大纲窗格　　　　D. 备注窗格

（14）下面选项中，不属于 PowerPoint 2003 窗口部分的是（　　）。

    A. 幻灯片窗格　　　　　　　　　　　B. 大纲窗格

    C. 备注窗格　　　　　　　　　　　　D. 播放窗格

（15）关于 PowerPoint 2003 的叙述，下列说法中正确的是（　　）。

    A. PowerPoint 是 IBM 公司的产品

    B. PowerPoint 只能双击演示文稿文件打开

    C. 打开 PowerPoint 有多种方法

D. 关闭 PowerPoint 时一定要保存对它的修改

（16）在 PowerPoint 2003 中，关于幻灯片的叙述错误的是（　　）。

    A. 它是演示文稿的基本组成单位　　　　B. 可以插入图片、文字

    C. 可以插入各种超链接　　　　　　　　D. 单独一张幻灯片不能形成放映文件

（17）对用 PowerPoint 2003 制作完毕的演示文稿，说法错误的是（　　）。

    A. 可以将它发布到因特网上供其他人浏览

    B. 只可以在制作它的计算机上进行演示

    C. 可以在其他计算机上演示

    D. 可以加上动画、声音等效果

（18）要启动 PowerPoint 2003，操作不正确的是（　　）。

    A. 单击"开始"→"程序"→"Microsoft Office PowerPoint 2003"

    B. 双击"资源管理器"中的某个演示文稿

    C. 单击"我的电脑"中的某个演示文稿

    D. 单击"开始"→"文档"→某个演示文稿

（19）PowerPoint 2003 中各种视图模式的切换按钮在 PowerPoint 2003 窗口的（　　）。

    A. 左上角　　　　B. 右上角　　　　C. 左下角　　　　D. 右下角

（20）有关创建新的 PowerPoint 2003 幻灯片的说法，错误的是（　　）。

    A. 可以利用空白演示文稿来创建

    B. 在演示文稿类型中，只能选择成功指南

    C. 演示文稿的输出类型应根据需要选定

    D. 可以利用"内容提示向导"来创建

2. 填空题

（1）PowerPoint 2003 的普通视图可同时显示幻灯片、大纲和_____，这些内容所在的窗格都可调整大小。

（2）以 HTML 格式保存 PowerPoint 2003 演示文稿，选择文件菜单的"_____为网页"命令。

（3）在 PowerPoint 2003 中，只有在运行_____时，超链接才能使用。

（4）PowerPoint 2003 在普通视图中，要在幻灯片中插入艺术字，选择"插入"菜单的"_____"命令，从级联菜单中选择"艺术字"命令。

（5）在 PowerPoint 2003 中，单击某个文字能跳转到某个因特网地址需要在此文字上建立_____。

（6）在 Powerpoint 2003 中，在普通视图下的_____中可以显示出整篇演示文稿的目录结构。

（7）在 Powerpoint 2003 中，与"幻灯片放映"下的"观看放映"功能相同的快捷键是_____。

（8）PowerPoint 2003 中，在一个演示文稿中_____（填"能"或"不能"）同时使用不同的模板。

（9）在 PowerPoint 2003 中，设置片内动画有两种方式：动画方案和_____。

（10）PowerPoint 2003 中提供了两种创建超级链接的方式："插入超链接"命令和

_____。

3. 判断题

（1）在 PowerPoint 2003 的窗口中，无法改变各个窗格的大小。　　　　　（　　）

（2）在 PowerPoint 2003 中插入到占位符内的文本将无法进行修改。　　（　　）

（3）在 PowerPoint 2003 中"格式"菜单下的"幻灯片设计"命令中包含
"动画方案"功能。　　　　　　　　　　　　　　　　　　　　　　　（　　）

（4）PowerPoint 2003 中，在"自定义动画"任务窗格中不能对当前的
设置进行预览。　　　　　　　　　　　　　　　　　　　　　　　　　（　　）

（5）PowerPoint 2003 规定，对于任何一张幻灯片，都要进行"动画
设置"的操作，否则系统提示错误信息。　　　　　　　　　　　　　　（　　）

（6）PowerPoint 2003 的各种视图中，显示单个幻灯片以进行文本
编辑的视图是普通视图。　　　　　　　　　　　　　　　　　　　　　（　　）

（7）在使用 PowerPoint 2003 的幻灯片放映演示文稿过程中，要结束放映，
可按 Esc 键。　　　　　　　　　　　　　　　　　　　　　　　　　　（　　）

（8）PowerPoint 2003 在放映幻灯片时，必须从第一张幻灯片开始放映。　（　　）

（9）PowerPoint 2003 中，在幻灯片浏览视图下，不能采用剪切、粘贴的
方法移动幻灯片。　　　　　　　　　　　　　　　　　　　　　　　　（　　）

（10）在 PowerPoint 2003 中，幻灯片中的声音总是在执行到该幻灯片时
自动播放。　　　　　　　　　　　　　　　　　　　　　　　　　　　（　　）

4. 操作题

（1）制作一个以庆祝元旦为主题的演示文稿，要求有图片、声音等，并设置动画效果。

（2）按下列要求制作演示文稿：

①新建一个关于自己学校校园的演示文稿。要求至少含五张幻灯片，有文本、图片、声音、动画等对象，并美化该幻灯片。

②设置每个对象的出场顺序和动画效果。

③打包保存该演示文稿。

项目 6

因特网应用

学习目标：

(1) 了解计算机网络基础知识
(2) 了解因特网基础知识
(3) 掌握浏览器的使用
(4) 掌握电子邮件的收发

上次课结束时，老师告诉同学们，接下来将要教大家上网冲浪。萌萌听到后，高兴极了。他知道，上网可以看到世界各地正在发生的新闻，可以搜索到自己需要的学习资料，也可以申请一个电子邮箱，与同学朋友互发邮件，进行沟通。萌萌迫不及待地开始了新的学习。

任务 1　认识因特网

随着计算机的普及和网络技术的发展，网络已成为很多人工作和生活中不可或缺的工具，人们可以在因特网（Internet）上查看资料、娱乐休闲、通信联络、购物等。萌萌很想知道，计算机网络是什么？因特网又是什么？上网时常用到的地址、域名又是什么意思呢？

6.1.1　计算机网络基础知识

计算机网络是计算机技术和现代通信技术结合的产物。有了计算机网络，人们可以不受时间、环境和地理位置的限制进行沟通与交流。

计算机网络是指将地理位置不同的、具有独立功能的多台计算机及其外部设备，通过通信线路和通信设备连接起来，在网络操作系统、网络管理软件及网络通信协议的管理和协调下，实现资源共享和信息交换的计算机系统。

计算机网络的分类方法较多，常用的方法是根据网络覆盖的地理范围来划分，把计算机网络分为局域网、城域网和广域网。

局域网（Local Area Network，LAN）限定在一个局部的地理范围（如一个学校、工厂或机关）内，小于 10 千米的区域。

城域网（Metropolitan Area Network，MAN）限定在一个城市的范围内，10～150 千

米的区域。

广域网（Wide Area Network，WAN）在一个广泛的地理范围内，可以超越城市和国家，甚至遍及全球。

6.1.2 因特网的基础知识

1. 因特网的基础知识。因特网（Internet）是全球最大、最开放的计算机网络。

（1）因特网概念。因特网是由世界各地的各种局域网、城域网和广域网通过统一的TCP/IP 协议集连接而成的世界性的巨型网络。因特网本身并不是一个具体的物理网络，而是各种网络的集合体，也称为"网络中的网络"。

知识链接：因特网的起源和发展：

1969 年 12 月，美国国防部高级研究计划署（Advance Research Projects Agency，ARPA）建立了 ARPAnet，它是一个实验性的由四个节点连接的网络。

1983 年，ARPANET 已连接了 300 多台计算机，供美国各研究机构和政府部门使用。ARPA 和美国国防部通信署研制成功了用于异构网络的 TCP/IP，美国加利福尼亚伯克莱分校把该协议作为其 BSD UNIX 的一部分，使该协议在社会上流行，从而诞生了真正的因特网。

1986 年，美国国家科学基金会（National Science Foundation，NSF）利用 ARPAnet 发展而来的 TCP/IP，在五个科研教育服务超级电脑中心的基础上建立了 NSFnet 广域网。如今，NSFnet 已成为因特网的重要骨干网之一。

1990 年，欧洲粒子研究中心（CERN）开发成功万维网（WWW），为因特网实现广域超媒体信息索取和检索奠定了基础。

（2）TPC/IP。TCP/IP（传输控制协议/网际协议）是一种网络通信协议，它规范了网络上的所有通信设备，尤其是一台主机与另一台主机之间的数据格式以及传送方式。TCP/IP 是因特网的基础协议，也是一种电脑数据打包和寻址的标准方法。对因特网用户来说，并不需要了解网络协议的整个结构，仅需了解 IP 的地址格式，即可与世界各地的计算机进行网络通信。

（3）超链接。超链接（Hyper Link）是指从一个网页指向一个目标的连接关系，这个目标可以是另一个网页，也可以是相同网页上的不同位置，还可以是一张图片，一个电子邮件地址，一个文件，甚至是一个应用程序。在一个网页中用来超链接的对象，可以是一段文本或者是一张图片。当鼠标移动到这些对象上时，它会变成小手的形状，此时单击鼠标会跳转到它所指向的目标。

（4）超文本。超文本是用超链接的方法，将各种不同位置的文字信息组织在一起的网状文本。超文本普遍以电子文档方式存在，其中的文字包含有可以链接到其他位置或者文档的链接，允许从当前阅读位置直接切换到超链接所指向的位置。超文本的格式有很多，目前最常使用的是超文本标记语言（Hyper Text Markup Language，HTML）及富文本格式（Rich Text Format，RTF）。

（5）IP 地址。为了使连入因特网的计算机在通信时能够相互识别，因特网中的每一台

主机都分配有一个唯一的 32 位二进制数地址，该地址称为 IP 地址。IP 地址由四个数组成，每个数可取值 0～255，各数之间用一个点号"."分开，例如：192.168.0.12。

（6）域名。由于 IP 地址是数字标识，使用时难以记忆和书写，因此在 IP 地址的基础上又发展出一种符号化的地址方案，来代替数字型的 IP 地址。这个与网络上的数字型 IP 地址相对应的字符型地址，就被称为域名（Domain Name）。

域名由两个或两个以上的词构成，域名中的标号都由英文字母和数字组成，每一个标号不超过 63 个字符，也不区分大小写字母。标号中除连字符"－"外不能使用其他的标点符号。级别最低的域名写在最左边，而级别最高的域名写在最右边，即：四级域名.三级域名.二级域名.顶级域名。顶级域名通常表示国家或地区，也可直接表示组织或类别的属性。表 6-1 所示的是部分国家或地区的顶级域名，表 6-2 所示的是部分组织或类别的顶级域名。

表 6-1 部分国家的顶级域名

顶级域名	国家或地区	顶级域名	国家或地区
au	澳大利亚	fr	法国
br	巴西	hk	香港
ca	加拿大	in	印度
ch	瑞士	it	意大利
cn	中国	jp	日本
cu	古巴	ru	俄罗斯
de	德国	uk	英国
es	西班牙	us	美国

表 6-2 部分组织或类别的顶级域名

顶级域名	组织或类别	顶级域名	组织或类别
ac	科研机构	info	提供信息服务的企业
com	工商机构	mil	军事部门或机构
edu	教育机构	net	网络服务机构
gov	政府部门	org	非营利性组织
int	国际性机构	web	与万维网有关的实体

例如，www.163.com 表示：商业机构，163（网易），名为 www 的主机；www.ynu.edu.cn 表示：中国，教育机构，ynu（云南大学），名为 www 的主机。

（7）网址（URL）。URL（Uniform Resource Locator）即统一资源定位符，是专为标识因特网网上资源位置而设置的一种编址方式，也就是通常所说的网页地址（网址）。它一般由三部分组成：传输协议：//主机 IP 地址或域名地址/资源所在的路径和文件名，如：http://news.sina.com.cn/china/。

2. 因特网提供的服务　因特网的飞速发展和广泛应用得益于其提供的大量服务，主要有：

（1）WWW 服务。WWW 是 World Wide Web（全球广域网）的缩写，也可以简称为 Web 或 3W，中文译为"万维网"。它是主从结构分布式超媒体系统，能将因特网上的计算机的数据链接起来。WWW 为用户提供了友好的图形操作界面——Web 页（即网页），大大方便了人们的信息浏览。用户可以使用简单的方法，很迅速很方便地获取丰富的信息资料。而且 WWW 方式仍然可以提供传统的因特网服务，如 Telnet、FTP、Gopher、News、E-Mail 等。

（2）文件传输协议。文件传输协议（File Transfer Protocol，FTP）解决了远程传输文件的问题，只要两台计算机都加入互联网并且都支持 FTP，它们之间就可以进行文件传送。FTP 实质上是一种实时的联机服务，用户登录到目的服务器后就可以在服务器目录中寻找所需文件。FTP 几乎可以传送任何类型的文件，如文本文件、二进制文件、图像文件、声音文件等。

（3）电子邮件服务（E-mail）。电子邮件（E-mail）是因特网上使用最广泛和最受欢迎的服务，它是网络用户之间进行快速、简便、可靠且低成本联络的现代通信手段。用户能够使用电子邮件发送和接收文字、图像和语音等多种形式的信息。

（4）远程登录服务（Telnet）。远程登录是用户在网络通信协议 Telnet 的支持下使自己的计算机暂时成为远程计算机仿真终端的过程。登录成功后，用户可像使用本地计算机一样地使用远程计算机，从而直接调用远程计算机的资源和服务。

（5）电子公告牌（BBS）。BBS 是英文 Bulletin Board System 的缩写，即电子公告牌系统，是因特网上的一种电子信息服务系统。它提供一块公共电子白板，每个用户都可以在上面书写，发布信息或提出看法。通过 BBS，用户可以进行信息交流、讨论问题、传送文件、学习交流等。

另外，随着因特网的飞速发展，新的服务层出不穷。现在，还可在因特网上拨打网络电话、召开网络会议、进行电子商务活动等。

练一练：

（1）什么是计算机网络？
（2）什么是因特网？
（3）因特网提供的服务主要有哪些？

任务2 使用网页浏览器 Internet Explorer

学习了计算机网络和因特网的基础知识后，萌萌就要正式上网冲浪了。要看到网上的信息，搜索自己需要的各种资料，应该使用什么程序？如果看到了自己需要的资料，又该如何保存？萌萌带着这些问题，认真地听着老师的讲课。

6.2.1 Internet Explorer 的窗口

要在因特网上浏览网页，计算机上需要安装网页（Web）客户程序，即浏览器。浏览器是指可以显示网页服务器或者文件系统的超文本标记语言（HTML）文件内容，并让用户可与这些文件交互的一种软件。常用的浏览器有：微软（Microsoft）公司的 Internet Explorer（简称 IE）、Mozilla 公司的 Firefox 等。下面以 Internet Explorer 7 为例介绍浏览器的使用方法。

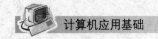
1. Internet Explorer 的启动 启动 IE 的方法很多，常用的有：

方法 1 单击任务栏上"快速启动区"中的 IE 图标📧。

方法 2 选择"开始"→"所有程序"→"Internet Explorer"命令。

方法 3 双击桌面上的"Internet Explorer"图标。

2. Internet Explorer 的窗口 Internet Explorer 的窗口主要由标题栏、菜单栏、工具栏、地址栏、浏览窗口、状态栏组成，如图 6-1 所示。

图 6-1　IE 的窗口

IE 窗口中的标题栏、菜单栏、状态栏的结构、功能与其他的窗口基本一致，这里就不再详细说明。下面主要介绍工具栏、地址栏和浏览窗口。

（1）工具栏。IE 的工具栏集中了常用的操作命令，主要按钮及其功能有：

"后退"按钮📧：返回到此前显示的上一页。

"前进"按钮📧：转到下一页。如果之前没有使用"后退"按钮，则此按钮处于非激活状态，不能使用。

"刷新"按钮📧：重新加载地址栏中网页的内容。

"停止"按钮✖：停止 IE 正在进行的操作，取消正在打开的网页。

"主页"按钮📧：主页是网站的起始页，也就是打开浏览器开始浏览的第一页。单击此按钮可返回到浏览器默认的起始页。

"搜索"按钮📧：在其左边的文本框中输入关键字以后，单击该按钮或者按下 Enter 键，将使用默认的搜索引擎按关键字进行搜索。

"收藏中心"按钮📧：单击该按钮后在左边出现显示收藏夹、源和浏览历史记录的窗口。

"添加到收藏夹"按钮📧：单击该按钮后将打开一个菜单，如图 6-2 所示，在此菜单中可选择"添加到收藏夹"、"导入和导出"或"整理收藏夹"等操作。

（2）地址栏。地址栏是用户输入网址的地方。用户在此栏中输入网址后按 Enter 键，即可打开相应的网页。

（3）浏览窗口。浏览窗口中显示了地址栏中的网址指定的网页的内容，用户可通过单击其中的超链接对象以实现网页的跳转。

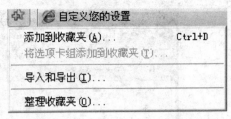

图 6-2 "添加到收藏夹"菜单

6.2.2 搜索引擎的使用

搜索引擎是指根据一定的策略，运用特定的计算机程序从互联网上搜集信息，并对信息进行组织和处理后，为用户提供检索服务，将检索到的相关的信息展示给用户的系统。目前使用人数较多的搜索引擎有：谷歌（Google）、雅虎（Yahoo）、百度（Baidu）、搜狐（Sohu）等。下面以百度为例说明搜索引擎的使用方法。

1. 打开百度的主页 在地址栏中输入百度的网址：http://www.baidu.com，按 Enter 键即可打开百度的主页，如图 6-3 所示。

图 6-3 百度主页

2. 搜索网页 在百度主页中部的文本框中输入关键字（词），单击"百度一下"按钮或按 Enter 键，即可出现含有关键字（词）的网页的链接及内容摘要。单击符合要求的链接，将打开相应的网页。如果关键字（词）有两个及两个以上，则这些字（词）之间用"＋"连接或用空格隔开。

3. 搜索音乐 在百度主页中部的文本框中输入关键字（词），单击"MP3"超链接，即可出现含有关键字（词）的音乐的名称、演唱者、专辑、文件格式、大小等信息，如图 6-4 所示。单击"试听"按钮，即可链接到相应的音频文件并播放音乐。

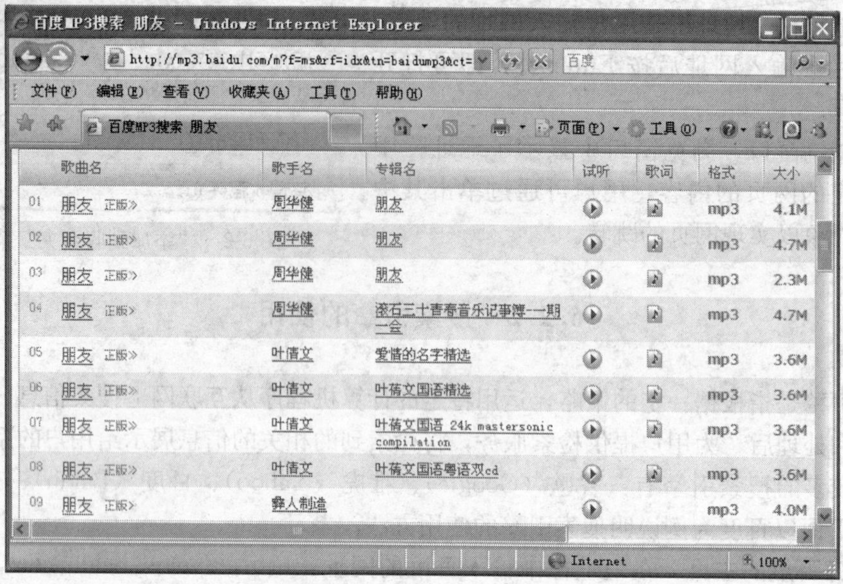

图 6-4　百度音乐

4. 搜索图片　在百度主页中部的文本框中输入关键字（词），单击"图片"，即可出现含有关键字（词）的图像文件的名称、缩略图、像素、文件大小、文件格式等信息，如图 6-5 所示。单击图像的缩略图，即可打开该图像文件所在的网页，显示实际大小的图像。

图 6-5　百度图片

5. 搜索视频 在百度主页中部的文本框中输入关键字（词），单击"视频"，即可出现含有关键字（词）的视频文件的名称、截图、时长、分类、所在网站等信息。单击视频文件的截图，即可打开该视频文件所在的网页并播放视频。

6. 搜索地图 在百度主页中部的文本框中输入地名，单击"地图"，即可出现含有该地点的地图，如图6-6所示。要搜索的地点在此地图中用带字母的红色气球状图标表示。在此图上拖动鼠标或单击地图左侧的箭头可平移地图；滚动鼠标滚轮或单击地图左侧的"＋"、"－"按钮或用鼠标拖动滑杆可放大或缩小地图。还可利用百度地图搜索相应地点的交通资源，如公交线路、公交站台等。

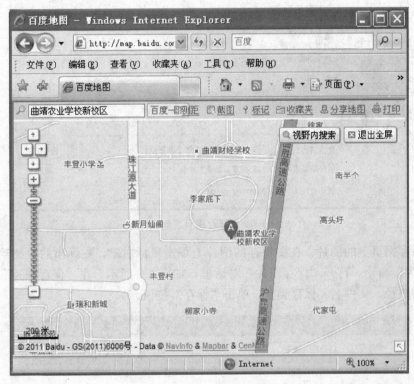

图6-6 百度地图

6.2.3 Internet Explorer 的使用

1. 保存网页信息 在浏览网页时，如果需要把网页上的内容或图片保存到本地计算机上，可以使用下列方法：

（1）保存整个网页。选择"文件"→"另存为"菜单命令，打开"保存网页"对话框，如图6-7所示，在该对话框中设置保存的路径、文件名、保存类型（最好使用默认类型），单击"保存"按钮即可将完整的网页保存下来。用此方法保存的网页不但保留了网页的形式，也保留了网页上的链接，当鼠标单击这些链接时，将会自动启动浏览器并打开相应的网页。

（2）保存网页上的信息到文档。选定要复制到文档中的内容（文本、图像、表格等），选择"编辑"→"复制"菜单命令，或按Ctrl＋C快捷键，切换到要编辑此信息的程序（如

Word），将光标定位在要插入信息的位置，选择"编辑"→"粘贴"菜单命令，或按 Ctrl＋V 快捷键。

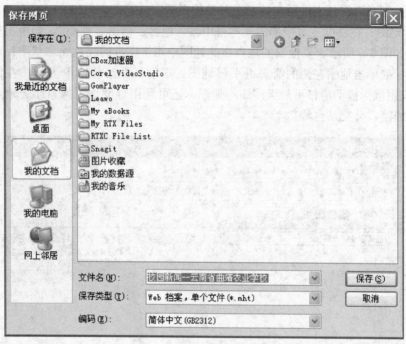

图 6-7　"保存网页"对话框

（3）保存网页上的图片。在要保存的图片上单击鼠标右键，在弹出的快捷菜单中选择"图片另存为"命令，打开"保存图片"对话框，如图 6-8 所示。在"保存图片"对话框中设置保存的路径、文件名、保存类型，单击"保存"按钮。

图 6-8　"保存图片"对话框

2. 收藏网页　在浏览网页时，有的网页需要经常浏览，可将此网页的网址保存在收藏夹中，再次浏览时可从收藏夹中直接打开，非常方便。收藏网页的方法是：

步骤 1　打开要收藏的网页，此例中的网址是：http://www.qjnx.com，选择"收藏夹"→"添加到收藏夹"命令，如图 6-9 所示。

步骤 2　在打开的"添加收藏"对话框（图 6-10）的"创建位置"下拉列表框中选择收藏此网页的文件夹，此例中选择"常用"，然后单击"添加"按钮。如果不想保存在已有的文件夹中，可单击"新建文件夹"按钮，新建一个文件夹后返回到"添加到收藏夹"对话框中，再单击"添加"按钮。

图 6-9　"收藏夹"菜单

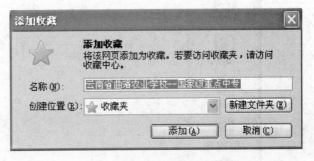

图 6-10　"添加收藏"对话框

要打开保存在收藏夹中的网页，可在 IE 窗口中单击菜单栏的"收藏夹"，在其下级菜单中选择存放网页的文件夹，单击该网页即可。如本例中选择"收藏夹"→"常用"→"云南省曲靖农业学校"将打开相应的网页。

3. 网络资源的下载　因特网上的资源非常丰富。不少网站也提供了各种可下载的资源，这些资源可以文件的形式下载。下载文件的方法是（以在"天空软件站"下载软件为例）：

步骤 1　打开要下载的文件所在的网页，找到"下载地址"区域，如图 6-11 所示。

步骤 2　单击"官方下载地址 1"，打开"文件下载—安全警告"对话框，如图 6-12 所示。

步骤 3　单击"保存"按钮，在打开的"另存为"对话框中设置保存文件的路径、名称和类型，如图 6-13 所示。单击"保存"按钮，开始下载文件，并显示下载的进度，如图 6-14 所示。

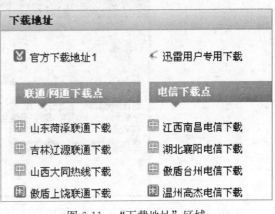

图 6-11　"下载地址"区域

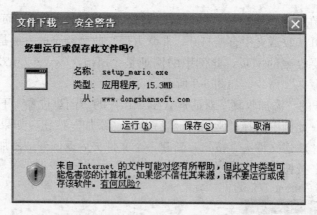

图 6-12　"文件下载—安全警告"对话框

图 6-13　设置文件路径、名称和类型

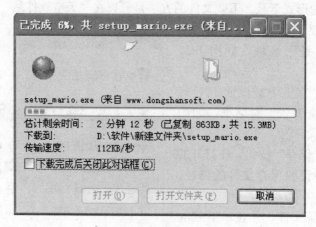

图 6-14　下载的进度

小贴士： 此下载方法为使用 IE 自带的下载程序下载，速度慢且不支持断点下载，即下载过程中若出现中断，再次下载时将重新下载。现在有很多专门下载文件的软件，如：迅雷、快车等，这些下载工具软件不但速度快，且支持断点下载，极大地节约了时间和资源。使用的方法是（以迅雷为例）：安装了下载工具软件迅雷后，在"下载地址"区域的下载地址上单击鼠标右键，在弹出的快捷菜单中选择"使用迅雷下载"命令，如图 6-15 所示，在打开的"新建任务"对话框中设置保存文件的路径后单击"立即下载"按钮，如图 6-16 所示。

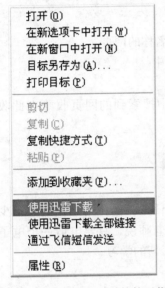

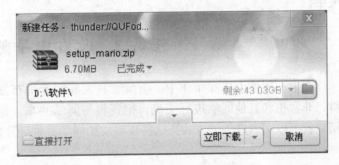

图 6-15　使用下载工具软件下载　　　　　　图 6-16 "新建任务"对话框

任务实施： 用 IE 浏览网页，使用百度搜索含有"计算机基础"的网页，打开其中一个，并将此网页完整地保存到 E 盘下的"萌萌的文件夹"中。使用百度搜索关键字为"计算机"的图片，并将其中一张图片保存到"萌萌的文件夹"中。新建一个名为"学习资料"的文件夹，将前面搜索到的含有"计算机基础"的网页收藏在此文件夹中。

步骤 1　选择"开始"→"所有程序"→"Internet Explorer"命令，或双击桌面上的"Internet Explorer"图标，启动 IE，并浏览网页。

步骤 2　在地址栏中输入百度的网址：http://www.baidu.com，按 Enter 键，打开百度的主页。

步骤 3　在百度主页中部的文本框中输入"计算机基础"，单击"百度一下"按钮或按 Enter 键。在打开的搜索结果中单击一个链接，打开相应的网页。

步骤 4　选择"文件"→"另存为"菜单命令，在打开的"保存网页"对话框中设置保存的路径为"E：\萌萌的文件夹"，然后单击"保存"按钮。

步骤 5　在百度主页中部的文本框中输入"计算机"一词，单击"图片"超链接，在打开的搜索结果中单击一张缩略图，打开图片所在的网页。

步骤 6　在图片上单击鼠标右键，在弹出的快捷菜单中选择"图片另存为"命令，在

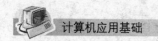

"保存图片"对话框中设置保存的路径为"E：\萌萌的文件夹",然后单击"保存"按钮。

步骤7 返回步骤3打开的网页,选择"收藏夹"→"添加到收藏夹"命令,在打开的"添加收藏"对话框中单击"新建文件夹"按钮,在打开的"创建文件夹"对话框中把"学习资料"输入到"文件夹名"后的文本框中,如图6-17所示。单击"创建"按钮,返回到"添加收藏"对话框,然后单击"添加"按钮。

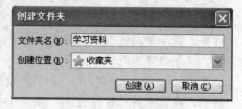

图 6-17 创建文件夹

练一练:

（1）启动 IE,打开百度网站的主页,搜索包含自己学校名称的网页。

（2）将打开的网页保存到"我的文档"（或其他文件夹）中。

（3）搜索自己学校所在地区的地图。

（4）新建名为"学校资料"的收藏夹,并将在第1题中搜索到的网页收藏在此收藏夹中。

任务3 收发电子邮件

在上一次的上机操作课中,萌萌顺利完成了老师布置的任务。他在网上找到了不少资料,非常想和其他同学进行交流,把资料与同学共享。他听老师说,只要申请一个电子邮箱,就可以用发邮件的方式把这些资料发给同学。他又开始了新的学习。

6.3.1 申请免费电子邮箱

1. 认识电子邮箱 电子邮箱（E-mail BOX,简称 E-mail）,是通过网络电子邮件服务器为网络用户提供的网络交流电子信息空间。电子邮箱允许用户方便地发送和接收文本文件、音频文件、视频文件、图像文件等。与传统的邮件相比,电子邮件快速、经济、安全,是因特网使用较多的服务之一。

电子邮件地址的典型格式为:用户名@网络机构名.网络名.最高层域名,符号@读作"at",意思是"在"。如"mengmeng@163.com"表示用户"mengmeng"在163服务器上的电子邮箱的地址。

2. 申请免费电子邮箱 国内很多网站都提供了免费的电子邮箱,使用人数较多的有:网易（163）、新浪（Sina）、雅虎（Yahoo）等。下面以申请163邮箱为例来讲解如何申请免费电子邮箱。具体方法是:

步骤1 启动 IE,打开网易免费邮箱的网页,其网址是:http://mail.163.com,如图6-18所示。

步骤2 单击"立即注册"链接,打开注册网易免费邮箱网页,在此网页中按要求填写用户名、密码等信息,如图6-19所示。

步骤3 单击"确定"按钮,进入注册成功网页,如图6-20所示。

图 6-18　网易免费邮箱网页

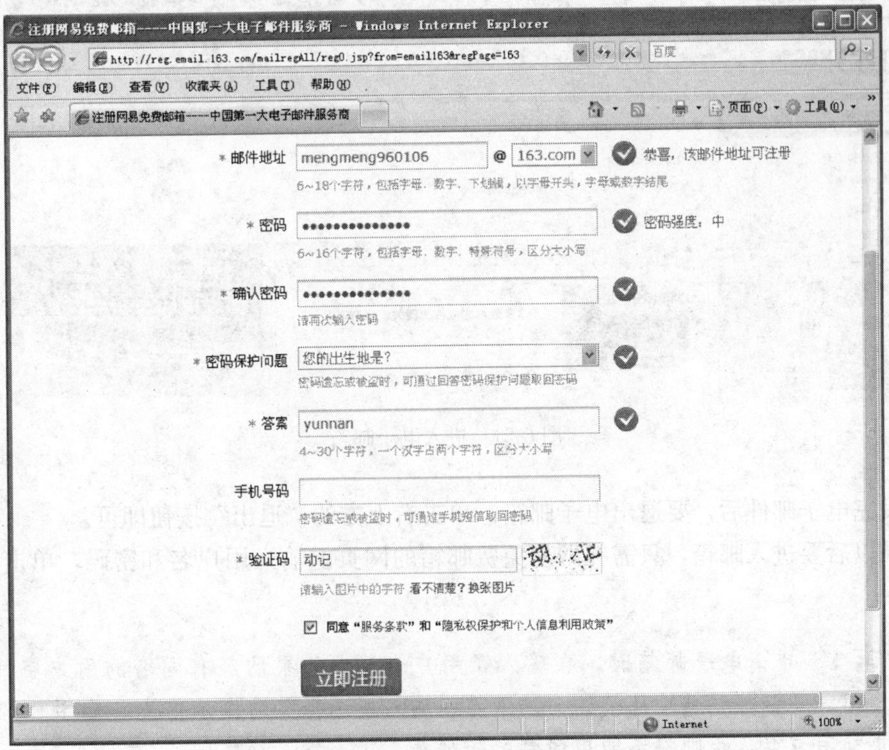

图 6-19　注册网易免费邮箱

图 6-20　注册成功网页

步骤4　如果要为邮箱增加一个以手机号作为用户名的账号，单击"手机号码邮箱"链接，在打开的网页中输入手机号，按提示操作即可。如果不想增加此账号，则单击"进入邮箱"按钮，进入电子邮箱，如图 6-21 所示。

图 6-21　进入电子邮箱

收发完电子邮件后，要退出电子邮箱，单击右上方的"退出"按钮即可。

如果以后要进入邮箱，只需在网易免费邮箱的网页上输入用户名和密码，单击"登录"按钮。

小贴士： 申请电子邮箱时，在输入了用户名后，如果已经有同名的用户申请成功，系统将会出现"该邮件地址已被注册，请重新输入或选择"的提示信息，如图 6-22 所示。此时须更换用户名，否则将不能申请到电子邮箱。

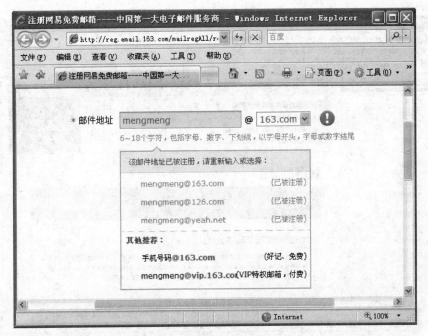

图 6-22　重名电子邮箱提示

6.3.2　收发电子邮件

1. 接收电子邮件　在网易免费邮箱的网页上输入用户名和密码,单击"登录"按钮,进入电子邮箱。单击窗口左侧的"收信"按钮,打开收件箱,如图 6-23 所示。

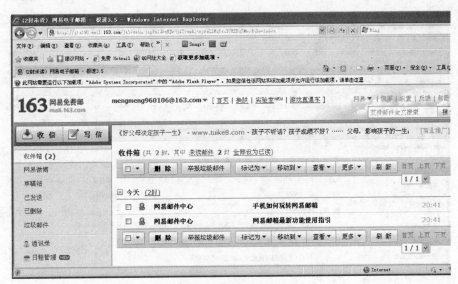

图 6-23　收件箱

收件箱中列出了所有收到的邮件。单击要查看的邮件标题,即可看到该邮件的内容,如图 6-24 所示。

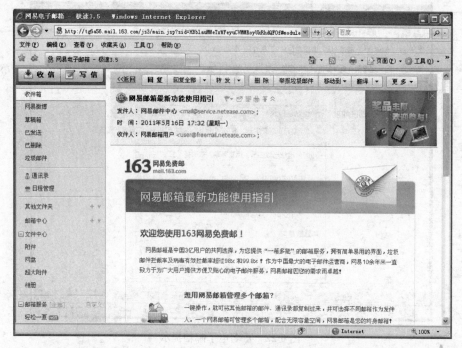

图 6-24　查看电子邮件的内容

2. 发送电子邮件　单击窗口左侧的"写信"按钮，打开写信界面，如图 6-25 所示。在"收件人"文本框中输入收件人的电子邮箱地址；在"主题"文本框中输入此邮件的主题（也可不写，系统将自动添上"来自 XXX 的邮件"作为主题）；在"内容"文本框中输入邮件的内容。

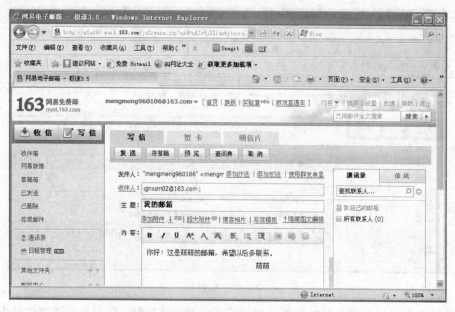

图 6-25　写信界面

有时要发送的信息较多，无法在"内容"文本框中全部输完，或要发送图像、音频、视频文件等，可使用"附件"进行发送。单击"添加附件"链接，打开选择附件的对话框，如图 6-26 所示。选择要添加为附件的文件所在的路径和文件名，单击"打开"按钮，附件即被添加到邮件中，如图 6-27 所示。

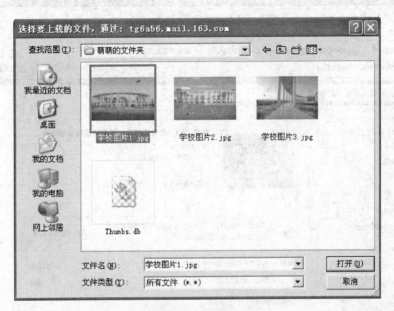

图 6-26 选择附件

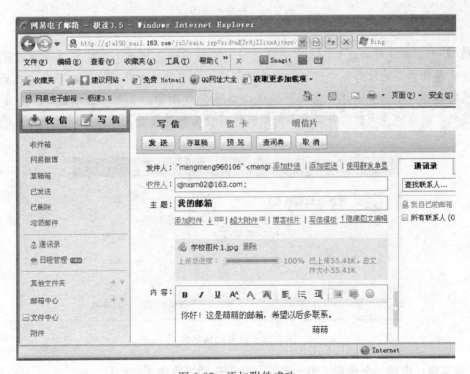

图 6-27 添加附件成功

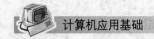

邮件写好后，单击"发送"按钮，系统将会把邮件发送到指定的邮箱中，并显示发送成功的信息，如图 6-28 所示。如果收件人的邮箱地址错误，邮件将不会被发送并显示出错信息。

图 6-28　邮件发送成功

小贴士： 在使用邮箱第一次发送邮件时，系统会弹出提示，提醒用户设置邮件的名称，这样在收件人的收件箱中可显示出发送邮件者的名称。如果要设置，可在文本框中填入自己的名称，单击"保存并发送"按钮，如图 6-29 所示。如果不想设置，可单击"取消"按钮，则在收件人的收件箱显示的是发送邮件的邮箱账号。

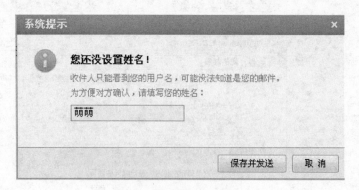

图 6-29　设置邮箱名称

任务实施： 申请一个免费的电子邮箱，并发送和接收电子邮件。

步骤 1　启动 IE，打开网易免费邮箱的网页。

步骤 2　单击"立即注册"链接，打开"注册网易免费邮箱"网页，在此网页中填写用户名：mengmeng960106，输入密码等信息后单击"立即注册"按钮。

步骤 3　在"请输入图片中的字符"右侧的文本框中输入上方图片中的字符，单击"确定"按钮，进入"注册成功"网页。

步骤 4　单击"不激活，直接进入"按钮，进入电子邮箱。

步骤 5　单击窗口左侧的"写信"按钮，打开写信界面。在"收件人"文本框中输入收件人的电子邮箱地址；在"主题"文本框中输入此邮件的主题：我的邮箱；在"内容"文本框中输入邮件的内容（可参考图 6-25 所示内容）。

步骤 6　单击"添加附件"链接，打开选择附件的对话框。选择要添加为附件的文件所在的路径和文件名，此例中文件为 E 盘下"萌萌的文件夹"中的图像文件"学校图片 1"、"学校图片 2"、"学校图片 3"，单击"打开"按钮，将这些图片添加到邮件中。

步骤 7　单击"发送"按钮。

步骤 8　单击窗口左侧的"收信"按钮，打开收件箱，单击要查看的邮件，查看邮件内容。

步骤 9　单击右上方的"退出"按钮，退出电子邮箱。

练一练：

（1）申请一个免费的电子邮箱。

（2）向其他同学的电子邮箱发送一封电子邮件，添加"素材"文件夹中的图片文件作为附件。

（3）查看同学发送来的邮件。

综 合 练 习

1. 单项选择题

（1）计算机网络的目标是实现（　　）。

　　A. 数据处理　　　　B. 文献检索　　　　C. 资源共享和信息交换　　　D. 信息传输

（2）因特网中用字符串表示的 IP 地址称为（　　）。

　　A. 账户　　　　　　B. 域名　　　　　　C. 主机名　　　　　　D. 用户名

（3）在因特网中用户通过文件传输协议（FTP）可以（　　）。

　　A. 发送和接收电子邮件　　　　　　　B. 上传和下载文件

　　C. 浏览远程计算机上的资源　　　　　D. 进行远程登录

（4）以下电子邮件地址中正确的是（　　）。

　　A. Yu-li. mail. hf. ah. cn@　　　　　　B. Mail. hf. ah. cn@yu-li

　　C. @Yu-li. mail　　　　　　　　　　　D. Yu-li@mail. hf. ah. cn

（5）关于电子邮件，以下（　　）说法是错误的。

　　A. 电子邮件可以传递文字、图像和声音　　B. 电子邮件传递速度很快

　　C. 电子邮件可以寄送实物　　　　　　　　D. 电子邮件发送方法很简单

（6）因特网使用的主要协议是（　　）。

A. ATM   B. TCP/IP   C. X. 25/X. 75   D. PPP

（7）要浏览网页，必须知道该网页的（　　）。

     A. E-Mail   B. 邮政编码   C. 网址   D. 电话号码

（8）下面（　　）是电子公告牌的缩写。

     A. BBS   B. WWW   C. URL   D. IE

（9）URL 指的是（　　）。

     A. 电子公告牌   B. 网址   C. 网页   D. 域名

（10）如果用户希望在网上对某个问题进行讨论，应使用因特网提供的（　　）服务。

     A. 电子公告牌   B. 远程登录   C. 电子邮件   D. 文件传输

2. 填空题

（1）计算机网络根据网络覆盖的地理范围可以分为＿＿＿＿、＿＿＿＿和＿＿＿＿。

（2）因特网使用的通信协议是＿＿＿＿。

（3）因特网中计算机的 IP 地址用＿＿＿＿组十进制数字表示，每组数字取值范围是＿＿＿＿，相邻两组数字之间用圆点分隔。

（4）典型的电子邮件地址是＿＿＿＿@＿＿＿＿．网络名．最高层域名。

（5）因特网提供的服务主要有＿＿＿＿、＿＿＿＿、＿＿＿＿、＿＿＿＿和＿＿＿＿。

3. 操作题

（1）启动 IE，打开百度网站的主页，搜索自己喜欢的音乐。

（2）将第 1 题中搜索到的音乐下载到本地磁盘上。

（3）给自己的同学发送一封电子邮件，将第 2 题中下载的音频文件添加为附件。

项目 7

计算机安全基础

学习目标：

(1) 了解计算机安全基础知识
(2) 掌握计算机病毒的基本知识
(3) 掌握防治计算机病毒的方法
(4) 掌握防火墙软件的使用方法
(5) 了解计算机软件的版权保护

萌萌通过近一个学期计算机应用基础课程的学习，已经掌握了很多计算机软件的操作方法，并做了大量的实例和作品。但是随着学习的深入，他越来越感觉自己的计算机不安全了，怕自己的计算机会中毒，怕自己的作品会丢失，于是萌萌迫不及待地想学习计算机安全方面的知识了。他想了解计算机安全的知识，想知道怎么来防杀病毒，怎么设置防火墙等。那么我们就和萌萌一起来学习这方面的知识吧。

任务 1 了解计算机安全基础知识

萌萌学习了上网后，常常到网上查找资料、与朋友聊天。但老师告诉他，一台连接到因特网上的计算机，最重要的是安全问题。什么是计算机的安全？它包含了哪些方面？如果它没被盗走，还有其他的安全问题吗？带着疑问，萌萌开始了计算机安全知识的学习。

1. 计算机安全概述 计算机安全是一门涉及计算机科学、网络技术、通信技术、密码技术、信息安全技术、应用数学、数论和信息论等多学科的综合性学科。

计算机安全在国际标准化委员会的定义是：为数据处理系统建立和采取的技术上和管理上的安全保护，保护计算机硬件、软件、数据不因偶然的或恶意的原因而遭到破坏、更改和暴露。计算机安全包括计算机硬件安全、计算机软件安全、计算机信息安全及计算机网络安全等。

2. 计算机信息安全 计算机信息安全技术是一门由密码应用技术、信息安全技术、数据灾难与数据恢复技术、操作系统维护技术、局域网组网与维护技术、数据库应用技术等组成的计算机综合应用学科。

(1) 信息安全的需求。

①保密性：系统中的信息只能由授权的用户使用，其他人不能使用，即使被盗走也不能解密。

②完整性：系统中的资源只能由授权的用户进行修改，以确保信息资源没有被篡改。

③可用性：系统中的资源对于授权用户是有效的、可用的。

④可控性：对信息的传播和内容具有控制能力，保证信息和信息系统的授权认证和监控管理，确保某个实体身份的真实性。

（2）威胁信息安全的手段。

①被动攻击：通过偷听和监视来获得存储和传输的信息。如口令嗅探、通信流量分析等。

②主动攻击：修改信息、会话拦截、利用恶意代码、创建假消息等。

任务2　防治计算机病毒

7.2.1　计算机病毒的基本知识

萌萌学习了计算机安全的基础知识后，特别留意计算机安全方面的信息。这天，他在网上看到有一种计算机病毒将要爆发，不禁紧张起来。前段时间他被感冒病毒传染，生了一场病。计算机病毒会像感冒病毒一样传染给自己吗？萌萌问老师，老师耐心地为他及全班同学进行了讲解。

计算机病毒（Computer Virus）在《中华人民共和国计算机信息系统安全保护条例》中已被明确定义：计算机病毒是指"编制者在计算机程序中插入的破坏计算机功能或者破坏数据，影响计算机使用并且能够自我复制的一组计算机指令或者程序代码。"而在一般教科书及通用资料中被定义为：利用计算机软件与硬件的缺陷，由被感染计算机内部发出的破坏计算机数据并影响计算机正常工作的一组指令集或程序代码。

病毒往往会利用计算机操作系统的弱点进行传播。因此提高系统的安全性是防病毒的一个重要方面。但完美的系统是不存在的。过于强调提高系统的安全性将使系统多数时间用于病毒检查，系统失去了可用性、实用性和易用性。另一方面，信息保密的要求让人们在泄密和查杀病毒之间无法选择。病毒与反病毒将作为一种技术对抗长期存在，两种技术都将随计算机技术的发展而得到长期的发展。

1. 计算机病毒的特点

（1）寄生性。计算机病毒寄生在其他程序之中，当执行这个程序时，病毒就起破坏作用，而在未启动这个程序之前，它是不易被人发觉的。

（2）传染性。计算机病毒不但本身具有破坏性，更有害的是具有传染性。一旦病毒被复制或产生变种，其速度之快令人难以预防。传染性是病毒的基本特征。在生物界，病毒通过传染从一个生物体扩散到另一个生物体，在适当的条件下，它可得到大量繁殖，并使被感染的生物体表现出病症甚至死亡。同样，计算机病毒也会通过各种渠道从已被感染的计算机扩散到未被感染的计算机，在某些情况下使被感染的计算机工作失常甚至瘫痪。与生物病毒不同的是，计算机病毒是一段人为编制的计算机程序代码，这段程序代码一旦进入计算机并得以执行，它就会搜寻其他符合其传染条件的程序或存储介质，确定目标后再将自身代码插入其中，达到自我繁殖的目的。

（3）潜伏性。有些病毒像定时炸弹一样，让它什么时间发作是预先设计好的。比如"黑色星期五"病毒，不到预定时间一点都觉察不出来，等到条件具备的时候一下子就爆发开来，对系统进行破坏。

（4）隐蔽性。计算机病毒具有很强的隐蔽性，有的可以通过病毒软件检查出来，有的根本就查不出来，有的时隐时现，变化无常，这类病毒处理起来通常很困难。

（5）破坏性。计算机中毒后，可能会导致正常的程序无法运行，把计算机内的文件删除或受到不同程度的损坏，有的甚至会损坏计算机的硬件。

（6）可触发性。病毒因某个事件或数值的出现，诱使病毒实施感染或进行攻击的特性称为可触发性。为了隐蔽自己，病毒必须潜伏，少做动作。如果完全不动，一直潜伏的话，病毒既不能感染也不能进行破坏，便失去了杀伤力。病毒既要隐蔽又要维持杀伤力，它必须具有可触发性。病毒的触发机制就是用来控制感染和破坏动作的频率的。病毒具有预定的触发条件，这些条件可能是时间、日期、文件类型或某些特定数据等。病毒运行时，触发机制检查预定条件是否满足，如果满足，启动感染或破坏动作，使病毒进行感染或攻击；如果不满足，病毒则继续潜伏。

2. 计算机病毒的分类　按照计算机病毒属性的方法进行分类，计算机病毒可以分为如下几类：

（1）按照计算机病毒存在的媒体进行分类。根据病毒存在的媒体，病毒可以划分为网络病毒、文件病毒和引导型病毒。网络病毒通过计算机网络传播感染网络中的可执行文件，文件病毒感染计算机中的文件（如：com、exe、doc 等），引导型病毒感染启动扇区（Boot）和硬盘的系统引导扇区（MBR）。还有这三种情况的混合型病毒，例如：多型病毒（文件和引导型）感染文件和引导扇区两种目标，这样的病毒通常都具有复杂的算法，它们使用非常规的办法侵入系统，同时使用加密和变形算法。

（2）按照计算机病毒传染的方法进行分类。根据病毒传染的方法计算机病毒可分为驻留型病毒和非驻留型病毒。驻留型病毒感染计算机后，把自身的内存驻留部分放在内存（RAM）中，这一部分程序挂接系统调用并合并到操作系统中去，处于激活状态，一直到关机或重新启动。非驻留型病毒在得到机会激活时并不感染计算机内存。一些病毒在内存中留有小部分，但是并不通过这一部分进行传染，这类病毒也被划分为非驻留型病毒。

3. 计算机病毒的防治

（1）及时查系统漏洞，及时打补丁。

（2）不去访问非法网站。

（3）不打开来历不明的邮件。

（4）安装杀毒软件，启动实时防护功能。定期进行杀毒操作。

（5）安装防火墙，设置防火墙的防护过滤功能。

（6）实时监控木马病毒，并定期查杀木马等恶意程序。

（7）使用正版软件。

（8）实时监控优盘及其他移动存储设备。

7.2.2　查杀计算机病毒

要预防并清除计算机病毒，杀毒软件是最好的工具。目前，市场上计算机的杀毒软件很多，主要有 360 杀毒软件、江民、瑞星、金山毒霸、卡巴斯基等。下面以 360 杀毒软件为例，说明安装软件并查杀计算机病毒的方法。

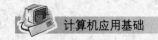

任务实施: 安装 360 杀毒软件并查杀计算机上的病毒。

步骤 1　双击 360 杀毒软件安装程序,出现安装界面 (1),如图 7-1 所示。

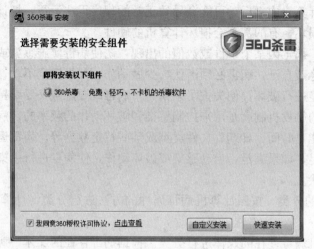

图 7-1　360 杀毒软件安装界面 (1)

这里选择自定义安装,出现安装界面 (2),如图 7-2 所示。

图 7-2　360 杀毒软件安装界面 (2)

在安装界面 (2) 中可以选择安装的具体位置,然后单击"下一步"按钮,进行安装,直至安装完成。

步骤 2　进行病毒库升级,保证是最新的病毒库。

步骤 3　启动 360 杀毒软件,界面如图 7-3 所示。

步骤 4　单击"全盘扫描",就是扫描整个硬盘及系统内存进行杀毒。

如果单击"快速扫描",可以扫描系统内存、系统文件夹、"开始"菜单启动文件夹等重要并且病毒容易潜伏其中的地方,发现病毒并查杀。

如果单击"指定位置扫描",就是用户自己选择查杀位置。当怀疑某个文件夹存在威胁时,可以使用自定义杀毒来查杀该区域。

步骤 5　单击"实时防护"标签,可设置对文件系统、聊天软件、下载软件、优盘等位

图 7-3　360 杀毒软件界面

置进行实时防护。

> **小贴士：**　在对计算机进行杀毒时，最好在断开网络的情况下杀毒，或者在安全模式下杀毒，只有这样才能达到彻底杀毒的目的。

练一练：

使用杀毒软件对计算机进行杀毒操作。

任务 3　使用防火墙技术

萌萌为自己的计算机安装了杀毒软件并进行了全面的杀毒。他想：这回我的计算机终于安全了。可是，一天他突然发现自己的计算机好像被别人控制了。老师告诉他，这可能是他的计算机被黑客入侵了，他的计算机需要安装防火墙。萌萌急切地开始了防火墙相关知识的学习。

7.3.1　防火墙的基本知识

防火墙英文名称为 FireWall，是指位于计算机和它所连接的网络之间的硬件或软件，也可以位于两个或多个网络之间。比如局域网和互联网之间。网络之间的所有数据流都经过防火墙。通过防火墙可以对网络之间的通信进行扫描，关闭不安全的端口，阻止外来的攻击，封锁特洛伊木马等，以保证网络和计算机的安全。

防火墙又大致分为硬件防火墙和软件防火墙：硬件防火墙是指把防火墙程序做到芯片里面，由硬件执行这些功能，能减少中央处理器（CPU）的负担，使路由更稳定。硬件防火

墙具有各种安全功能，价格比较高，企业及大型网络使用得比较多。软件防火墙其实就是安全防护软件，比如 360 安全卫士、天网防火墙、金山网镖、蓝盾防火墙等。

7.3.2　防火墙软件的使用

以天网防火墙为例，介绍防火墙的安装及使用方法。

任务实施：安装天网防火墙，并对防火墙进行设置。

步骤 1　双击防火墙安装程序，出现安装界面（1），如图 7-4 所示。

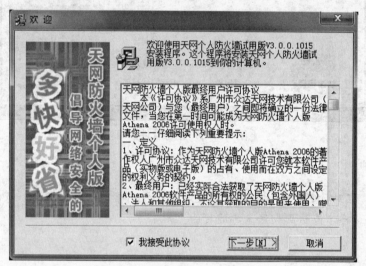

图 7-4　天网防火墙安装界面（1）

在安装界面（1）中，单击选中"我接受此协议"，然后单击"下一步"按钮，出现安装界面（2），如图 7-5 所示。

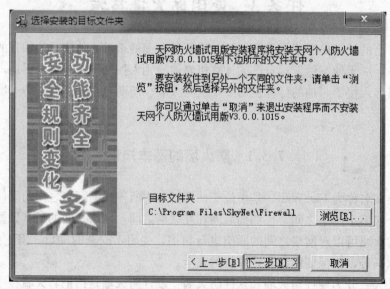

图 7-5　天网防火墙安装界面（2）

在安装界面（2）中可以设置防火墙软件安装的位置，然后单击"下一步"按钮，出现安装界面（3），如图 7-6 所示。

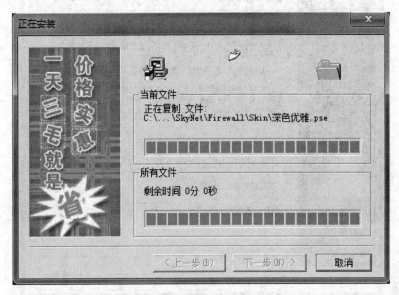

图 7-6 天网防火墙安装界面（3）

在安装界面（3）复制完文件后，出现安装界面（4），如图 7-7 所示。

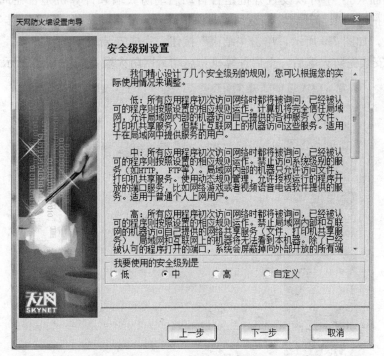

图 7-7 天网防火墙安装界面（4）

在安装界面（4）中可以设置防火墙的"安全级别"，这里设置为"中"，单击"下一步"按钮，出现安装界面（5），如图 7-8 所示。

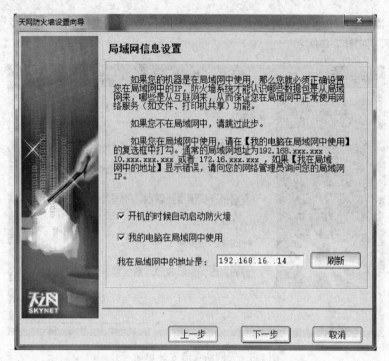

图 7-8　天网防火墙安装界面（5）

　　在安装界面（5）中可以设置开机是否自动启动防火墙和计算机是否在局域网中使用。这里建议最好把这两项都开启，以达到实时保护计算机的目的。单击"下一步"按钮，出现安装界面（6），如图 7-9 所示，单击"结束"按钮，完成安装。

　　步骤 2　安装完防火墙后，重启计算机，启动天网防火墙，如图 7-10 所示。

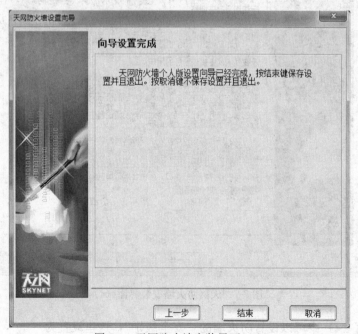

图 7-9　天网防火墙安装界面（6）

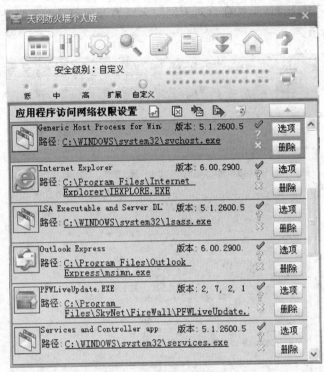

图 7-10　天网防火墙界面

步骤 3　单击"应用程序规则"按钮，设置应用程序对网络的访问权限。

步骤 4　单击"IP 规则管理"，对 IP 规则进行设置，如图 7-11 所示。

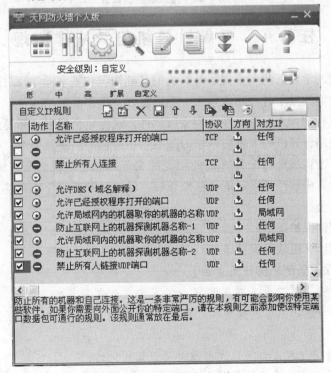

图 7-11　自定义 IP 规则

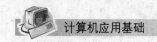

步骤5 单击"系统设置"按钮，对天网防火墙的管理密码、开机是否启动等信息进行设置，如图 7-12 所示。

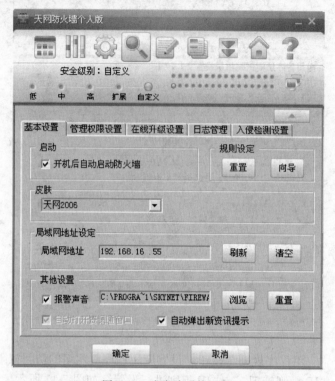

图 7-12 防火墙系统设置

任务4 了解计算机相关法律法规

经过一个学期的学习，萌萌掌握了计算机的基础知识和基本操作，对开发计算机软件的人充满了感激。他们开发了各种功能强大、界面友好、操作简单的软件，大大方便了计算机用户。可是，萌萌看到身边有的人在使用盗版软件，这肯定会损害到开发者的合法利益。所以，他觉得每个使用计算机的人都应该学习国家颁布的相关条例及公约。

使用正版、打击盗版是每个计算机使用者的义务和职责。我们要鼓励计算机软件的开发，维护良好的计算机软件开发环境，尊重版权，保护开发者的合法利益。我国对此也发布了一系列的条例及公约。

1. 《计算机软件保护条例》 我国于 2001 年 12 月 20 日发布中华人民共和国国务院令第 339 号，公布《计算机软件保护条例》，自 2002 年 1 月 1 日起施行。

《计算机软件保护条例》部分条文如下：

第四章法律责任 第二十三条：除《中华人民共和国著作权法》或者本条例另有规定外，有下列侵权行为的，应当根据情况，承担停止侵害、消除影响、赔礼道歉、赔偿损失等民事责任：

（一）未经软件著作权人许可，发表或者登记其软件的；

（二）将他人软件作为自己的软件发表或者登记的；

（三）未经合作者许可，将与他人合作开发的软件作为自己单独完成的软件发表或者登记的；

（四）在他人软件上署名或者更改他人软件上的署名的；

（五）未经软件著作权人许可，修改、翻译其软件的；

（六）其他侵犯软件著作权的行为。

2.《计算机互联网管理条例》和《全国青少年网络文明公约》　这两个条例明确了上网的注意事项、什么是违法的、什么才是文明健康的上网方式，希望同学们学习法律、认识法律，做遵纪守法的、积极向上、绿色健康的网络公民。

（1）《互联网上网服务营业场所管理条例》部分条文。

第三章经营　第十四条　互联网上网服务营业场所经营单位和上网消费者不得利用互联网上网服务营业场所制作、下载、复制、查阅、发布、传播或者以其他方式使用含有下列内容的信息：

（一）反对宪法确定的基本原则的；

（二）危害国家统一、主权和领土完整的；

（三）泄露国家秘密，危害国家安全或者损害国家荣誉和利益的；

（四）煽动民族仇恨、民族歧视，破坏民族团结，或者侵害民族风俗、习惯的；

（五）破坏国家宗教政策，宣扬邪教、迷信的；

（六）散布谣言，扰乱社会秩序，破坏社会稳定的；

（七）宣传淫秽、赌博、暴力或者教唆犯罪的；

（八）侮辱或者诽谤他人，侵害他人合法权益的；

（九）危害社会公德或者民族优秀文化传统的；

（十）含有法律、行政法规禁止的其他内容的。

（2）《全国青少年网络文明公约》。要善于网上学习，不浏览不良信息；要诚实友好交流，不侮辱欺诈他人；要增强自护意识，不随意约会网友；要维护网络安全，不破坏网络秩序；要有益身心健康，不沉溺虚拟时空。

综 合 练 习

1. 单项选择题

（1）下面关于计算机病毒的叙述中，正确的是（　　）。

　　A. 计算机病毒会传染给人　　　　　B. 计算机病毒会传染给动物

　　C. 计算机病毒不会通过网络进行传播　　D. 计算机病毒是人为编制的计算机程序

（2）下面关于计算机病毒的叙述中正确的是（　　）。

　　A. 计算机病毒有破坏性，它能破坏计算机中的软件和数据，但不会损害机器的硬件

　　B. 计算机病毒有潜伏性，它可能会长时间潜伏，遇到一定条件才开始进行破坏活动

　　C. 计算机病毒有传染性，它能通过软磁盘和光碟不断扩散，但不会通过网络进行传播

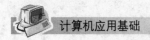

D. 它是开发程序时未经彻底测试而附带的一种寄生性的计算机程序，它能在计算机系统中生存和传播

（3）计算机病毒是（　　）。

　　A. 媒体　　　　　B. 细菌　　　　　C. 一段程序　　　　　D. 病菌

（4）以下关于计算机病毒的说法中不正确的是（　　）。

　　A. 计算机病毒是一种程序　　　　　　B. 计算机病毒具有传染性

　　C. 计算机病毒能危害人类健康　　　　D. 计算机病毒具有自我复制能力

（5）计算机病毒是一种（　　）。

　　A. 特殊的计算机部件　　　　　　　　B. 游戏软件

　　C. 人为编制的特殊程序　　　　　　　D. 能传染的生物病毒

2. 填空题

（1）计算机病毒的特点是：＿＿＿＿＿、＿＿＿＿＿、＿＿＿＿＿、＿＿＿＿＿、＿＿＿＿＿和＿＿＿＿＿。

（2）杀毒软件和＿＿＿＿＿是计算机必须安装的安全工具。

（3）根据病毒存在的媒体，病毒可以划分为＿＿＿＿＿、＿＿＿＿＿和引导型病毒。

3. 判断题

（1）偷偷复制他人制作的软件，只是一种不好的行为，并没有犯罪。　　　（　　）

（2）计算机病毒是一种微生物，是一种人为制造的、能够侵入计算机系统，并给计算机系统带来故障的病毒。　　　（　　）

（3）计算机病毒是一种生物病毒，所以它会传染给人。　　　（　　）

（4）不使用来历不明或盗版的软盘、光碟是预防计算机病毒的有效方法。　　　（　　）

（5）制造和传播计算机病毒、软件盗版等都是违法犯罪行为。　　　（　　）

4. 操作题

（1）安装瑞星杀毒软件，并用该软件对计算机进行全盘扫描。

（2）安装 360 安全卫士，并对计算机进行木马扫描。

主要参考文献

冯璧，孙瑞新．2001．计算机应用基础［M］．北京：高等教育出版社．

耿岩，于明．2009．计算机应用基础［M］．北京：机械工业出版社．

胡国顺，张爱丽．2010．计算机应用基础［M］．天津：南开大学出版社．

雷震甲．2007．网络工程师教程［M］．北京：清华大学出版社．

梁亚声．2008．计算机网络安全［M］．北京：机械工业出版社．

宋建申．2007．计算机应用基础［M］．北京：北京出版社．

王首义．2005．计算机技能教程［M］．北京：电子工业出版社．

武马群．2009．计算机应用基础［M］．北京：人民邮电出版社．

肖华，安永进，施鸿飞等．2004．精通 Office 2003［M］．北京：清华大学出版社．

解福．2008．计算机文化基础［M］．东营：中国石油大学出版社．

徐贤军．2007．中文版 Office 2003 实用教程［M］．北京：清华大学出版社．

杨瑜．2010．办公自动化［M］．北京：中国农业出版社．

杨子林．2008．计算机应用基础［M］．北京：中国农业出版社．

周建武．2007．计算机应用基础［M］．北京：中国商业出版社．

图书在版编目（CIP）数据

计算机应用基础/杨瑜主编．—北京：中国农业
出版社，2011.9
中等职业教育农业部规划教材
ISBN 978 - 7 - 109 - 15876 - 4

Ⅰ.①计…　Ⅱ.①杨…　Ⅲ.①电子计算机－中等专业
学校－教材　Ⅳ.①TP3

中国版本图书馆 CIP 数据核字（2011）第 177819 号

中国农业出版社出版
（北京市朝阳区麦子店街 18 号楼）
（邮政编码 100125）
策划编辑　赵晓红　王庆宁
文字编辑　许　坚
────────────────
中国农业出版社印刷厂印刷　新华书店北京发行所发行
2011 年 12 月第 1 版　2014 年 8 月北京第 2 次印刷
────────────────
开本：787mm×1092mm 1/16　印张：16.5
字数：396 千字
定价：26.00 元